POLVO

DE LA

TIERRA

LA SINGULARIDAD
DEL CUERPO HUMANO

ANTONIO CRUZ

Editorial **CLIE**

EDITORIAL CLIE
C/ Ferrocarril, 8
08232 VILADECAVALLS
(Barcelona) ESPAÑA
E-mail: clie@clie.es
http://www.clie.es

POLVO DE LA TIERRA
ISBN: 979-13-87625-02-3
Depósito legal: B 4276-2025
Teología cristiana - Apologética
REL067030

Impreso en Estados Unidos de América / *Printed in the United States of America*

25 26 27 28 29 30 / TRM / 10 9 8 7 6 5 4 3 2 1

Acerca del autor

Antonio Cruz Suárez nació en Úbeda, Jaén, España. Se licenció y doctoró en Ciencias Biológicas por la Universidad de Barcelona. Es Doctor en Ministerio por la "Theological University of America" de Cedar Rapids (Iowa, Estados Unidos). Ha sido Catedrático de Bachillerato en Ciencias Naturales y jefe del Seminario de Experimentales en varios centros docentes españoles de secundaria, durante una treintena de años. Ha recibido reconocimientos de la Universidad Nacional Autónoma de Honduras; Universidad Autónoma de Yucatán (México); Universidad Mariano Gálvez de Guatemala; Universidad Nacional de Trujillo (Perú); Facultad de Ciencias Biológicas de la Universidad Nacional Mayor de San Marcos, en Lima (Perú); Universidad Católica de Asunción (Facultad de Ciencias de la Salud de Asunción y Facultad de Ciencias Químicas, Campus Guairá, Paraguay) y Universidad San Carlos de Guatemala. Ganó durante dos años consecutivos (2004 y 2005) el "Gold Medallion Book Award" de la "Evangelical Christian Publishers Association" de los Estados Unidos, al mejor libro del año en español. Fue honrado con la Medalla del "Consell Evangèlic de Catalunya" correspondiente al año 2019. Es presidente fundador de la Sociedad de Apologistas Latinos (SAL) con sede en los Estados Unidos y profesor de apologética en la Facultad Internacional de Teología IBSTE de Castelldefels (Barcelona). Ha publicado una veintena de libros, más de mil artículos de carácter apologético en la web *www.protestantedigital. es* e impartido seminarios, conferencias y predicaciones en centenares de iglesias, universidades e instituciones religiosas de España, Canadá, Estados Unidos y toda Latinoamérica.

Índice

LA TIERRA

EL CUERPO HUMANO

Entonces Jehová Dios formó al hombre del polvo de la tierra,
y sopló en su nariz aliento de vida,
y fue el hombre un ser viviente.
(Génesis 2:7)

Introducción

Tanto el Antiguo como el Nuevo Testamento, conciben al hombre como la finalidad principal de la creación. Solo del ser humano, a diferencia de cualquier otro ser vivo, se dice que fue hecho a imagen de Dios y conforme a su semejanza (Gn 1:26) para que señoree «en los peces del mar, en las aves de los cielos, y en todas las bestias que se mueven sobre la tierra» (Gn 1:28). De la misma manera, el salmista cantará refiriéndose al hombre: «Le has hecho poco menor que los ángeles, y lo coronaste de gloria y de honra. Le hiciste señorear sobre las obras de tus manos; todo lo pusiste debajo de sus pies: ovejas y bueyes, todo ello, y asimismo las bestias del campo, las aves de los cielos y los peces del mar; todo cuanto pasa por los senderos del mar» (Sal 8:5-8).

Por su parte, el evangelista Juan recoge la más famosa frase de Jesús: «Porque de tal manera amó Dios al mundo, que ha dado a su Hijo unigénito, para que todo aquel que en él cree, no se pierda, mas tenga vida eterna» (Jn 3:16). El hombre y la mujer fueron tan valiosos para el Creador que incluso estuvo dispuesto a sacrificar a su propio Hijo Jesucristo para rescatarlos del poder del mal. También el apóstol Pablo les escribe a los cristianos de Roma: «Porque el anhelo ardiente de la creación es el aguardar la manifestación de los hijos de Dios» (Rm 8:19). Es evidente que esta singular predilección divina por lo humano contribuyó sin duda al antropocentrismo característico de buena parte de la Edad Antigua y la posterior Edad Media.

Asimismo, desde otras perspectivas culturales, se pensaba que «el hombre es la medida de todas las cosas, de las que son en cuanto que son y de las que no son en cuanto que no son» —frase atribuida al sofista griego Protágoras (485–411 a. C.) e interpretada por algunos filósofos como que el ser humano es medida y centro de toda la realidad—. Tal era la cosmovisión de Occidente: la Tierra como centro del universo y el hombre como cumbre de la creación. En la *Divina Comedia* de Dante Alighieri, poema escrito en el siglo XIV, se inmortaliza esta manera geocéntrica y antropocéntrica de ver el mundo, cuyas evidencias nos han llegado hasta el presente, no solo a través de los libros, sino también por medio del diseño de ciertos objetos, como algunos relojes planetarios medievales.

Sin embargo, en el año 1543 d. C. se produjeron dos acontecimientos que iniciaron la caída de esta cosmovisión. El primero fue la confirmación astronómica, realizada por Nicolás Copérnico en su obra *De Revolutionibus*, de que la Tierra no era el centro del sistema solar. Su teoría heliocéntrica le confería al Sol ese privilegiado lugar. El segundo se debe al médico Andrés Vesalio, quien revolucionó el conocimiento que hasta entonces se tenía de la anatomía humana; su obra, *De Humani Corporis Fabrica*, basada en la disección de cadáveres humanos —algo que hasta los siglos XIII y XIV había estado estrictamente prohibido— supuso un gran avance biológico y sentó las bases de la anatomía científica moderna. Ninguno de estos dos trabajos reflejaba ya las antiguas creencias acerca de que el ser humano ocupara un lugar especial en el cosmos o hubiera algún otro tipo de relación entre la humanidad y el universo. Nuestro planeta no era el centro del cosmos y nuestro cuerpo parecía formado por los mismos tejidos y órganos que el resto de los animales. Semejante desconexión entre el hombre y el cosmos venía a socavar la idea bíblica, asumida durante siglos, de que el mundo estaba especialmente diseñado por Dios para la vida humana o que esta fuera su principal finalidad. El impacto que tales descubrimientos causaron en la cosmovisión de Occidente constituye la raíz del nihilismo contemporáneo.

Un siglo después, Galileo Galilei diseñó un telescopio con el que descubrió que había otros planetas parecidos a la Tierra y muchas más estrellas de las que se podían ver a simple vista. En su obra *Siderius Nuncius* (1610) sugería que quizás tales estrellas eran soles como el nuestro, rodeados por planetas similares al terrestre. Si esto era así, si había infinitos mundos poblados quizás por otros seres inteligentes, entonces los humanos solo seríamos una especie más de las miles o millones que podría haber en el cosmos, pero no la especie elegida por Dios.

El remache que faltaba para ajustar esta visión mediocre del hombre lo aportaron, en el siglo XIX, los famosos libros de Charles Darwin, *El origen de las especies* y *El origen del hombre*. Según tales obras, la humanidad era, como el resto de los seres vivos, solamente el producto del mecanismo ciego de la selección natural. Un mecanismo impersonal, aleatorio, que no pensaba y que, por tanto, no nos podía tener en mente desde el principio. Al aceptar semejante planteamiento, las antiguas creencias que concebían la Tierra, la vida y al hombre como realidades privilegiadas en el orden de todas las cosas, se vinieron abajo y dejaron de aceptarse, sobre todo en el mundo académico. Parecía que la ciencia le daba la espalda a la idea de un Dios providente que nos había creado con un propósito especial.

Por ejemplo, esto es lo que sugería el famoso premio Nobel de Fisiología y Medicina (1965), Jacques Monod, al afirmar que: «La biosfera es, en mi opinión, imprevisible en el mismo grado que lo es la configuración particular de los átomos que constituyen este guijarro que tengo en mi mano».[1] En otras palabras, ningún ser vivo, ni siquiera el hombre, puede pretender ser el producto de una planificación previa. Supuestamente solo seríamos el resultado del azar.

De la misma manera, el paleontólogo evolucionista Stephen Jay Gould escribió años después: «Me temo que *Homo sapiens* es una cosa tan pequeña en un universo enorme, un acontecimiento evolutivo ferozmente improbable, claramente situado dentro del dominio de la contingencia».[2] Es decir, existimos, pero podríamos perfectamente no existir porque solo somos un detalle, no un propósito. Esta deprimente visión de la raza humana como una especie a la deriva en un universo indiferente es la que viene caracterizando a muchos pensadores y científicos hasta el día de hoy. Y así, el ser humano como imagen de Dios se ha convertido actualmente en un mero subproducto tardío de la evolución sin propósito. Tal es el sustrato ideológico sobre el que se forma la inmensa mayoría de los jóvenes universitarios del mundo.

Sin embargo, esta cosmovisión naturalista no tuvo en cuenta ciertos descubrimientos científicos —prácticamente simultáneos a la aparición de la teoría de la evolución— que volvían a sugerir la centralidad de lo humano en el diseño del cosmos. En efecto, se trata de los trabajos del británico William Whewell (1794–1866) acerca de la insólita idoneidad de la molécula de agua para la vida[3] y del químico William Prout (1785–1850) sobre las singulares propiedades del átomo de carbono,[4] también para permitir la existencia de los seres vivos en la Tierra. Parece una ironía que casi en la misma época en que el filósofo ateo Friedrich Nietzsche proclamaba la «muerte de Dios», un par de químicos hallaran evidencias científicas que indicaban todo lo contrario. Es decir, que ciertas sustancias (como el agua y el carbono) parecían diseñadas por una mente inteligente para hacer posible la vida —en especial la humana— en nuestro planeta. Estos dos trabajos fueron estudiados por el gran naturalista británico, Alfred Russel Wallace —que había propuesto también una teoría de la evolución independiente

1   Monod, J. (1977). *El azar y la necesidad*, Barral, Barcelona, p. 53.
2   Gould, S. J. (1991). *La vida maravillosa*, Crítica, Barcelona, p. 298.
3   Whewell, W. (1833). "Bridgewater Treatise n. 3", *Astronomy and General Physics Considered with Reference to Natural Theology*, William Pickering, Londres. https://archive.org/details/astronogenphysics00whewuoft.
4   Prout, W. (1834). "Bridgewater Treatise n. 8", *Chemistry, Meteorology, and the Function of Digestion Considered with Reference to Natural Theology*, William Pickering, Londres, 440. https://archive.org/details/b21698648.

de la de Darwin—, señalando que el medio natural terrestre proporcionaba indicios de haber sido planificado para la vida basada en el carbono.[5]

A tales estudios siguieron otros que profundizaron en las curiosas propiedades térmicas del agua, como su calor específico, que resulta ser más alto que el de cualquier otra sustancia común. Esta elevada capacidad calorífica del líquido más abundante del planeta está relacionada con la cantidad de energía necesaria para aumentar su temperatura. Es decir, para que un kilo de agua aumente su temperatura un grado centígrado, se necesita una energía de 4184 julios. Sin embargo, solamente se requieren 385 julios para hacer lo mismo con un kilo de cobre y solo 130 julios para lograrlo con un kilo de plomo. Esta singular característica del agua se debe a unos enlaces muy especiales, llamados *puentes de hidrógeno*, que posee entre sus moléculas. Tales enlaces son tan fuertes que requieren mucha energía para hacerlos vibrar y aumentar así su temperatura. Se trata de características propias de los átomos que se generaron durante el Big Bang.

El hecho de que el agua tenga tan alto calor específico contribuye de manera notable a la regulación del clima en la Tierra y, por tanto, al mantenimiento de la vida. Las grandes masas de agua oceánica regulan las fluctuaciones extremas de la temperatura. De ahí que las ciudades costeras se calienten y enfríen más lentamente, o experimenten menos fluctuaciones térmicas, que aquellas otras ciudades y pueblos del interior de los continentes. Si se tiene en cuenta que los océanos cubren aproximadamente el 70 % de la superficie terrestre, este efecto del calor específico del agua resulta esencial para regular la meteorología y la vida en el planeta.

Durante el siglo XIX se estudió también el efecto refrigerante de la evaporación, así como la naturaleza gaseosa del dióxido de carbono (CO_2), y se relacionaron con la aptitud ambiental del planeta para la existencia de los seres vivos. Mientras que, en el siglo XX, se incluyeron en tal lista la naturaleza singular de la química del carbono y la extraordinaria reacción de la fotosíntesis que, simplificando mucho las cosas, convierte la luz en azúcar. Asimismo, se descubrió la idoneidad única del agua para aportar energía a las células. Todos estos descubrimientos juntos pueden compararse con la revolución copernicana de 1543 porque señalan un cambio radical de cosmovisión. Si en el siglo XVI, Copérnico se dio cuenta de que el Sol era el centro del sistema solar, durante los siglos XIX y XX se descubrió la impresionante idoneidad del mundo para la biología general y, en especial, para la biología humana. Esto desmiente la mencionada creencia de Monod y Gould, de que el hombre es solo un accidente de la evolución sin propósito, y pone de manifiesto que nuestra existencia estaba ya prediseñada en las

---

5   Wallace, A. R. (1911). *The World of Life: A Manifestation of Creative Power, Directive Mind and Ultimate Purpose*, Chapman and Hall, Londres.

leyes naturales, así como en la estructura de los átomos. De alguna manera, el ser humano vuelve a ser el centro de todo.

Tal argumento es el que se defiende en el último libro del bioquímico Michael Denton, *The Miracle of Man*, en el que puede leerse:

> No es solo nuestro diseño biológico el que fue misteriosamente previsto en el tejido de la naturaleza. (…) *Esta* también estaba sorprendentemente preparada, por así decirlo, para nuestro singular viaje tecnológico desde la producción de fuego hasta la metalurgia y la tecnología avanzada de nuestra civilización actual. Mucho antes de que el hombre hiciera el primer fuego, mucho antes de que el primer metal fuera fundido a partir de su mineral, la naturaleza ya estaba preparada y apta para nuestro viaje tecnológico desde la Edad de Piedra hasta el presente.[6]

Denton pasa revista en su obra a las singularidades del ciclo del agua en la naturaleza, así como a las características y requerimientos de la vida aeróbica, la atmósfera, la respiración humana, la circulación sanguínea, el oxígeno, los sistemas muscular y nervioso e incluso cómo el *Homo sapiens* pudo empezar a hacer ciencia y descubrir el universo.

Todo está relacionado y el azar no parece ser la mejor respuesta. Nuestro metabolismo depende de múltiples factores cuánticos, atómicos, químicos, bioquímicos y celulares sin los cuales el maravilloso ajuste fino de cada uno de nuestros órganos sería inútil. Pero, además, sin la radiación del Sol y sin la transparencia de la atmósfera no podría haber fotosíntesis, ni oxígeno, ni ATP ni la energía que se requiere para el metabolismo. Sin agua ni átomos de hierro no habría sangre. En fin, es como si "alguien" en un misterioso acto de presciencia hubiera manipulado minuciosamente las leyes naturales del cosmos desde el principio para que nuestro diseño anatómico y fisiológico pudiera funcionar bien en la Tierra y además fuésemos capaces de estudiar el universo y desarrollar una civilización tecnológica. Algunos, desde su cosmovisión naturalista, apuestan por la casualidad o por una inteligencia alienígena que habría creado así la vida en el planeta azul. En mi opinión, la mejor conclusión nos lleva al Dios Creador que se nos revela en la Biblia, un ser trascendente y espiritual, pero también personal, que nos concibió desde el principio a su imagen y semejanza, haciéndonos algo menores que los ángeles para que pudiéramos amarlo, adorarlo y servirlo.

---

6   Denton, M. (2022). *The Miracle of Man. The Fine Tuning of Nature for Human Existence*, Discovery Institute Press, Seattle, p. 24.

En la presente obra, se analizan algunos de tales indicios de trascendencia en el universo, la Tierra y el propio ser humano.

Antonio Cruz

Terrassa, 20 de septiembre, 2024

El universo

Un universo eterno sería hostil a la vida

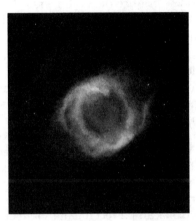

Nebulosa de la hélice (NGC 7293) conocida como *el ojo de Dios*. Se observa en la constelación de Acuario, a unos 680 años luz de distancia de la Tierra. (https://es.wikipedia.org/wiki/Nebulosa_de_la_Hélice).

En la época de Albert Einstein, la mayoría de los astrónomos creía que el universo era estático y eterno. Las preguntas sobre su origen o su posible final no tenían sentido y no se consideraban científicas. El cosmos siempre había estado ahí y siempre seguiría estando. Los filósofos y los teólogos podían especular o hablar de principio y fin del mundo, pero, desde luego, los científicos no debían hacerlo. De hecho, esta supuesta inmutabilidad cósmica era lo que parecía reflejar el estudio del firmamento.

Sin embargo, la famosa teoría general de la relatividad, elaborada en 1915 por este gran genio de origen judío, predecía que el universo debería estar expandiéndose o contrayéndose. Esto molestó tanto al propio Einstein que lo llevó a modificar sus ecuaciones y a introducir artificialmente una *constante cosmológica* que supuestamente mantenía el universo en equilibrio estático y eterno.

No obstante, otros investigadores —como Alexander Friedmann y Georges Lemaître— siguieron la teoría de Einstein hasta sus últimas consecuencias y demostraron que, en efecto, el cosmos se expandía. Esto significaba que, si se recorría el camino inverso, se llegaba a un primer momento en el que el universo habría estado concentrado en un minúsculo punto. Luego, aparentemente el mundo (materia, energía, espacio y tiempo) no era infinito ni estático, sino que había tenido un principio. Finalmente Einstein, al revisar en 1928 el trabajo del astrónomo norteamericano Edwin Hubble, reconoció dicha expansión y admitió que ese había sido el gran error de su vida. El modelo del Big Bang, que permite pensar en un principio del cosmos, se impuso al modelo estático de un universo eterno. Posteriormente, muchas más comprobaciones astronómicas han venido a reforzar este modelo de la Gran Explosión.

Curiosamente, un siglo antes de la aceptación de la expansión cósmica, un astrónomo alemán llamado Heinrich W. M. Olbers, se había hecho una pregunta aparentemente infantil: «¿Por qué es oscuro el cielo nocturno?». Esta cuestión se conoce como la paradoja de Olbers. Si el cosmos fuera eterno, estático e infinito —como creía Einstein al principio junto a muchos de sus colegas— el cielo nocturno no tendría que ser oscuro, sino todo lo contrario. Un universo así generaría un cielo uniformemente iluminado. Un firmamento brillante de día y de noche. Un infinito número de galaxias haría que, se mirase donde se mirase en el cosmos, siempre nos toparíamos con el brillo de alguna estrella. No habría zonas oscuras donde enfocar los telescopios. Sin embargo, las estrellas destacan perfectamente sobre el firmamento porque este es oscuro ya que tuvo un comienzo y no es infinito.[7]

Además, un universo infinito y eterno sería hostil para la vida, así como para el desarrollo de la tecnología y la ciencia humanas. Ninguna forma de vida, mucho menos la nuestra, podría haber prosperado en un cosmos estático y eterno, bombardeado continuamente desde la eternidad por una radiación tan intensa y letal como la que nos llegaría de las interminables estrellas. Por tanto, la creación del cosmos resulta fundamental para la vida, tal como afirma la Biblia: «En el principio creó Dios los cielos y la tierra» (Gn 1:1).

---

7   González, G. & Richards, J. W. (2006). *El planeta privilegiado*, Palabra, Madrid, p. 223.

¿Uno o múltiples universos?

Hoy sabemos que, en lugar de estático e inmutable —como antiguamente se creía—, el universo es dinámico y cambiante puesto que está en continua expansión. Además, aunque la teoría del Big Bang no requiere un principio del cosmos, tampoco lo prohíbe. Es verdad que todavía hay muchas cosas que se desconocen, como por ejemplo la composición material y energética del mismo o qué leyes debieron intervenir en los primeros instantes de su formación, pero lo que está claro es que el cosmos actual empezó a existir a la vez que la energía, la materia, el espacio y el tiempo. Si esto fue así, si ocurrió tal principio, algo lo debió causar porque nuestra experiencia hasta el día de hoy es que de la nada absoluta no suelen salir universos, ni nada de nada. De manera que la pregunta por la causa del universo ha estado vigente desde siempre y ha llegado intacta a nuestra época científica.

La Biblia —que no es un libro de ciencia— empieza diciendo que «en el principio creó Dios los cielos y la tierra». Es decir, que el cosmos tuvo principio y que fue causado por Dios. Algunos autores, como el físico Paul Davies, creen que «hay algo detrás de todo (...) parece como si alguien hubiese sintonizado con precisión los números de la naturaleza para hacer el universo; (...) la impresión de que hay un diseño es aplastante».[8]

---

8   Davies, P. (1989). *The Cosmic Blueprint: New Discoveries in Nature's Creative Ability to Order the Universe*, Touchstone Books, New York, p. 203.

Sin embargo, estas "aplastantes" evidencias de diseño, con las que tan a gusto nos sentimos los cristianos desde los días del apóstol Pablo, no agradan a todo el mundo. Algunos científicos no creyentes, agnósticos o ateos, se han venido esforzando por elaborar argumentos alternativos a estas aplastantes evidencias de diseño. Hipótesis que quizás pudieran explicar el diseño, pero sin diseñador o el origen de todo a partir de la nada. Planteamientos, por ejemplo, como la noción del multiverso o la existencia de múltiples universos.

En este sentido, se nos dice que nos hacemos tales preguntas, acerca del diseño del cosmos, precisamente porque vivimos en un universo que permite la vida inteligente. Y que, en cualquier otro mundo que no permitiera la vida, no sería posible formularse tales preguntas por la sencilla razón de que no existiríamos. Por tanto, si se supone el multiverso en el que hay infinitos universos —todos los que se quiera imaginar— en los que no existe vida y que solo en el nuestro esta se da, entonces no estaríamos ante un diseño especial de nuestro universo, ya que como existen todos los mundos posibles, resulta que nosotros estamos en el que permite la vida inteligente y parece diseñado, aunque en realidad no lo estaría. En otras palabras, puede haber muchísimos universos en los que no exista vida inteligente, pero solo en los que sí la haya puede haber alguien que se sorprenda de lo excepcional que es el suyo. Por tanto, nuestro mundo no tendría nada de excepcional.

Este planteamiento tan especulativo del multiverso o de los universos burbuja tiene más de filosófico que de científico y responde al deseo de no querer aceptar lo que resulta evidente. ¿Se podrá llegar a demostrar la existencia de esos otros hipotéticos universos? No, porque la luz —que es la que aporta la información más importante— no puede salir de ni entrar a nuestro propio universo. Algunos dicen que quizás, en el supuesto de que se descubrieran sutiles vibraciones del espacio provenientes de la colisión entre distintos universos burbuja, se podría detectar su existencia. Sin embargo, todas estas cosas no son más que hipótesis sin ningún tipo de fundamento o prueba científica. A pesar de todo, la comunidad de los cosmólogos está dividida entre partidarios y detractores del multiverso.

Sea como fuere, conviene tener en cuenta que, aunque alguna vez se llegara a detectar la existencia de otros universos, esto no eliminaría tampoco la necesidad de una causa primera. De la misma manera que nuestro mundo conocido requiere de una causa original que lo creara, el multiverso —en el supuesto de que fuera real— también la requeriría.

Lo extraordinario de nuestra existencia en un universo vacío e inhóspito

Imagen de la Vía Láctea tomada por el autor en Villarluego, Teruel (España).

Se sabe que en nuestra galaxia, la Vía Láctea, existen más de cuatrocientos mil millones de estrellas. Además, por todo el cosmos que podemos observar, hay miles de millones de galaxias. Cuando se hacen los cálculos pertinentes, la cantidad de cuerpos celestes resulta abrumadora para el entendimiento humano. ¿Cómo es posible entonces que los cosmólogos digan que el universo está vacío? La respuesta está en las enormes dimensiones del mismo. Lo que predomina en el cosmos no son los cuerpos celestes, como planetas, satélites, estrellas o galaxias, sino el inmenso vacío que los envuelve. Un vacío oscuro, frío, silencioso y aterrador. Los cuerpos sólidos del universo representan tan solo una insignificante mota en un inmenso espacio vacío.

Los científicos han calculado que la densidad media del universo —teniendo en cuenta tanto la materia conocida como la materia oscura, que aún no se sabe cómo es— es aproximadamente de 2,7 x 10^{-30} g/cm^3. Para entender esta cifra existe un buen ejemplo. Es como si se partiera un grano de arroz en nueve trocitos iguales, se descartaran ocho y el restante se machacara hasta convertirlo en polvo. Si este polvo se introdujera en una esfera del tamaño de la Tierra, para que se repartiera uniformemente por el espacio de la misma, el resultado daría lugar a un inmenso espacio vacío similar al que existe en el universo.[9] Algo verdaderamente escalofriante. Más aún, si se tiene en cuenta que el cosmos se expande y que este vacío se hace cada vez mayor.

Ante semejante vacío, ¿acaso no resulta extraordinaria y prodigiosa la acción de la ley de la gravedad? Esta fuerza de la naturaleza ha logrado concentrar esa insignificante porción de materia cósmica y convertirla en galaxias, estrellas y planetas como el nuestro, donde ha florecido la vida en todo su esplendor. ¿No es portentoso que el ser humano pueda vivir en un cosmos tan inmenso, frío e inhumano? La temperatura media del universo es de alrededor de 273 grados centígrados bajo cero. Ninguna persona puede soportar tanto frío a no ser que vaya muy bien protegida. Sin embargo, esta es la temperatura de la radiación que inunda el espacio, el llamado *fondo cósmico de microondas* que constituye como un eco iniciado poco después del Big Bang.

En realidad, el vacío cósmico está repleto de peligros para la vida tal como la conocemos: grandes asteroides o cometas que viajan a gran velocidad y son susceptibles de colisionar con los planetas; sucesos transitorios de radiación de alta energía emitida por las estrellas que pueden acabar con la vida; rayos gamma; supernovas o estrellas que estallan; agujeros negros; etc. El espacio exterior es un mundo inhóspito para nosotros y el resto de los seres vivos. Sin embargo, vivimos en el lugar más seguro de la Vía Láctea, en el disco externo y alejados del núcleo de la galaxia. Ahí está situada la Tierra, en el sistema solar, como una minúscula partícula azul repleta de vida en la inmensidad de un universo frío, estéril y hostil. ¿Cómo se puede creer que esto sea una mera casualidad? ¿Por qué pensar que solo somos un accidente fortuito? Yo creo más bien en la acción determinada de un Dios misericordioso que diseñó este extraordinario hogar cósmico para que pudiéramos vivir y amar en medio de un universo hostil.

---

9   Català, J. A. (2021). *100 qüestions sobre l'univers*, Cossetània, Valls, p. 73.

4
Un universo tan grande, ¿no es un derroche de energía?

Imagen de la Vía Láctea tomada por el autor en Villarluego, Teruel (España).

Cuando se piensa en la inmensidad del cosmos, en el incontable número de estrellas, galaxias y astros que lo conforman, así como en las violentas explosiones de supernovas, choques de enanas blancas, con el enorme derroche de materia y energía que esto supone, ¿no parece incompatible semejante despilfarro energético, tan poco eficiente, con la idea de un Dios al que le interesa sobre todo un minúsculo planeta, la Tierra, porque allí hay una especie llamada *humanidad*? ¿Por qué un Dios sabio permitiría que la mayor parte del universo no fuera apta para la vida, tal como ha descubierto la cosmología moderna?

Todo depende de qué concepto se tiene de Dios, de cómo se concibe al Creador del cosmos y, en segundo lugar, de aquello que se necesita en el universo para que sea posible la vida en la Tierra. Si pensamos en Dios como si fuera un artista clásico, de aquellos que en la época grecorromana esculpían estatuas realistas en mármol blanco, en las que cada cosa estaba en su sitio, todo guardaba unas proporciones adecuadas a determinados patrones, había eficiencia, simetría, orden, equilibrio y parecido con la realidad. Por ejemplo, el Discóbolo de Mirón o la Victoria de Samotracia. Todo esto nos habla de unos artistas ordenados, preocupados por la eficiencia, las medidas exactas, la proporción y la economía de medios. Pero ¿por qué tendría Dios que ajustarse a estos ideales humanos? El Creador de todo lo que existe no tiene escasez de recursos como los artistas clásicos. La eficiencia, o el rendimiento energético, es importante para nosotros, que somos criaturas finitas, materiales y limitadas, pero no para Él. Si eres un ser limitado, tienes que ser eficiente para lograr todo lo que sea posible con tus reducidos recursos. Pero si eres omnipotente, ¿qué importancia puede tener la eficiencia?

Quizás Dios se parece más, en algunos aspectos, a un artista romántico, extremadamente creativo, que se deleita en la diversidad, en hacer cosas tan diferentes entre sí como sea posible. Las pinturas y esculturas románticas de los siglos XVIII y XIX se caracterizaron por el exotismo, la diversidad de colores y formas, la búsqueda de lo sublime: paisajes complejos y difíciles de representar, como iglesias en ruinas, movimientos sociales, naufragios, masacres, etc. Un ejemplo de ello podría ser *La marsellesa*, de Rudé, una escultura realizada en 1821 para el arco del triunfo en París. Cuando se miran el mundo natural y los seres vivos, es fácil llegar a la conclusión de que al Creador debe gustarle la variedad, la inmensidad, el espacio ilimitado, la multiplicidad de formas, la exageración de recursos. En el mundo hay actualmente unos siete mil millones de personas y, aunque algunas de sus caras puedan parecerse, no hay dos absolutamente idénticas. A Dios le gusta la diversidad.

Por otro lado, todos estos argumentos presuponen lo que Dios debería haber hecho, o aquello que debería pensar o ser. Pero, la realidad es que no hay razón para creer que podemos saber estas cosas. Que exista esta increíble inmensidad cósmica o la enorme diversidad biológica no es un argumento contra la existencia de Dios. A nosotros puede parecernos que el universo presenta una gran ineficiencia energética y espaciotemporal, pero el Creador puede haber tenido sus gustos, preferencias o sus buenas razones para hacerlo así, aunque no podamos entenderlo desde nuestra finitud humana.

Por otro lado, algunos científicos, como el catedrático de física de la Universidad Autónoma de Barcelona, el Dr. David Jou, creen que el cosmos tiene que ser así de inmenso para que pueda darse la vida en la Tierra.[10] Los átomos que conforman nuestro cuerpo y el del resto de los seres vivos se formaron en los núcleos de las estrellas, que son auténticos hornos nucleares. Cuando las estrellas estallaron, como en las explosiones de supernovas, dichos átomos viajaron por el espacio hasta agregarse y formar los planetas. La Biblia dice que Dios formó al hombre del polvo de la Tierra. Todos los elementos químicos de nuestro cuerpo están presentes también en las rocas de la corteza terrestre. Por eso se requiere un universo tan enorme. La inmensidad del mismo, dada por el producto de su antigüedad

---

10 Jou, D. (2008). *Déu, Cosmos, Caos*, Viena Edicions, Barcelona, p. 113.

y la velocidad de expansión de la frontera observable —la velocidad de la luz— es una condición necesaria para nuestra existencia. De manera que solo podemos existir en un cosmos tan grande como el que habitamos.

5

¿Somos polvo de estrellas?

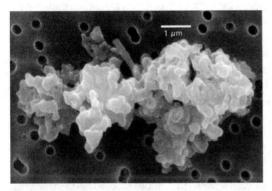

Partícula de polvo interplanetario de condrita porosa. (https://es.wikipedia.org/wiki/Polvo_cósmico#/media/Archivo:Porous_chondriteIDP.jpg).

La cosmología afirma que los elementos químicos se crearon en el núcleo de las estrellas. Es lo que se conoce como *nucleosíntesis del Big Bang*. Se cree que, a partir de una billonésima de segundo después del momento inicial de la Gran Explosión, se formaron los *quarks*. Estos son como los ladrillos a partir de los cuales se construyeron después los protones y neutrones que constituyen el núcleo de los átomos. Para ello, hizo falta que el universo naciente se expandiera y enfriara. Pero esto no se demoró demasiado. Tan solo unos diez segundos más tarde, protones y neutrones estaban ya en condiciones de asociarse para constituir los núcleos de los primeros átomos. ¿Cómo es posible saber todo esto? Por medio de cálculos teóricos.

Según la teoría, unos veinte minutos después se formaron helio, deuterio, hidrógeno y trazas de litio, que son los elementos químicos más simples de la naturaleza. Si esto hubiera sido realmente así, se debería encontrar una proporción muy elevada de tales elementos y, en efecto, el hecho de que el universo posea un 98 % de hidrógeno y helio confirma bien las predicciones de la teoría del Big Bang. Hay que tener en cuenta que estamos refiriéndonos a la materia ordinaria que conocemos, no a la llamada *materia oscura*, de la que ya se tratará más adelante. De manera que, según dicho planteamiento, todos los elementos químicos de la tabla periódica se originaron, millones de años después, en el corazón de las estrellas. Por tanto, estas podrían considerarse como las fábricas de la naturaleza. ¿Cómo llegaron dichos elementos, desde el núcleo de las estrellas, a formar parte de los planetas, de nuestros cuerpos y del resto de los seres vivos?

La estrella más cercana a la Tierra, el Sol, tiene una masa que le permite fusionar hidrógeno y convertirlo en helio. Más tarde podrá fusionar helio y generar carbono o incluso oxígeno. Sin embargo, otras estrellas que posean más masa que el Sol serán capaces de generar muchos más elementos químicos, incluso el níquel o el hierro. Se dice que una estrella "muere" cuando estalla violentamente, arrojando estos elementos químicos al espacio y convirtiéndose en una supernova o en una enana blanca. En esos momentos, alcanzan temperaturas tan elevadas que forman elementos químicos como el titanio, el cromo o el yodo. Durante mucho tiempo, el cosmos ha estado produciendo estrellas que al morir nos han dado vida a nosotros. A ellas les debemos el hierro de la sangre que corre por nuestras venas, el carbono de las proteínas que realizan todas las funciones vitales, el calcio de nuestros huesos, el oxígeno del aire que respiramos y, en fin, un largo etcétera.

Se cree que el polvo (rico en elementos químicos) lanzado al espacio en estas explosiones estelares se fue condensando y agrupando poco a poco, por acción de la gravedad, hasta formar los planetas y todo lo que estos contienen. Curiosamente, la Biblia dice también que Dios «formó al hombre del polvo de la tierra, y sopló en su nariz aliento de vida, y fue el hombre un ser viviente» (Gn 2:7). El polvo de las estrellas nos dio los elementos necesarios que requieren nuestros cuerpos materiales, pero solo el soplo divino nos convirtió en seres vivientes y nos abrió la puerta al espíritu y la trascendencia. Por tanto, somos mucho más que simple polvo de estrellas.

6
La luz del mundo

La Biblia se refiere también a una tierra primigenia desordenada, vacía y oscura, en la que el Creador llamó la luz a la existencia: «Sea la luz; y fue la luz» (Gn 1:2, 3). La luz es buena, entre otras cosas, porque nos permite ver el mundo y nos aporta información de lugares muy lejanos. Todo lo que sabemos del universo es gracias a la luz. El conocimiento científico empezó al observar y estudiar la luz de las estrellas. Esta es como un emisario que nos trae mensajes desde los confines del cosmos y a la vertiginosa velocidad de unos 300 000 km/s (en realidad, 299 792 kilómetros por segundo). Ningún otro fenómeno natural del universo puede viajar tan rápido.

La ciencia le da a la luz el nombre de *radiación electromagnética* y considera que su elemento transmisor es el *fotón* que, curiosamente, se comporta a la vez como una partícula sin masa y como una onda. Es lo que se conoce como *dualidad onda-partícula*.[11] De la misma manera, la luz blanca que nos llega del sol y podemos ver gracias al sentido de la vista, en realidad no es blanca, sino que puede descomponerse en diversos colores. La difracción de la luz, o su paso a través de un prisma transparente, hace que esta se convierta en los conocidos siete colores del arcoíris. Pues bien, algo parecido ocurre con el resto de la radiación electromagnética.

---

11 Cruz, A. (2004). *La ciencia, ¿encuentra a Dios?*, CLIE, Terrassa, pp. 67, 70 y 113.

El Sol y las estrellas no solo emiten luz visible, sino muchas otras radiaciones con distintas longitudes de onda, algunas de las cuales no pueden ser detectadas por nuestros sentidos. Aquellas que poseen muy poca energía, tienen una gran longitud de onda, como las *ondas de radio* o de televisión. Después le siguen las *microondas*, conocidas por los familiares hornos domésticos. Los *rayos infrarrojos* no pueden ser vistos, pero sí es posible detectar su calor cuando inciden sobre la piel. A continuación, está la radiación de la *luz visible*. Después, con más energía aún y menor longitud de onda, los *rayos ultravioleta* que tienen diversas aplicaciones, tales como la esterilización de microorganismos o el control de plagas. Le siguen los famosos y peligrosos *rayos X*, de aplicación en medicina y, finalmente, los *rayos gamma*, los más energéticos de todos, capaces de dañar gravemente el núcleo de las células, aunque también se usan para esterilizar equipos médicos.

El ser humano ha fabricado telescopios capaces de captar no solo la luz visible de las estrellas, sino también los demás tipos de radiación. Hay telescopios que se envían al espacio y, desde fuera de la atmósfera, detectan la radiación gamma, los rayos X o los infrarrojos que emiten los cuerpos celestes. También existen los enormes radiotelescopios que mediante sus espectaculares antenas parabólicas pueden captar señales de radio o microondas procedentes del espacio exterior. Muchos de los grandes descubrimientos de la astronomía moderna se han realizado gracias a estos aparatos que pueden detectar esa otra luz no visible.

Lo más extraordinario de toda esta gama de radiaciones de la luz solar es que aquella que podemos ver y permite la vida —por medio de la fotosíntesis— ocupa solo una finísima franja casi despreciable dentro del rango de la radiación electromagnética total. Si no fuera por las peculiares características de la atmósfera de la Tierra, que filtra convenientemente esta radiación solar, permitiendo solo el paso de aquellos fotones que resultan beneficiosos para la vida, nuestro planeta sería un árido desierto como los que hoy existen en Venus, Marte o la Luna. Este hecho constituye una misteriosa coincidencia que hace posible la vida en la Tierra.

Desde otra perspectiva no material, el Señor Jesús dijo en cierta ocasión: «Yo soy la luz del mundo» (Jn 8:12). Por supuesto, estaba hablando de otra clase de luz, de carácter espiritual, que puede guiar la vida de las personas. La luz y la oscuridad son elementos importantes tanto en el Evangelio como en las epístolas de Juan. La luz simboliza a Dios o a su Palabra, mientras que la oscuridad se refiere a toda oposición a Dios. El mensaje del evangelista es que, aunque la oscuridad sea mucho más general y abundante en este mundo —igual que la oscuridad física en el cosmos—, la luz de Cristo ha llegado para erradicar definitivamente las tinieblas. ¿Cómo puede extenderse dicha luz que viene de lo alto? Por medio de los seguidores del Maestro. Por eso, Jesús también dijo: «Vosotros sois la luz del mundo» (Mt 5:14).

¿Qué nos dicen los astros?

Región de la nebulosa de Carina, llamada NGC 3324, ubicada a una distancia de 9100 años luz de la Tierra y fotografiada por el telescopio espacial James Webb de la NASA. Esta imagen reveló por primera vez una zona de nacimiento de estrellas que antes resultaba invisible. (https://es.wikipedia.org/wiki/Astronom%C3%ADa#/media/Archivo:NASA's_Webb_Reveals_Cosmic_Cliffs,_Glittering_Landscape_of_Star_Birth.png).

Hemos comentado que la luz de las estrellas nos trae mensajes del pasado. A pesar de viajar a la mayor velocidad conocida en la naturaleza, la información que aporta no está al día, sino que proviene de soles que emitieron su luz hace muchísimo tiempo y hoy posiblemente ya no existan. Es verdad que un fotón de luz es el velocista por excelencia de la naturaleza, pues puede darle siete vueltas a la Tierra en tan solo un segundo. Nada conocido es capaz de superar esta marca en el vacío. Sin embargo, a pesar de ser tan veloz, no puede mantener la puntualidad cuando se enfrenta a las enormes distancias cósmicas. El universo es tan increíblemente grande que la luz puede tardar años, milenios o miles de millones de años en recorrer tan enormes distancias. De manera que al leer la información que llega a la Tierra desde lejanas galaxias, los astrofísicos están analizando la luz que dichos cuerpos emitieron en el pasado remoto. Es como un túnel del tiempo que permite a los científicos observar lo que ocurrió en tiempos pretéritos, pero sin poder intervenir, ni alterarlo, como suele ocurrir en ciertas películas de ciencia ficción.

Algunas de las estrellas más brillantes que pueden verse a simple vista en el firmamento nocturno nos muestran la luz que emitieron hace unos veinte, doscientos o dos mil años. Otras, las que requieren potentes telescopios para observarlas, como el Hubble o el James Webb, pueden mostrar las galaxias que se formaron algunos millones de años después del Big Bang. Se cree que los astros que emitieron su luz hace tantísimo tiempo ya no existen y que de ellos solo queda la luz que actualmente nos llega. Estudiando dicha luz es como los especialistas han llegado a deducir tantas cosas sobre el universo, como que está en expansión, que tuvo su origen en el Big Bang, que poco a poco se fueron formando las estrellas, galaxias, planetas, etc. ¿Hay algún límite a este estudio retrospectivo de la luz en el cosmos o quizás podrá la ciencia entender cómo se creó todo (energía, materia, espacio y tiempo) a partir de la nada absoluta?

Existe una frontera en el estudio de la luz que actualmente resulta infranqueable para la cosmología y que se conoce como el *momento de la recombinación*. Se trata de una especie de muro oscuro (puesto que aún no había luz) que impide saber lo que ocurrió antes de los primeros 380 000 años después de la creación del universo. Se cree que fue en ese momento cuando el cosmos se volvió visible ya que los fotones empezaron a propagarse libremente. La temperatura descendió hasta permitir que los electrones se unieran a los núcleos atómicos y así se crearan los primeros átomos neutros. Entonces se hizo la luz. ¿Qué debió ocurrir antes? ¿Por qué las tinieblas dominaron durante tanto tiempo? Según la teoría, porque la temperatura y la densidad del universo debían ser infinitas y esto impedía la existencia de la luz. De manera que la física actual es incapaz de explicar el momento cero del origen del cosmos porque todavía no había luz y las condiciones debían ser muy singulares. De ahí que se hable de la *singularidad* inicial.

Es interesante que el Génesis, en relación a la tierra primitiva, diga también que «estaba desordenada y vacía, y las tinieblas estaban sobre la faz del abismo» (Gn 1:2). Aunque, afortunadamente, «el Espíritu de Dios se movía sobre la faz de las aguas».

Las constelaciones y sus mitos

En el Génesis bíblico se muestra a Dios creando el Sol, la Luna y las estrellas con la finalidad de separar los días de las noches y ofrecer así un calendario confiable al ser humano, con el que poder contar las estaciones, los días y los años (Gn 1:14). Más adelante, en el libro de Daniel, se habla ya acerca de magos, astrólogos, caldeos y adivinos que no fueron capaces de interpretar el extraño sueño de Nabucodonosor (Dn 4:7). Entre estos caldeos de Babilonia, había astrónomos expertos en el estudio de las estrellas, pero que, además, eran también astrólogos. Es decir, que pretendían relacionar los diversos astros y sus posiciones en el firmamento con las vicisitudes que afectaban la vida de las personas y su futuro. No obstante, la Escritura se muestra siempre reacia ante semejantes prácticas adivinatorias y las prohíbe expresamente (Lv 19:31), a pesar de que el Nuevo Testamento mencione a unos magos que vinieron de oriente para visitar y honrar a Jesús recién nacido (Mt 2:1). Estos magos eran probablemente sacerdotes persas dedicados a la adivinación astrológica y la interpretación de los sueños.

Todo esto indica que, desde la más remota antigüedad, algunos pueblos han creído que las estrellas influyen sobre las personas y condicionan su carácter, así como su futuro. Semejante creencia está en el origen de las constelaciones, en la suposición de que las estrellas dibujan figuras en el cielo que nos afectan físicamente. La mayoría de las civilizaciones han juntado estrellas para confeccionar imágenes alusivas a dioses, héroes, animales mitológicos o reales, etc., según los mitos y las leyendas en las que creían. Tales figuras les resultaron útiles, no solo para conocer el firmamento, sino también para medir el tiempo y prevenir las estaciones. Las famosas constelaciones del zodíaco, que todavía se usan en la actualidad, hunden sus raíces en la astrología mesopotámica, egipcia y grecorromana. Sin embargo, diversas culturas —como la china, la australiana o la amerindia— crearon también, con las mismas estrellas que veían en el firmamento, otras figuras completamente diferentes. Cada pueblo inventó sus propias constelaciones, aunque solo se impusieran por motivos históricos las que han llegado hasta el presente. Veamos qué es una constelación desde el punto de vista astronómico.

Actualmente, se le llama *constelación* a un pedazo de firmamento bien delimitado convencionalmente, con todas las estrellas que pueden verse desde la Tierra en su interior. Por supuesto, se trata de algo artificial inventado por el ser humano, que permite la orientación en la bóveda celeste o facilita el estudio del cielo. Todos los astros que se pueden observar dentro de cada una de estas porciones de firmamento, independientemente de la distancia a la que se encuentren de nosotros, se dice que pertenecen a dicha constelación. De manera que el cielo nocturno —tanto el que puede observarse desde el hemisferio norte como el del hemisferio sur— se convierte en una especie de mosaico o puzle de constelaciones con límites rectilíneos que corresponden a meridianos y paralelos celestes. Existen en total 88 constelaciones en los dos hemisferios, que rellenan completamente este mosaico celeste. Tal fue la disposición artificial o el convenio que estableció en 1930 la Unión Astronómica Internacional.

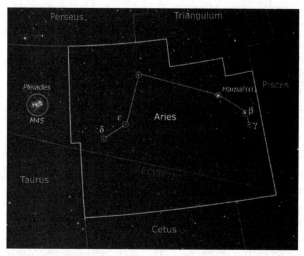

Constelación de Aries o el carnero, situada entre las de Piscis y Tauro. En el dibujo se señala una estrella muy brillante (Hamal) y cinco estrellas principales más, sin embargo, a través de dicha ventana convencional pueden verse millones de estrellas y galaxias. La eclíptica corresponde a la línea que indica el recorrido aparente del Sol en la bóveda celeste. (http://www.vigiacosmos.es/constelaciones-2/).

Las constelaciones son, pues, construcciones humanas arbitrarias ya que no existen en la realidad. Se llaman *constelaciones zodiacales* a aquellas por las que pasa aparentemente el Sol en su camino entre las estrellas y se conocen con los famosos nombres: Aries, Taurus, Géminis, Cáncer, Leo, Virgo, Libra, Escorpio, Ofiuco, Sagitario, Capricornio, Acuario y Piscis. Pero también existen otras constelaciones no zodiacales, por las que no pasa el

Sol, que pueden verse desde el hemisferio norte, tales como Osa Mayor, Osa Menor, Hércules, el Cisne o Casiopea, entre otras; y desde el hemisferio sur, como Orión, Hidra, Cráter o Centauro, entre muchas más. ¿Qué significado tiene todo esto para un individuo cuyo signo del zodíaco sea, por ejemplo, Escorpión?

Ser de Escorpión significa que cuando esta persona nació, el Sol estaba situado en la constelación de este arácnido de aguijón venenoso. Nada más. Los signos del zodíaco fueron establecidos hace unos dos milenios por civilizaciones de la antigüedad y en función de las estrellas que se veían entonces. Sin embargo, debido al movimiento de *precesión* del eje terrestre, la visión que se tiene hoy de las constelaciones ha cambiado. Este movimiento terrestre se parece al cabeceo que realiza una peonza cuando gira sobre su eje. De manera que cuando el Sol está situado en el signo zodiacal de Escorpión, las estrellas que se ven hoy dentro de la ventana convencional son las de la constelación precedente Libra, y no las de Escorpión. Igualmente, las estrellas que se aprecian en Aries, no son las de Aries, sino las de Piscis. Habría que esperar unos 24 000 años para que los signos del zodíaco volvieran a coincidir con sus respectivas constelaciones.[12] De ahí que ser del signo Escorpión quiere decir que, en el momento del parto, el Sol estaba en la casilla de Escorpión, pero las estrellas que se veían en dicha casilla eran las de Libra o quizás las de Virgo. Es evidente que esto tiene consecuencias nefastas para los horóscopos y explica por qué la ciencia los rechaza.

¿Pueden influir las constelaciones en la vida de las personas, en su manera de ser o en cómo se relacionan con los demás? En mi opinión, no hay ningún tipo de relación física entre las estrellas y los seres humanos. Los astros no determinan en absoluto el destino o el comportamiento de las personas. Hoy sabemos que las estrellas de cualquier constelación están situadas a centenares o millares de años luz de distancia de nosotros. De las cuatro fuerzas fundamentales del universo que actualmente se conocen (nuclear fuerte y débil, electromagnética y gravitatoria) solo la gravitatoria es la que puede tener alguna influencia entre cuerpos situados a tan grandes distancias. La atracción lunar, por ejemplo, es la responsable de las mareas en los océanos terrestres. Sin embargo, teniendo en cuenta que la atracción gravitatoria decae con el cuadrado de las distancias, la influencia gravitatoria de las montañas que rodean a nuestra ciudad, por ejemplo, podría ser mucho mayor que la del planeta Marte y no digamos ya la de cualquier estrella muchísimo más alejada. ¿Cómo podría afectar a nuestro carácter un efecto gravitatorio estelar tan insignificante?

---

12   Aloy, J. (2013). *100 qüestions d'astronomia*, Cossetània, Valls, p. 99.

Con razón y a propósito de la caída de Babilonia, el profeta Isaías le recrimina a esta gran ciudad de la antigüedad entregada a la astrología:

Estate ahora en tus encantamientos y en la multitud de tus hechizos, en los cuales te fatigaste desde tu juventud; quizá podrás mejorarte, quizá te fortalecerás. Te has fatigado en tus muchos consejos. Comparezcan ahora y te defiendan los contempladores de los cielos, los que observan las estrellas, los que cuentan los meses, para pronosticar lo que vendrá sobre ti. He aquí que serán como tamo; fuego los quemará, no salvarán sus vidas del poder de la llama; no quedará brasa para calentarse, ni lumbre a la cual se sienten. (Is 47:12-14)

¿Por qué un Big Bang?

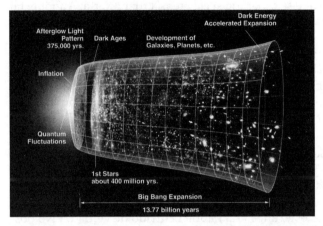

Esquema del Big Bang en el que se muestra la época inflacionaria y la expansión posterior del espacio. (https://en.wikipedia.org/wiki/Big_Bang#/media/File:CMB_Timeline300_no_WMAP.jpg).

La teoría del Big Bang es el modelo cosmológico más aceptado por la comunidad científica actual. Aunque todavía presenta algunas cuestiones que carecen de respuesta, goza no obstante de una amplia aceptación. Durante muchos años, la ciencia creyó que el universo era eterno, que no había tenido principio ni tampoco tendría fin. La idea de creación a partir de la nada se consideraba mítica o religiosa y, por tanto, incompatible con el verdadero conocimiento científico. Sin embargo, en el pasado siglo XX, esta concepción se vino abajo con el nacimiento del modelo del Big Bang y se empezó a aceptar que el universo había tenido un principio. Esta teoría supone que el cosmos empezó su existencia en un estado infinitamente denso y caliente. A partir de ahí, se inició un proceso de expansión que no siempre se ha desarrollado a la misma velocidad. Primero, fue extraordinariamente rápido, pero después se volvió más lento por efecto de la gravedad para finalmente volver a acelerarse, por causa de esa todavía incomprensible energía que los cosmólogos llaman *oscura* y así ha continuado hasta el presente. Todavía hoy es posible detectar que las numerosas galaxias y estrellas se están alejando unas de otras a una velocidad que va en aumento. Se cree que, en las primeras etapas de esta expansión, se formaron los átomos y se creó la materia.

Algunas de las principales pruebas que respaldan este modelo son la existencia del llamado *fondo cósmico de microondas*. Se trata de una radiación predicha por el Big Bang y que se pudo detectar en todo el espacio. También la presencia y abundancia de los elementos químicos distribuidos por todo el cosmos es lo que se esperaría si esta teoría fuera cierta. Aunque, tal como se ha mencionado, la física actual no puede explicar lo que ocurrió en el instante cero de la creación, el modelo de la Gran Explosión sigue siendo una teoría sólida y ampliamente aceptada en la actualidad sobre el origen del universo. De manera que, según el Big Bang, todo habría comenzado hace unos trece mil ochocientos millones de años. Esta fecha se deduce sobre todo de la expansión del cosmos. Calculando la velocidad a la que las estrellas se alejan unas de otras y rebobinando hacia atrás se llega a esta extraordinaria fecha.

Desde el movimiento del creacionismo de la Tierra joven, que no acepta esta antigüedad del universo, algunos han sugerido que quizás Dios creó los rayos de luz de las estrellas estando ya en tránsito y llegando a la Tierra desde el principio. Lo cual significaría que nada de lo que se ve en el espacio (más allá de los 6000 años luz) habría ocurrido de verdad.[13] No obstante, no todos los que pertenecen a este movimiento creen que semejante explicación sea válida pues no parece encajar con el carácter de Dios. Otros, proponen que quizás la velocidad de la luz pudo ser mucho mayor en el pasado y así haber podido recorrer el universo en menos tiempo de lo que lo haría hoy. De la misma manera, esta idea no goza de aceptación general en el movimiento ya que no existe constancia de tal variación. Finalmente, se ha contemplado otra posibilidad, basada en la teoría de Einstein, que afirma que el tiempo se ve afectado por la velocidad y la gravedad. Si un objeto se mueve a la velocidad de la luz, para él el tiempo transcurre más lentamente. La luz que tardaría miles de millones de años en llegar a la Tierra, podría arribar en solo milenios, según los relojes terrestres. Si la expansión del universo fue menor en el pasado, tales efectos serían aún más potentes. Se trata de una idea interesante, pero también muy minoritaria.

Cuando se propuso por primera vez el modelo del Big Bang, no todos los cosmólogos lo aceptaron con agrado. Uno de los más famosos de la época, el astrofísico inglés Fred Hoyle, que era partidario del universo eterno, estático e inmutable, se refirió a él en un programa de radio de la BBC y lo llamó, con tono burlón, *gran explosión* (en inglés, *big bang*). Curiosamente,

---

13   Ham K. (2013). *El libro de las respuestas sobre la creación y la evolución*, Vol. I, Patmos, Miami, p. 212.

este calificativo que pretendía desprestigiar la teoría, fue el que acabó por imponerse en todo el mundo. De manera que el modelo del Big Bang debe su nombre a un científico que no creía en él. De hecho, la idea de una gran explosión tampoco hace honor a lo que realmente debió ser el origen del cosmos. Las explosiones conocidas suelen ocurrir a partir de un punto central del que se expanden por el espacio. Sin embargo, el origen del universo no tuvo ningún centro o lugar de inicio ya que el espacio todavía no existía. Por no existir, no existía absolutamente nada, ni espacio, ni energía, ni materia, ni tiempo. Nada de nada. ¿Pudo haber algo —aparte del Creador antes— de ese inicio de todo?

Hace más de mil quinientos años, Agustín de Hipona escribió: «Yo no veo cómo puede decirse que el universo fue creado después de lapsos de tiempo, a menos que se diga que antes de esa creación ya existía algún cuerpo creado cuyos movimientos pudieran marcar el paso del tiempo».[14] Es curioso que, un milenio y medio después de la vida de este gran teólogo, todavía se debata este asunto, a propósito de la teoría del Big Bang. Sin embargo, la conclusión a la que llegó Agustín fue: «Todo lo formado, en cuanto está formado, y todo lo que no está formado, en cuanto es formable, halla su fundamento en Dios».[15]

14   Agustín de Hipona, *La ciudad de Dios* (IVa). Citado en López, C. (1999). Universo sin fin, Taurus, Madrid, p. 17.

15   Ropero, A. (Ed.). (2017). *Obras escogidas de Agustín de Hipona*, Vol. I, CLIE, Viladecavalls, p. 85.

10

La expansión del cosmos

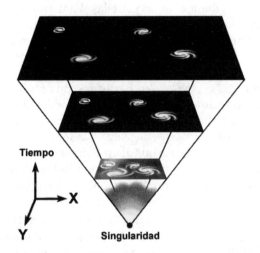

Según la teoría del Big Bang, el universo se expandió a partir de una singularidad inicial. Es decir, de un estado muy denso y caliente y así sigue expandiéndose hasta la actualidad. (https://es.wikipedia.org/wiki/Big_Bang#/media/ Archivo:Universe_expansion_es.png).

Una de las principales creencias, en la que coinciden hoy la inmensa mayoría de los cosmólogos, es la que afirma que el universo se está expandiendo. Es decir, que continuamente está aumentando su espacio porque las galaxias se alejan unas de otras. ¿A qué velocidad lo hacen? El director del Instituto de Física Teórica de Madrid, Alberto Casas, escribe al respecto:

> La velocidad de alejamiento de una galaxia aumenta en unos 20 km/s por cada millón de años luz de distanciamiento (por ejemplo, una galaxia situada a 2000 millones de años luz se aleja de nosotros a unos 40 000 km/s). Esta constante de proporcionalidad entre

distancia y velocidad de alejamiento es la que nos indica el ritmo de expansión del universo.[16]

Ahora bien, ¿cómo pueden estar tan seguros los científicos de que el cosmos realmente se está expandiendo? ¿En qué se basan para afirmar tal fenómeno?

La respuesta a esta pregunta tiene que ver con lo que se llama el *desplazamiento al rojo de la luz* que percibimos de las estrellas. Para entender el significado de esto, suele ponerse casi siempre el ejemplo de cómo se mueven en el aire las ondas sonoras. En efecto, durante el siglo XIX, un físico austríaco llamado Christian Doppler descubrió que las ondas sonoras presentan diferentes tonalidades, según se estén acercando o alejando de nosotros. Esto se conoce hoy como el *efecto Doppler*. Es decir, si una ruidosa motocicleta se aproxima a una velocidad constante hacia un observador inmóvil, este percibirá el sonido producido por el vehículo como una tonalidad aguda. Mientras que cuando la moto se aleja de él, la tonalidad se volverá más grave. Lo cual se debe al hecho de que al aproximarse, las ondas sonoras que nos llegan a los oídos se comprimen (la longitud de onda se reduce) y, cuando se separa, las ondas sonoras aumentan su longitud de onda.

Pues bien, algo parecido ocurre con la luz que nos llega de las estrellas. Si, por ejemplo, una galaxia se estuviera acercando a la Tierra, deberíamos ver su luz ligeramente desplazada hacia el color azul, que sería el equivalente al sonido agudo detectado por Doppler. En cambio, si se alejara de nosotros, su luz estaría desplazada hacia el rojo, equivalente al sonido grave. Esto es precisamente lo que descubrió el astrónomo estadounidense, Edwin Hubble, en 1929. Se dio cuenta de que la luz de todas las galaxias distantes mostraba un desplazamiento al rojo, lo cual indicaba que se estaban alejando de nosotros. En realidad, lo que ocurre es que todo el espacio está creciendo, se estira o expande y, como consecuencia de ello, las galaxias se separan unas de otras.

El universo es tan increíblemente enorme que supera todo lo que pudiera pensar o diseñar el ser humano. Es por tanto comprensible el sentimiento de humildad y admiración del salmista al contemplar los cielos. ¿Qué versos compondría hoy si supiera que el cosmos está todavía expandiéndose?

---

16   Casas, A. (2015). *La materia oscura*, RBA, Villatuerta, p. 130.

11

La teoría de la relatividad en la Biblia

Torre del reloj de Berna (Suiza).

Uno de los pocos relojes astronómicos del mundo se encuentra en la bella ciudad de Berna. Se trata del *Zytglogge* (en alemán, la campana del tiempo), situado en la famosa torre medieval del reloj, en el centro de la capital suiza. Fue construido en 1527 por el mecánico suizo Kaspar Brunner. Los relojes astronómicos de esta época informaban no solo de la hora solar, sino también de las posiciones relativas del Sol, la Luna, las constelaciones del zodíaco y los planetas mayores, así como de las fechas de los eclipses y otras festividades religiosas. Los más antiguos relojes astronómicos reflejan la cosmovisión geocéntrica del momento. De ahí que sitúen a la Tierra en el centro y al Sol girando alrededor de ella. Sin embargo, después de Copérnico y Galileo, estos fueron modificados para adaptarse al nuevo heliocentrismo, con el astro rey en el centro del sistema solar y la Tierra trasladándose a su alrededor.

Se dice que Albert Einstein, que vivió siete años en Berna, se inspiró en este reloj para elaborar su teoría de la relatividad especial. Como pasaba cada día por delante de la torre del reloj para ir a su trabajo en la oficina de patentes, poco a poco fue desarrollando la siguiente cuestión: ¿Acaso el tiempo que marca el gran reloj inmóvil de la torre transcurre a la misma velocidad que aquel otro que marca mi reloj de pulsera, cuando voy caminando y este se mueve conmigo? ¿Ocurrirá lo mismo si me traslado en auto o en bus? ¿Y si yo pudiera desplazarme a la velocidad de la luz? Estas reflexiones lo condujeron a la idea de que el tiempo no es absoluto —como hasta entonces se pensaba—, sino relativo y que, desde luego, no discurre igual en reposo que en movimiento. Llegó a la conclusión de que el tiempo y el espacio eran una misma cosa y que el tiempo puede contraerse o dilatarse en función de la velocidad a la que nos movamos por el espacio.

Reloj astronómico de Berna.

Es lo que se conoce como *paradoja de los gemelos*. En efecto, si un hermano realizara un largo viaje por el espacio hacia una estrella lejana, en una supuesta nave espacial que viajara a la velocidad de la luz, mientras su gemelo se quedara en la Tierra, a su regreso el viajero sería más joven que su hermano terrestre. Esto que parece contradecir el sentido común se ha demostrado cierto no solo por la teoría de Einstein, sino también por la experimentación científica. En 1971, J. C. Hafele y R. Keating colocaron varios relojes atómicos de cesio en aviones comerciales que giraron alrededor de la Tierra durante más de 40 horas y compararon después las horas que marcaban, en relación a los relojes que se habían quedado en la Tierra. Cuando contrastaron los resultados, pudo comprobarse que los relojes ya no estaban sincronizados como al principio. Había un retraso importante en los relojes que volaron, que fue atribuido a las predicciones de la teoría de la relatividad.[17] Las ideas de Einstein cambiaron la concepción humana de la realidad. Las leyes de la gravitación de Newton se quedaron anticuadas porque el espacio y el tiempo dejaron de ser entidades independientes y absolutas. Por tanto, la manera común que tenemos de entender el tiempo en la vida cotidiana es solamente una ilusión de nuestros sentidos.

Curiosamente, la Biblia parece relativizar también el tiempo. El salmista escribió refiriéndose a Dios que «mil años delante de tus ojos son como el día de ayer, que pasó, y como una de las vigilias de la noche» (Sal 90:4). También el apóstol Pedro vuelve a recalcar la misma idea: «Mas, oh amados, no ignoréis esto: que para con el Señor un día es como mil años, y mil años como un día» (2 P 3:8). Algunos autores se han referido a los días de Génesis uno, señalando que si Dios creó el universo a partir de la nada, la energía, materia, espacio y tiempo debieron tener un principio. De manera que el tiempo inicial de estos días creativos pudo irse estirando junto con el espacio del cosmos. La comparación entre un día y mil años (que en la Biblia significa siempre una gran cantidad) no sería entonces alegórica, sino real porque, según las concepciones de la física actual, un día de Dios o del mundo en expansión podría haber sido muchísimo tiempo en un planeta incipiente como el nuestro.

17   Hafele, J. C. & Keating, Richard E. (1972). "Around-the-World Atomic Clocks: Predicted Relativistic Time Gains", Science, 14 de julio de 1972, Vol. 177, Issue 4044, pp. 166-168. https://www.science.org/doi/10.1126/science.177.4044.166.

12

El misterio de la energía oscura

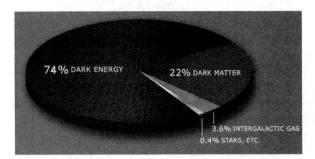

Distribución estimada de la energía y materia oscuras en el universo. La pequeña fracción naranja (3,6 %) corresponde al gas intergaláctico, mientras que el 0,4 % restante es la materia conocida que constituye las estrellas, los planetas y demás cuerpos celestes. (https://es.wikipedia.org/wiki/Materia_oscura#/media/Archivo:DarkMatterPie.jpg).

Nadie sabe lo que es la energía oscura. Sin embargo, se cree que es la responsable de la expansión del universo. Se desconoce qué tipo de energía sea, de ahí el calificativo de *oscura*, y por tanto también se ignoran sus propiedades. Luego entonces, si no se sabe nada de nada, ¿cómo estar seguros de su existencia? La explicación viene de la mano de la expansión del cosmos. Cuando se aceptó que el universo empezó a expandirse después del Big Bang, se pensaba que con el tiempo dicha expansión se iría haciendo cada vez más lenta hasta frenarse por completo como consecuencia de la atracción gravitatoria que domina en el cosmos. Esta parecía ser la opción más razonable. Sin embargo, lo que se pudo comprobar a finales del siglo XX fue precisamente todo lo contrario. El cosmos no solo no se está frenando, sino que se está expandiendo aceleradamente.

La única explicación a tal fenómeno es que alguna misteriosa fuerza desconocida tiene más poder que la de la gravedad y consigue acelerar el cosmos. Se supone que se trata de la *energía oscura* y se cree que representa el 68 % de todo el universo. ¿De qué podría estar hecha esta energía? Se han propuesto varias hipótesis, pero ninguna goza de aceptación universal. Unos dicen que quizás el espacio está asociado a algún tipo de energía contraria a la gravedad y que cuando este crece, como consecuencia de la expansión, dicha energía oscura crece también con él y logra vencer a la atracción gravitatoria, acelerando así todo el cosmos. Otros sugieren la posibilidad de que el espacio vacío no esté en realidad vacío, sino repleto de partículas virtuales que tengan una vida corta. Es decir, que constantemente estén apareciendo y desapareciendo. Sin embargo, esta teoría presenta un gran problema. El cálculo teórico de la energía que supuestamente aportaría dicha creación y desintegración de partículas virtuales no coincide en absoluto con lo que se observa a propósito de la energía oscura.

Afortunadamente para nosotros, esta misteriosa energía oscura capaz de vencer a la gravedad en los grandes espacios siderales no lo hace en las distancias cortas. Es verdad que el espacio se expande gracias a ella, sin embargo, a pequeña escala, la fuerza de la gravedad se alía con la electromagnética y con la fuerza fuerte de los enlaces atómicos para formar como invisibles cuerdas que mantienen unidos a los objetos y a nosotros mismos. Por tanto, la energía oscura es capaz de estirar el espacio, pero no puede estirarnos a nosotros.

La conclusión es que, hoy por hoy, la ciencia desconoce lo que es en realidad esta energía oscura que tira del espacio y lo expande de manera acelerada. Esto permite a los especialistas elucubrar sobre la misma y elaborar hipótesis que, al llegar a los medios de comunicación, se amplifican y presentan como si fueran hechos comprobados.

No obstante, semejante desconocimiento demanda humildad y reactualiza aquellas antiguas palabras del anciano Job:

¿Dónde estabas tú cuando yo fundaba la tierra?
Házmelo saber, si tienes inteligencia. (…)

¿Por dónde va el camino a la habitación de la luz,
Y dónde está el lugar de las tinieblas,
Para que las lleves a sus límites,
Y entiendas las sendas de su casa? (…)

¿Podrás tú atar los lazos de las Pléyades,
O desatarás las ligaduras de Orión?
¿Sacarás tú a su tiempo las constelaciones de los cielos,
O guiarás a la Osa Mayor con sus hijos?
¿Supiste tú las ordenanzas de los cielos?
¿Dispondrás tú de su potestad en la tierra? (Job 38:4, 19, 20, 31-33)

13

Otro enigma: la materia oscura

Imagen tomada con el telescopio espacial Hubble que muestra el cúmulo de galaxias CL0024+17, así como la creación de un efecto de lente gravitacional. Se cree que este efecto se debe a la acción de la materia oscura. (https:// es.wikipedia.org/wiki/Materia_oscura#/media/Archivo:CL0024+17.jpg).

Algo parecido a lo anterior ocurre también con la llamada *materia oscura* del universo. Durante los años 70 del pasado siglo, se descubrió un fenómeno extraño en el movimiento de rotación de las galaxias en espiral. Se vio que todas las regiones de estas galaxias giraban a la misma velocidad, como si se tratara de un tiovivo sólido y compacto. Sin embargo, semejante observación no parecía encajar con lo que sabemos por la física. Lo lógico sería que aquellas regiones alejadas del centro de las galaxias se desplazaran más lentamente que las más próximas al mismo. Es lo mismo que ocurre, por ejemplo, con los planetas que se trasladan alrededor del Sol. Los más alejados del astro rey viajan más lentamente que los más cercanos. No obstante, en dichas galaxias en espiral no se cumplía este comportamiento. ¿Por qué?

La respuesta que se dio es que probablemente la mayor parte de la masa de estas galaxias no se encontraba en su centro —como hasta entonces se creía—, sino distribuida por el exterior, formando una especie de halo gigante e invisible que envolvía a toda la galaxia. Como se trata de un halo de materia que no podemos ver por medio de la tecnología actual, se le llamó así *materia oscura* y se cree que es como una especie de "pegamento" que mantiene unidas a las galaxias por todo el universo. También se sabe dónde está porque distorsiona la luz que emiten las estrellas lejanas. Se cree que cuanto más grande es dicha distorsión, mayor debe ser la concentración de materia oscura. Aunque no sea posible verla, se piensa que constituye el 85 % de la materia del mundo. Esto significa que desconocemos cómo es y de qué está formado este elevado tanto por ciento del cosmos. Es posible que en estas inmensas regiones del universo las leyes de la física sean diferentes a las que conocemos. O, dicho de otra manera, actualmente hay que reconocer que solo sabemos cómo es el 15 % del universo. Realmente es mucho todavía lo que nos queda por descubrir.

Los expertos creen que la materia oscura no está formada por átomos. Es decir, que no es materia normal (o bariónica), como la que se conoce en la Tierra porque, si lo fuera, al calentarse tendría que emitir luz o cualquier otra radiación. Pero precisamente se le llama *oscura* porque no produce luz.

El salmista bíblico escribió hace unos tres milenios:

¡Oh Jehová, Señor nuestro,
cuán glorioso es tu nombre en toda la tierra! (…)

Cuando veo tus cielos, obra de tus dedos,
la luna y las estrellas que tú formaste,
digo: ¿Qué es el hombre, para que tengas de él memoria,
y el hijo del hombre, para que lo visites? (Sal 8:1, 3, 4)

¿Qué diría hoy ante todo lo que sabemos y lo que aún desconocemos del universo? Creo que tendría motivos para glorificar a Dios mucho más fervientemente.

14

¿Qué futuro nos espera, el Big Crunch o el Big Rip?

La teoría del Big Crunch o Gran Colapso supone que después de un proceso de expansión viene otro de contracción. Sin embargo, el descubrimiento de la energía oscura ha provocado el abandono de tal teoría. (https://www.ecured.cu/Teor%C3%ADa_del_Big_Crunch#/media/File:Teor%C3%ADa_de_las_pulsaciones.JPG).

Según las predicciones de la teoría del Big Crunch o Gran Colapso, llegaría un momento en que la actual expansión del universo se detendría por acción de la gravedad y empezaría el camino inverso, concentrándose lentamente hasta terminar como comenzó: en un punto de infinita densidad. Se supone que a medida que esto se produjera, iría aumentando la temperatura del cosmos hasta que la vida, tal como la conocemos, resultara imposible. Las estrellas no podrían eliminar su calor y estallarían, dando lugar a numerosos agujeros negros. Por último, los átomos que constituyen la materia se romperían, liberando partículas elementales como los quarks y así los agujeros negros se fusionarían tragándose todo el cosmos en un Gran Colapso, que sería lo opuesto al Big Bang.

De hecho, se cree que hace unos cinco mil millones de años la materia conocida o bariónica frenó la expansión cósmica y la volvió más lenta de lo que era. Sin embargo, la materia oscura —de la que ya se ha hablado— tuvo más fuerza y alimentó dicha expansión hasta acelerarla al nivel que se detecta hoy. De manera que, en función de lo que sabemos, es muy poco probable que se produzca el Big Crunch porque, en vez de frenarse, el cosmos está acelerando su expansión. ¿Qué futuro nos espera entonces, si el Señor no viene antes?

Según otra teoría, la del Big Rip o de la Gran Rotura, el actual universo seguirá expandiéndose aceleradamente hasta que todas las fuerzas conocidas se rompan, incluso aquellas que mantienen unidos a los átomos de la materia. Las galaxias irán perdiendo poco a poco sus estrellas, estas se separarán cada vez más unas de otras hasta que los sistemas planetarios como el nuestro se estiren también y pierdan su configuración o equilibrio. Finalmente, los átomos se desintegrarán en un universo gigante en el que toda la materia se habrá convertido en una insignificante radiación. Según la velocidad de expansión actual, esto ocurrirá dentro de unos 20 000 millones de años. Tal es la escatología que nos presenta la ciencia actual. Sin embargo, nadie puede estar seguro de tales acontecimientos futuros. Básicamente, porque no se conoce la naturaleza de la energía oscura que está tirando del cosmos y no se puede saber cómo se comportará en el futuro o si se producirán alteraciones.

Desde un ángulo distinto, la escatología bíblica también se refiere a la destrucción de este mundo por el fuego. El apóstol Pedro escribe: «Pero el día del Señor vendrá como ladrón en la noche; en el cual los cielos pasarán con grande estruendo, y los elementos ardiendo serán deshechos, y la tierra y las obras que en ella hay serán quemadas» (2 P 3:10). Sin embargo, el interés del apóstol no es tanto mostrar un esquema físico detallado del final del mundo, sino, mucho mejor aún, enseñarnos que la esperanza del cristiano debe ser activa y transformadora del mundo presente. Ante la realidad de un fin material, el creyente debe ocuparse no tanto de lo que desaparecerá sino más bien de aquello que perdurará, como son la obediencia al Señor, la santidad y el amor a nuestros semejantes. La Biblia propone siempre la esperanza y no se refiere a un fin del cosmos definitivo ya que indica que el propósito de Dios es la creación de cielos nuevos y tierra nueva donde more la justicia (2 P 3:13).

15

Materia y antimateria se odian a muerte

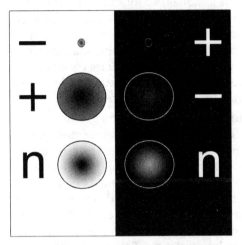

Las partículas subatómicas de la antimateria tienen cargas opuestas a las de la materia. En la imagen, y de arriba abajo, electrón, protón y neutrón. (https://es.wikipedia.org/wiki/Antimateria#/media/Archivo:Particles_and_antiparticles.svg).

La materia ordinaria de la que están hechas todas las cosas que nos rodean, así como nuestros propios cuerpos, se llama también *bariónica* porque está constituida por bariones y otras cosas. Estos bariones son una familia de partículas subatómicas formadas por tres quarks, como los neutrones y protones del núcleo de los átomos. En general, los átomos de la materia se caracterizan por presentar cargas eléctricas. Los neutrones —como su nombre indica— carecen de ellas, pero los protones tienen carga positiva, mientras que los electrones la tienen negativa. No obstante, hay que reconocer que aquella antigua imagen del átomo, formado por un núcleo positivo de neutrones y protones sobre el que circulaban electrones negativos a la velocidad de la luz, ha quedado hoy algo anticuada ante la complejidad revelada por la mecánica cuántica. A pesar de esto, para entender los conceptos de materia y antimateria no es necesario profundizar en tales detalles. ¿Qué es la antimateria?

La antimateria también es materia bariónica o común, pero con las cargas eléctricas cambiadas. Sus protones son negativos mientras que los electrones de la antimateria tienen carga positiva. Se habla así de antiprotones, antielectrones y antipartículas. ¿Existen realmente tales antipartículas en el universo? Desde luego, por ejemplo, el Sol, así como el resto de las estrellas están continuamente fabricando enormes cantidades de antielectrones o positrones, como también se los llama, que son consecuencia de las reacciones de fusión nuclear llevadas a cabo en su interior. Lo que pasa es que tales positrones se desintegran espontáneamente al entrar en contacto con partículas opuestas. Las antipartículas tienen una vida muy breve ya que pronto chocan con otras partículas y ambas son eliminadas, generando determinada energía. Como la mayor parte de la materia conocida está constituida por partículas, sus opuestas —las antipartículas— tienen poquísimas posibilidades de prosperar y pronto desaparecen.

Semejante comportamiento autodestructivo de la materia y la antimateria genera un problema a la hora de explicar el origen del cosmos.[18] Se supone que al principio debió formarse la misma cantidad de materia que de antimateria, ya que no hay ninguna razón para pensar que una tuviera que dominar sobre la otra. Pero si esto hubiera sido así, al entrar en contacto, ambas se habrían destruido inmediatamente. ¿Cómo pudo entonces crearse el universo? Esto es algo que la ciencia actual no es capaz de explicar. Es evidente que "algo" permitió que se formase mucha más materia que antimateria y esto hizo posible nuestra existencia. Este sigue siendo uno de los principales misterios del mundo. Otro es que vivimos en un lugar casi totalmente desconocido, ya que solo entendemos cómo es el 5 % del universo. Se supone que el 95 % restante está formado por energía oscura (68 %) y por materia oscura (27 %) que tampoco sabemos cómo es.

Todo esto me lleva a concluir que aquel antiguo deseo del salmista de alabar al Dios Creador por su grandeza continúa teniendo hoy absoluta actualidad: «Alabadle en la magnificencia de su firmamento» (Sal 150:1).

---

18   Cruz, A. (2005). *La ciencia, ¿encuentra a Dios?*, CLIE, Terrassa, p. 95.

16

La grandeza del universo

Imagen de un cúmulo estelar de la Vía Láctea llamado Westerlund 2. Posee algunas de las estrellas más calientes, brillantes y con mayor masa que se conocen. Está a una distancia de unos 20 000 años luz de la Tierra. (https://es.wikipedia. org/wiki/Universo#/media/Archivo:NASA_Unveils_Celestial_Fireworks_as_ Official_Hubble_25th_Anniversary_Image.jpg).

Actualmente nadie sabe qué tamaño tiene el cosmos. Se cree que es tan inmenso que la mayor parte del mismo está mucho más lejos de lo que nuestros actuales telescopios y otros medios tecnológicos son capaces de detectar. A pesar de la increíble rapidez a la que viaja la luz —que es la que aporta la principal información sobre el universo— es posible que existan regiones tan alejadas de la Tierra que todavía no conozcamos, sencillamente porque su luz aún no nos habría llegado. De acuerdo con la teoría del Big Bang, el cosmos que hoy se puede ver y estudiar podría ser solo una pequeñísima parte del universo total y esto permite pensar que quizás el ser humano nunca pueda llegar a conocerlo en su totalidad.

No obstante, ¿sería posible calcular el tamaño de esa parte del cosmos que sí podemos ver? Los cosmólogos creen que el universo tiene una edad de 13 800 millones de años. Esto significa que la esfera del mismo tendría un radio de 13 800 millones de años luz y, por tanto, cualquier planeta o estrella que estuviera más allá de este radio no podría ser visto porque

POLVO DE LA TIERRA

—como decimos— su radiación aún no nos habría llegado. Sin embargo, calcular el radio del universo observable no es tan fácil, debido a que este se está expandiendo y cambia continuamente de tamaño. La luz que nos llega de las galaxias es aquella que emitieron hace años, cuando estaban más cerca de nosotros. Pero, según la expansión, hoy se encuentran ya mucho más lejos. De manera que el tamaño del cosmos debe ser mayor que lo indicado por los cálculos anteriores. En base a los ritmos de expansión medidos, se cree que el universo que podemos ver debe tener un radio de unos 47 000 millones de años luz.[19] Casi tres veces y media más que la cifra anterior. Aunque, como decimos, este universo observable sería solamente una pequeña parte de todo el cosmos.

La expansión del universo no solo aleja unas galaxias de otras, sino que también genera la aparición de espacio. Se puede decir que el espacio crece o se "estira" entre los distintos cuerpos celestes, allí donde antes no había espacio. De manera que la expansión del cosmos está continuamente creando nuevo espacio. A veces, se pone el ejemplo de un globo que se está inflando y poco a poco aumenta la superficie de la goma. Si el cosmos es como la superficie del globo, es fácil ver que no existe ningún centro o lugar desde donde se haya empezado a expandir. Todos los puntos son iguales y la distancia entre ellos crece aceleradamente. Como la creación del universo supuso también la creación del espacio, el cosmos no pudo iniciarse en un punto concreto, puesto que el espacio aún no existía. Por tanto, según la teoría del Big Bang, el universo no tiene centro. Desde tal perspectiva, las antiguas pretensiones de habitar en el centro físico del universo, carecen de sentido.

Vivimos en un mundo inmenso, extraordinario y misterioso del que nuestros cuerpos materiales forman parte. No podemos salir del mismo para contemplarnos desde afuera. Solo Dios puede vernos así e interesarse por cada uno de nosotros a pesar de nuestra pequeñez. Según la Biblia, nos hizo poco menores que los ángeles, nos coronó de gloria y honra, enviándonos además a Jesucristo para salvarnos del mal y de nosotros mismos.

---

19   Català Amigó, J. A. (2021). *100 qüestions sobre l'univers*, Cossetània, Barcelona, p. 27.

17

Una máquina para crear universos

En el cuento infantil de Lewis Carroll, *A través del espejo y lo que Alicia encontró allí* (1871), se muestra este dibujo que pretende indicar el universo paralelo en el que viajaba la protagonista. (https://es.wikipedia.org/wiki/Universos_paralelos_en_ficción#/media/Archivo:Šachovnice.jpg).

El profesor de astronomía Guillermo González, junto al filósofo Jay W. Richards, proponen en su libro *El planeta privilegiado* cómo debería ser una hipotética máquina que fuera capaz de crear universos similares al nuestro.[20] Por medio de una rica imaginación propia de *Star Trek*, transportan al lector a una espaciosa habitación de un grupo de seres extraterrestres como los *Q* de dicha saga, en la que se encuentra un enorme y complicado aparato lleno de diales giratorios parecidos a los de las cajas fuertes. Cada uno de los más de 30 diales posee numerosas líneas numeradas y encima, el título que lo identifica. Ahí pueden leerse leyes y constantes universales como "constante gravitatoria", "constante electromagnética", "constante de la fuerza nuclear fuerte", "constante de la fuerza nuclear débil", "densidad de la masa", "edad del universo", "índice de expansión", "velocidad de la luz", "constante cosmológica", etc. Se trata de todos los requisitos que necesitaría una máquina para crear universos y, en particular, uno como el

---

20   González, G. & Richards, J. W. (2006). *El planeta privilegiado*, Palabra, Madrid, p. 227.

nuestro. A la izquierda de tan complejo aparato aparece una pantalla que muestra cómo se verían los universos diseñados, mediante las posibles posiciones de los distintos diales.

Si los diales se movieran al azar, la pantalla mostraría universos que colapsan y se convierten en agujeros negros, o que evolucionan como una inmensa sopa de hidrógeno sin vida, o que simplemente se dedican a escupir basura cósmica. No obstante, los inteligentes alienígenas Q dicen que para originar un cosmos como el nuestro, los diales tienen que ser sintonizados con muchísima precisión, pues resulta que solo hay una única combinación posible.

En efecto, esta ilustración de González y Richards pretende mostrar uno de los más asombrosos descubrimientos del siglo XX: que las leyes y constantes físicas del universo parecen exquisitamente ajustadas para la vida y el desarrollo de la ciencia humana. Si la gravedad hubiera sido ligeramente inferior o superior a lo que es, la vida no se habría dado. Lo mismo cabe decir de las demás fuerzas, como el electromagnetismo o la nuclear fuerte y la débil. También ciertos elementos químicos fundamentales para los seres vivos, como el hidrógeno, oxígeno, nitrógeno o carbono, que fueron creados en el corazón de las estrellas por medio de sorprendentes "coincidencias", parecen finamente ajustados para permitir la vida. Si la fuerza nuclear fuerte, que mantiene unidos a protones y neutrones en el núcleo de los átomos, fuera más débil, en la tabla periódica de los elementos (que hoy cuenta con 118 elementos, aunque solo 94 se dan de manera natural en la Tierra) habría muchos menos, faltando algunos que son esenciales para los organismos como el hierro o el molibdeno.

En un universo con una tabla periódica más reducida, uno o más de los isótopos de los elementos ligeros serían probablemente radiactivos y esto supondría una amenaza para los seres vivos. Es verdad que en la naturaleza existen elementos radiactivos peligrosos, pero su abundancia está muy equilibrada. Por ejemplo, el potasio-40 (^{40}K) es quizás el isótopo radiactivo ligero más peligroso para los organismos, pero, a la vez, resulta esencial a la vida. ¿Cómo se consigue dicho equilibrio? Su abundancia es lo suficientemente elevada para colaborar en el movimiento de las placas tectónicas de la litosfera, pero también suficientemente baja para no perjudicar a los seres vivos. Es como si, desde el principio, alguien hubiera conocido nuestras necesidades —y las de los demás organismos que habitarían en el futuro la Tierra— y hubiera ajustado la abundancia de tales elementos radiactivos al filo de una navaja.

El famoso astrofísico de Cambridge, John Gribbin —que es partidario del multiverso— escribe no obstante que «todo lo que se refiere a nosotros puede ser interpretado de una manera muy precisa como el resultado de una "elección" exacta de las leyes físicas y de las constantes de la naturaleza».[21] ¿Se debe todo esto al azar o a un designio sabio y premeditado? A mí me parece que solamente la omnisciencia de Dios pudo crear tantos niveles de complejidad como los que hemos descubierto en el cosmos. Los átomos surgidos del corazón de las estrellas no solo formaron rocas y minerales, sino también las macromoléculas de los seres vivos, como el ADN o las proteínas. Estas constituyen múltiples estructuras celulares, así como las diversas células como las neuronas que conforman nuestros cerebros y generan la conciencia humana. Todo este incremento de complejidad parece dirigido a un fin concreto. El evangelista Juan lo resume así: «Porque de tal manera amó Dios al mundo, que ha dado a su Hijo unigénito, para que todo aquel que en él cree, no se pierda, mas tenga vida eterna» (Jn 3:16).

---

21   Gribbin, J. (1986). *Génesis*, Salvat, Barcelona, p. 314.

18

Nuestro tamaño es óptimo

El salmista le preguntaba a Dios hace miles de años: «¿Qué somos los mortales para que pienses en nosotros y nos tomes en cuenta?» (Sal 8:4, TLA). Por su parte, Carl Sagan, el astrónomo de Harvard, aseguraba a finales del siglo XX que la Tierra es solo un punto azul pálido perdido en la inmensidad del universo y, por tanto, nosotros seríamos poco más que una mota de polvo. Esta gran diferencia de tamaño entre el ser humano y el cosmos ha sido interpretada negativamente en numerosas ocasiones con el fin de argumentar nuestra insignificancia como especie. Algunos, desde el escepticismo, van incluso más allá y deducen de tal pequeñez que deberíamos ser más realistas y abandonar la creencia en que alguien pueda estar interesado en la humanidad o venga a salvarnos desde alguna parte.

Dejando a un lado los valores cualitativos que posee el ser humano y pensando únicamente en su dimensión física, resulta posible comprobar que curiosamente estamos situados —en la escala de tamaños del universo que va desde los quarks hasta el diámetro total del mismo— en una medida intermedia, que resulta ser óptima para nuestra existencia y para el desarrollo de la investigación científica. En efecto, si se concede al hombre el valor de la unidad (o lo que es lo mismo, diez elevado a cero: 10^0), los quarks tendrían un tamaño de 10^{-20}. Algo más grande sería el protón (10^{-15}), así como un átomo de carbono (10^{-10}). La cadena de ADN de una célula cualquiera de los seres vivos mediría 10^{-7} y una simple bacteria 10^{-6}. Muy por encima de nuestra propia envergadura estaría la de la Tierra (10^7), el sistema solar (10^{13}) y la galaxia Vía Láctea (10^{21}). Por último, se llegaría al diámetro total del universo observable (10^{26}).[22] Esto significa que las dimensiones humanas están aproximadamente en el punto medio de dicha escala. ¿Quién ha determinado este tamaño intermedio que resulta tan adecuado?

Hoy sabemos que, si nuestras dimensiones corporales fueran diferentes de las que son, no nos habríamos podido desarrollar como especie y, desde luego, jamás hubiera sido posible hacer ciencia. Con el tamaño de una hormiga, por ejemplo, nuestros ojos serían incapaces de ver la Luna llena, pero, con el nuestro, podemos construir telescopios y situarlos fuera de la atmósfera terrestre para observar los confines del universo. Seres humanos del tamaño de las hormigas no hubieran podido hacer aceleradores de partículas para estudiar los componentes más pequeños de la materia porque para ello se requieren grandes cantidades de energía y enormes electroimanes. Si nuestro tamaño fuera como el de estos pequeños insectos, no podríamos manejar ni manipular el fuego, que es lo que ha permitido a la humanidad desarrollar casi toda su tecnología. No obstante, si fuésemos grandes como elefantes o ballenas, aún seríamos menos ágiles y habilidosos.

El biólogo Michael Denton escribe que «debido a que los metales son los únicos conductores naturales de la electricidad, el descubrimiento del electromagnetismo y la electricidad, incluso el desarrollo de las computadoras, son todos, en última instancia, el resultado de nuestra antigua conquista del fuego».[23] Pero, como la hoguera sostenible más pequeña que se puede hacer mide aproximadamente medio metro de diámetro, se requieren como mínimo las dimensiones humanas para hacerla. Una hormiga se achicharraría, mientras que un ser del tamaño de un elefante también tendría muchos problemas. Y todo esto sin hablar siquiera del tamaño que requiere el cerebro para disponer de la inteligencia necesaria para hacer ciencia y diseñar tecnología. Es evidente que un cerebro de insecto, con menos de un millón de neuronas, es insuficiente para poseer nuestra inteligencia. Sin embargo, la mayoría de los animales que consideramos más inteligentes, como simios, perros, delfines, focas, etc., tienen cerebros similares en tamaño al humano y están compuestos por cientos de millones de células nerviosas. Por tanto, un requisito previo para la inteligencia y el desarrollo de la tecnología científica es un cerebro grande, una visión buena y un tamaño óptimo como el que tenemos.

Con razón el salmista le cantaba a Dios: «Tú has hecho muchas cosas, y todas las hiciste con sabiduría» (Sal 104:24).

---

22   González, G. & Richards, J. W. (2006). *El planeta privilegiado*, Palabra, Madrid, p. 249.
23   Denton, M. J. (1998). *Nature Destiny*, The Free Press, New York, p. 243.

19

¿Qué son los agujeros negros?

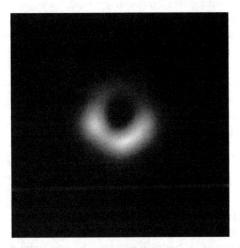

Primera imagen real de un agujero negro supermasivo que se halla en el centro de la galaxia M87 y que fue presentada al público en el 2019. (https://es.wikipedia.org/wiki/Agujero_negro).

Uno de los fenómenos cósmicos más misteriosos, cuyas propiedades físicas despiertan la imaginación de legos y profesionales de la astronomía, son sin duda los llamados agujeros negros. En el libro del profesor de investigación del Instituto de Astrofísica de Andalucía (CSIC), Antxon Alberdi, se definen así: «Un agujero negro es una región del espacio con una concentración de masa muy elevada, de manera que genera un campo gravitacional de magnitud tal que ni siquiera la luz alcanza la velocidad suficiente como para escapar de su atracción».[24] Es como un pozo oscuro y sin fondo en el que nada de lo que cae puede salir. Ni siquiera la luz, a pesar de su enorme velocidad. Por eso, precisamente el calificativo de *negro*. Cualquier cosa del cosmos que se acerque demasiado y traspase la frontera de no retorno —lo que se llama *horizonte de sucesos*— será irremediablemente engullida por el agujero. ¿Cómo puede formarse algo así?

24   Alberdi, A. (2015). *Los agujeros negros*, RBA, Villatuerta, p. 8.

En el universo hay estrellas más grandes y brillantes que el Sol. Algunas pueden incluso tener una masa hasta ocho veces superior a la de nuestro astro rey. Sin embargo, uno de los problemas de tales estrellas es que tienen una vida más corta. Al fusionar en su interior elementos cada vez más pesados, llega un momento en que ya no son capaces de mantener el equilibrio y explotan, dando lugar a las conocidas *supernovas*. Este es quizás uno de los mejores espectáculos que el universo depara a los astrofísicos. Como resultado de tal explosión, millones de toneladas de materiales son lanzados al espacio y la estrella deja de existir. Sin embargo, las cenizas que quedan pueden dar lugar a una nueva estrella más pequeña, llamada *estrella de neutrones* —si la masa no es demasiado grande— o a un agujero negro —si la masa es muy elevada—. En este último caso, la presión que ejerce la masa de las cenizas es enorme y equivaldría a la fuerza necesaria para comprimir toda la masa de la Tierra al tamaño de una canica que solo midiera un par de centímetros de diámetro. Algo difícil de imaginar, pero que ocurre en la realidad. Tal es la densidad que se requiere para crear un agujero negro.

Se cree que en las proximidades de un agujero negro el tiempo transcurre más lentamente porque se produce una deformación del espacio-tiempo. En realidad, nadie sabe lo que hay dentro de un agujero negro, pero los cálculos teóricos y los modelos elaborados por los investigadores afirman que en el centro del mismo existe lo que en astrofísica se llama *singularidad*. Es decir, un estado en el que el tiempo se detiene, el espacio deja de existir y la densidad alcanza valores infinitos. Algo similar a las condiciones que se debieron dar en el origen del universo y a las que, desde luego, la ciencia no tiene acceso directo. Una distorsión total de la realidad. De ahí que tales singularidades hayan despertado la imaginación de algunos —tanto especialistas como profanos— para elaborar argumentos futuristas, que Hollywood ha aprovechado para llevar a la gran pantalla. Por ejemplo, se ha dicho que quizás los agujeros negros pudieran dar lugar a *agujeros de gusano*, capaces de comunicar regiones del universo muy alejadas entre sí o incluso poner en contacto universos distintos. En fin, pura especulación pseudocientífica que el astrofísico Antxon Alberdi descalifica con esta frase: «Parece que el sueño del viaje interestelar a través de una "autopista" de agujeros de gusano deberá quedarse en eso: un sueño».[25]

Lo cierto es que los agujeros negros son como enormes torbellinos cósmicos capaces de tragarse planetas, estrellas, nubes de gas y todo lo que se les acerque demasiado. Se ha calculado que en el universo observable

25   Ibid., p. 143.

puede haber unos 40 trillones de agujeros negros de masa estelar.[26] Es posible que en el futuro se produzcan importantes avances en el conocimiento de tales fenómenos cósmicos porque la inquietud del ser humano por saber más es algo inherente a su condición. No obstante, todavía no comprendemos bien cómo está conformado el cosmos material en el que habitamos y cada nuevo descubrimiento nos abre múltiples incógnitas más.

Esto me hace pensar en aquellas palabras del Señor Jesús: «Si os he dicho cosas terrenales, y no creéis, ¿cómo creeréis si os dijere las celestiales?» (Jn 3:12). Cada nuevo hallazgo nos conduce a un ámbito de mayor complejidad que no comprendemos. La antigua idea de creer que la materia era algo simple ha quedado obsoleta. El cosmos se nos revela como algo misterioso repleto de información y complicación creciente. El núcleo del universo parece provenir de una mente que todavía nos esconde muchas cosas materiales, pero ¿qué diremos de las espirituales?

26   Romero, S. (20 de enero de 2022). "¿Cuántos agujeros negros hay en el universo?", Muy Interesante. https://www.muyinteresante.es/ciencia/articulo/cuantos-agujeros-negros-hay-en-el-universo-391642668065.

La singular galaxia de los humanos

La galaxia Vía Láctea vista desde el parque Pedra Azul, en Domingos Martins, Espíritu Santo, Brasil. (Foto: EduardoMSNeves; https://commons.wikimedia. org/wiki/File:Pedra_Azul_Milky_Way.jpg).

Se cree que una galaxia es una agrupación de estrellas reunidas por acción de la gravedad. Esta fuerza natural impera en todo el universo y se piensa que es la responsable no solo de condensar el hidrógeno y el helio para dar lugar a las primeras estrellas, sino también de unirlas a estas poco a poco para originar todas las galaxias. Lo normal es que una galaxia esté formada por miles de millones de estrellas y que, a su vez, cada una de ellas pueda poseer sus propios sistemas planetarios.

Esto ha hecho pensar a muchos que quizás, entre tantísimos planetas como hay en el universo, en alguno de ellos puedan darse las condiciones adecuadas para la vida. Es algo que, a primera vista, parece posible. Sin embargo, hasta el presente no hay constancia de ello y otros cosmólogos son pesimistas al respecto de que se pueda encontrar alguna vez vida inteligente extraterrestre. Son tantas y tan improbables las condiciones especiales que requiere la vida, tal como la conocemos en la Tierra, que parece muy poco creíble que puedan repetirse en algún otro planeta. De ahí que actualmente la exobiología siga buscando vida extraterrestre, pero sobre todo microbiana.

También se cree que en el centro de muchas galaxias existen agujeros negros, que no son lugares adecuados para la vida o la habitabilidad, mientras que en la periferia de las mismas habría grandes halos gigantes de materia oscura —que, como vimos, no se sabe exactamente lo que es—. Las galaxias están en continuo movimiento y, a veces, las más grandes se tragan o fagocitan a otras más pequeñas por acción de la misma gravedad. En astrofísica, se considera que una agrupación de estrellas puede considerarse verdaderamente galaxia, si posee una masa superior a la de un millón de soles. Desde luego, tal requisito lo cumple sobradamente la nuestra, la Vía Láctea, a la que se le estiman entre 300 000 y 400 000 millones de estrellas. De la misma manera, se cree que en el universo observable debe haber entre cien mil y medio millón de galaxias.[27] Por supuesto, nadie las ha contado. Lo que se hace es fotografiar, mediante potentes telescopios, pequeñas regiones de universo, calcular la media de las galaxias que aparecen y extrapolarla después a todo el cosmos.

Se conocen varios tipos de galaxias que pueden ser clasificadas según su aspecto. Las *galaxias elípticas* son enormes bolas esféricas y simétricas que carecen de brazos, mientras que las *galaxias espirales* como la Vía Láctea poseen brazos y son ricas en gas y polvo cósmico, lo que favorece el nacimiento de nuevas estrellas. En cambio, las *galaxias lenticulares* se parecen a las espirales, pero carecen de brazos laterales. Ni ellas ni tampoco las elípticas suelen generar nuevas estrellas ya que no tienen el material necesario.

La Tierra pertenece al sistema solar que está situado dentro del disco de la galaxia Vía Láctea. Como las distancias astronómicas se miden en años luz, es decir la distancia que recorre la luz en un año, se ha calculado que nuestra situación en la galaxia está a unos 26 000 años luz del centro de la misma. Desde luego, no sería aconsejable viajar hasta allí aunque pudiéramos porque, entre otras cosas, en dicho centro existe un agujero negro llamado *Sagitario A** que, al parecer, y a diferencia de los que poseen otras galaxias, está dormido y no traga materia. ¡Qué casualidad! ¡Muchas galaxias típicas albergan en su núcleo a un agujero negro activo, sin embargo, el de la nuestra es pasivo! ¿Por qué será? ¿Azar o providencia?

Gracias a Dios, vivimos en el mejor lugar de la galaxia, en un brazo espiral tranquilo al que se ha denominado *brazo de Orión* (en honor al famoso cazador de la mitología griega). Sin embargo, desde la posición terrestre no podemos ver bien nuestra propia galaxia. Para ello, si se quisiera tomar una buena imagen de la misma, parecida a las fotos que se poseen de otras galaxias, deberíamos salir de ella y viajar durante un millón de años para verla completamente desde afuera. Algo que hoy es absolutamente imposible. No obstante, los científicos piensan que, en el caso de que tal

27   Aloy, J. (2013). *100 qüestions d'astronomia*, Cossetània, Valls, p. 197.

hazaña se pudiera hacer, la imagen de la Vía Láctea que se obtendría sería espectacular. Se cree que como mínimo esta posee cuatro brazos en espiral, aunque nuestra perspectiva nos impide verlos bien. Toda la galaxia gira como un tiovivo y se dice que para dar una vuelta completa desde el lugar que ocupamos y a la velocidad que se mueve actualmente, se tardaría unos 240 millones de años. Esto nos da una idea de su enorme magnitud.

Aunque no podamos visualizar correctamente nuestra propia galaxia, ocupamos el mejor lugar de entre todos los posibles lugares de observación de la Vía Láctea para aprender de las estrellas y de las demás galaxias del universo. Es decir, para hacer ciencia y progresar en el conocimiento del cosmos.[28] Nuestra ubicación en la galaxia es especial, como si alguien nos hubiera preparado un lugar adecuado. Habitamos en una región tranquila llamada *zona habitable galáctica*, que está situada suficientemente lejos del peligroso centro de la galaxia. Muy alejados de la radiación de alta energía, de los llamados *sucesos transitorios energéticos de radiación*, como los ataques con núcleos galácticos activos (NGA), explosiones de supernovas, rayos gamma, etc. Por esto, la Vía Láctea es óptima para la vida, a diferencia del 98 % de las demás galaxias del universo que son menos luminosas y más pobres en metales, por lo que muchas de estas galaxias pueden carecer de planetas rocosos como el nuestro.

Otra cuestión importante es que no todos los tiempos, dentro de una galaxia espiral como la nuestra, son igualmente habitables. La vida y el ser humano no podrían haber existido en cualquier época de la formación del universo. Si se tienen en cuenta todos los requerimientos ambientales que hacen posible la existencia de los organismos y, en especial de la humanidad, resulta que solamente en un determinado período relativamente corto de la historia del cosmos hemos podido existir. Únicamente un tiempo bastante corto de la evolución del universo es habitable para la especie humana y los demás seres vivos. La Vía Láctea tiene más masa que la mayor parte de las galaxias. Esto significa que ha acumulado elementos pesados más rápidamente y que los planetas se forman alrededor de sus estrellas con mayor rapidez que en otras galaxias. Esto ha ido haciendo nuestro lugar en el cosmos mucho más habitable. Pero esto no fue siempre así, ni tal tendencia va a continuar para siempre. De ahí que, posiblemente, vivamos en el único tiempo de la historia del universo compatible con nuestra existencia.

Todo parece preparado a conciencia, como si Dios nos hubiera construido un hogar adecuado en un tiempo adecuado. Tal como escribió el evangelista Lucas: «Y de una sangre ha hecho todo el linaje de los hombres, para

---

28   González, G. & Richards, J. W. (2006). *El planeta privilegiado*, Palabra, Madrid, p. 180.

que habiten sobre toda la faz de la tierra; y les ha prefijado el orden de los tiempos, y los límites de su habitación» (Hch 17:26).

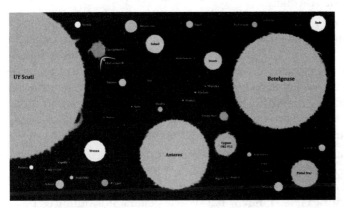

Dibujo de algunas estrellas conocidas con sus tamaños relativos y el color de la luz que emiten. El Sol en el centro casi no se aprecia. (https://es.wikipedia.org/wiki/Estrella).

Cuenta la Biblia que Abram tuvo una visión divina en la que se le revelaron las siguientes palabras: «Mira ahora los cielos, y cuenta las estrellas, si las puedes contar. Y le dijo: Así será tu descendencia» (Gn 15:5). El ser humano solo puede contar a simple vista entre 5000 y 6000 estrellas en una noche sin Luna. Hoy sabemos que en el universo hay alrededor de diez cuatrillones de estrellas (10 000 000 000 000 000 000 000 000). Se ha estimado que tal cantidad equivale al número de granos de arena de todas las playas de la Tierra. Ningún ser humano puede contar una a una semejante cantidad. Sin embargo, el salmista dice, aunque sea de manera poética, que Dios «cuenta el número de las estrellas y a todas ellas llama por sus nombres» (Sal 147:4). ¿Qué son las estrellas? ¿De qué están compuestas? ¿Por qué emiten luz?

Las estrellas son soles o, al revés, el Sol es una estrella, la más próxima a nosotros y la que mejor conocemos porque vivimos gracias a su luz. En el libro de Génesis se la llama *lumbrera mayor* para distinguirla de la Luna, que sería la *lumbrera menor*, ya que su luz no es propia, sino reflejada y también proviene de la mayor. En realidad, las estrellas son enormes bolas de *plasma* muy caliente. Dicho plasma es un estado especial de la materia en el que una buena parte de los átomos carecen de electrones. Sería como una sopa de núcleos atómicos y de electrones de hidrógeno y helio. La temperatura en el interior de una estrella es elevadísima, del orden de centenares de millones de grados. Esto hace que los núcleos de elementos químicos simples, como el hidrógeno, se fusionen y se conviertan en otros elementos más pesados, como el helio. Semejante transformación genera enormes cantidades de energía.

Nuestro astro rey es una estrella relativamente pequeña, pero que puede existir durante miles de millones de años porque en él se da un delicado equilibrio entre la fuerza de la gravedad, que tiende a comprimirlo debido a su propio peso y a aumentar la presión en su interior, y la energía que se libera en la reacción de la fusión nuclear, que actúa en sentido contrario a la gravedad y tiende a expandirlo. Sin embargo, en las estrellas más grandes que el Sol este equilibrio no suele ser tan eficaz y solamente subsisten unas decenas de millones de años. Tienen, por tanto, una vida corta.

Se cree que al principio, cuando se creó el universo, este contenía un 73 % de hidrógeno y un 25 % de helio. El 2 % restante era litio, el tercer elemento de la tabla periódica. Posteriormente, las estrellas se convirtieron en las grandes fábricas de la mayor parte de los elementos químicos de la naturaleza. Astros pequeños y masivos como el Sol pueden producir, por medio de reacciones de fusión nuclear, helio, carbono y oxígeno. Mientras que otras estrellas más masivas, cuando estallan y se convierten en supernovas, pueden elaborar la mayoría de los elementos conocidos.

Los primeros astrónomos pensaban que las estrellas emitían luz porque se quemaban por combustión, como se quema la leña en la Tierra. Sin embargo, a partir del siglo XIX se fueron dando cuenta de que esto no podía ser así. Al calcular el volumen de una estrella como el Sol, se vio que por simple combustión ya se habría quemado y desaparecido por completo en unos pocos miles de años. Fue el descubrimiento de la radiactividad y de la teoría de la relatividad especial de Einstein lo que permitió comprender mejor el funcionamiento de las estrellas. Se vio que, cuando en su interior cuatro núcleos o protones de hidrógeno se transformaban en un núcleo de helio, se liberaban grandes cantidades de energía. Esta reacción se conoce como *fusión nuclear* y junto a otras similares, son las que permiten que las estrellas brillen durante tantos millones de años.

El hombre es incapaz de contar con exactitud todas las estrellas del universo. Sin embargo, el Creador las conoce bien y recuerda la identidad de cada una. Las colocó donde están con una finalidad concreta. Cumplen una importante función física, pero, sobre todo, son un claro testimonio de su sabiduría y poder sobrenatural. Cada vez que levantamos los ojos al firmamento, Dios nos habla por medio de un silencio majestuoso y sobrecogedor. Un mensaje sin palabras que puede despertar en nosotros la admiración, el respeto, la humildad y el amor a Él.

Sin estrellas no hay vida

(https://es.wikipedia.org/wiki/Tabla_periódica_de_los_elementos).

Las estrellas son las factorías productoras de todos los elementos químicos que constituyen el cuerpo de los seres vivos. Se podría decir que su muerte nos da vida porque cuando estas estallan liberan al espacio ingentes cantidades de elementos producidos en su interior. Posteriormente, dichos elementos se concentrarán en los planetas que, como en el caso de la Tierra, albergarán organismos vivos como nosotros. De manera que las estrellas influyen decisivamente en el delicado equilibrio de la vida y son ingredientes importantísimos de las zonas habitables del universo. Además, las estrellas como nuestro Sol suministran una energía constante, en forma de luz y calor, que hacen posible nuestra existencia porque son como el combustible que hace funcionar a todos los microscópicos motores moleculares de las células. Esto es así no por casualidad —como creen algunos—, sino porque así lo dispuso el Creador del cosmos.

Se cree que las estrellas más grandes que el Sol —con una masa por lo menos dos veces superior— solamente pueden durar unos mil millones de años emitiendo su luz y calor. Sin embargo, nuestro astro rey podría "vivir" mucho más, alrededor de unos diez mil millones de años. Es como si su masa y volumen hubieran sido planificados desde la eternidad para sustentar la vida —en especial la humana— durante el tiempo necesario. Los astrofísicos creen que la luminosidad del Sol ha aumentado un 30 % desde que empezó a quemar su hidrógeno y que, dentro de unos seis mil millones de años, será incluso varios miles de veces más brillante que ahora.[29] Por supuesto, en esas circunstancias, la vida en la Tierra ya no resultará posible debido a las elevadas temperaturas.

¿Qué indicios hay para pensar que tan enormes períodos de tiempo realmente han transcurrido y, por tanto, que los cosmólogos puedan realizar tales predicciones? Quizás uno de los más significativos sean los períodos de vida media o semidesintegración de ciertos isótopos radiactivos, como el uranio 238 y el torio 232, que requieren respectivamente 4500 y 14 000 millones de años. Resulta muy curioso que el período de semidesintegración del uranio 238 coincida con la edad que se le supone a la Tierra y el del torio 232 con la del universo.

Esto nos lleva a concluir que no todos los momentos, en el desarrollo de las estrellas de una galaxia como la nuestra, son habitables o aptos para la vida. No todas las épocas del universo son igualmente adecuadas para nuestra existencia. Si se piensa en los requerimientos que necesitamos los seres vivos, en especial los humanos, resulta que solo un brevísimo período de la historia del cosmos es adecuado para la subsistencia de la humanidad. Los científicos dicen que, si se pudiera reducir toda la historia del cosmos a una sola semana, a las siete de la mañana del lunes ya se habrían creado las primeras estrellas. Sin embargo, hasta el miércoles no aparecería nuestra galaxia, la Vía Láctea y tendríamos que esperar al viernes por la tarde para ver los primeros rayos del Sol. Los vegetales empezarían a llenar el planeta azul a las seis y media de la tarde del domingo, mientras que el *Homo sapiens,* creado del polvo de la Tierra, se pondría en pie nueve segundos antes de la medianoche. Toda la historia de la humanidad se habría desarrollado durante esos últimos nueve segundos. Es como si alguien hubiera planificado adecuadamente el escenario necesario, como si hubiera calculado bien nuestro tiempo y lugar en el universo, sintonizándolos con precisión para la vida, la observación del cosmos y el nacimiento de la ciencia.

Algunos creen que esos nueve segundos de esta sorprendente semana cósmica reflejan nuestra insignificancia. Sin embargo, otros pensamos más bien todo lo contrario. ¿Qué importancia tiene el ser humano para merecer todo este maravilloso escenario universal?

---

29   González, G. & Richards, J. W. (2006). *El planeta privilegiado*, Palabra, Madrid, p. 159.

Se trata de la misma cuestión que inquietaba a Job hace miles de años:

¿Qué es el hombre, para que lo engrandezcas,
Y para que pongas sobre él tu corazón,
Y lo visites todas las mañanas,
Y todos los momentos lo pruebes? (Job 7:17, 18)

La respuesta de la Biblia es clara: Dios puso su corazón sobre el ser humano y lo visita cada mañana.

23

El Sol no es una estrella típica

Fotografía del Sol realizada por la NASA. (https://es.wikipedia.org/wiki/Sol#/media/Archivo:The_Sun_by_the_Atmospheric_Imaging_Assembly_of_NA'A's_Solar_Dynamics_Observatory_-_20100819.jpg).

Muchos estudiosos modernos del cosmos han venido asumiendo la creencia de que nuestro lugar en el sistema solar y, en general, en el espacio, no tenía nada especial. El Sol se consideraba como una estrella más, entre las miles de millones que hay en el universo, mientras que la Tierra era un planeta equiparable a tantos otros exoplanetas como existen trasladándose alrededor de otras estrellas. Por tanto, nuestro medioambiente local, el sistema solar, sería solamente una muestra aleatoria similar a lo que existe por todo el universo. Sin embargo, hoy se sabe que esto no es así.

Cuando se comparan las propiedades del astro rey con las de otras estrellas se descubre que las del Sol se separan de la media y que, si no fuera así, no estaríamos aquí para contarlo. Es verdad que existen estrellas mucho más grandes que nuestro Sol y también más pequeñas, pero al analizar sus características físicas se observa que serían incapaces de sustentar la vida tal como la conocemos en la Tierra. Por ejemplo, si se mide la masa

y la luminosidad general de las estrellas cercanas —dos de sus propiedades más básicas—, se ve que el Sol es una estrella muy singular ya que se
encuentra entre el 9 % de las que poseen mayor masa de la Vía Láctea.[30]
Cualquier otra estrella con mayor masa que el Sol suele "vivir" mucho menos ya que se quema más rápidamente. Mientras que aquellas que poseen
menor masa, irradian menos energía electromagnética, por lo que cualquier planeta que orbite a su alrededor deberá hacerlo mucho más cerca
para poder tener agua líquida en superficie. No obstante, si el planeta está
demasiado cerca de la estrella se produciría lo que se llama *sincronización
rotacional*. Es decir, una cara del planeta miraría siempre a la estrella, como
ocurre entre la Luna y la Tierra. Pero esto provocaría brutales diferencias
de temperatura entre las partes iluminadas y oscuras del planeta, que ori-
ginarían ambientes incompatibles con la vida.

Por otro lado, su luminosidad es muy estable y solo varía un 0,1 % a
lo largo de un ciclo completo de manchas solares, que suele durar unos
11 años. Las manchas solares son regiones oscuras que aparecen repentinamente en su superficie, se desarrollan y terminan por desaparecer. Son
regiones má0lidad es difícil de explicar desde el puro materialismo y, por
tanto, sigo creyendo en las primeras palabras bíblicas: «En el principio creó
Dios los cielos y la tierra».

---

30   González, G. & Richards, J. W. (2006). El planeta privilegiado, Palabra, Madrid,
p. 164.

24

¿Se mueve el Sol?

Dibujo del movimiento del Sol a través de la galaxia. Las líneas delgadas representan la trayectoria solidaria de los planetas a su alrededor. (https://larepublica.pe/ciencia/2022/07/09/hacia-donde-se-dirige-la-tierra-y-todo-el-sistema-solar/Captura de video: DjSadhu).

La percepción común del ser humano, condicionada por los sentidos naturales, induce a creer que el Sol se mueve, ya que se le ve aparecer por oriente, recorrer la órbita celeste y ocultarse por occidente. Este sería, por ejemplo, el lenguaje habitual del hombre de la Biblia, así como también el nuestro hasta el día de hoy. Sin embargo, como todo el mundo sabe desde la época de Copérnico y Galileo, los sentidos nos traicionan. No es el Sol el que se mueve alrededor de la Tierra, sino precisamente al revés. La *rotación* diaria terrestre es la responsable del movimiento aparente del Sol que nos regala los días y las noches. Es el movimiento giratorio del planeta azul sobre su propio eje el que nos hace creer que el Sol se mueve, cuando en realidad es la propia Tierra la que gira cada día y, además, se traslada durante un año alrededor del astro rey. Este último movimiento de *translación* es el que permite contar los años. La Tierra se mueve por el espacio a una velocidad media de 30 km/s y tarda 365 días y 6 horas en darle una vuelta completa al Sol. Estas seis horas son las responsables de que cada cuatro años se tenga que introducir uno bisiesto.

Además de estos dos movimientos terrestres, existen otros dos que habitualmente suelen pasar más desapercibidos. Se trata de la *precesión* y la *nutación.* El primero se debe al lento movimiento que experimenta el eje de rotación terrestre sobre sí mismo. La Tierra gira en el espacio como una peonza y, como en esta, su eje se desplaza describiendo un cono, que tarda unos 26 000 años en dar una vuelta completa. Este lento e imperceptible movimiento de precesión es consecuencia de la atracción gravitatoria del Sol, la Luna, así como de los planetas Júpiter y Venus sobre la Tierra. Mientras que el movimiento de nutación es otro pequeño balanceo del eje terrestre, que solo dura 18 años y 8 meses, y se debe sobre todo a la atracción lunar y solar. De manera que nuestro planeta no está inmóvil en el espacio, como creían los antiguos astrónomos, sino que experimenta por lo menos cuatro movimientos diferentes. Y qué decir del Sol: ¿Se mueve o permanece inmóvil?

El Sol tampoco está quieto en el espacio, sino que se desplaza a una velocidad superior a la de la Tierra. Se mueve a unos 220 km/s en dirección a la constelación de Hércules. Lo que ocurre es que todos los planetas del sistema solar se mueven con él. Además de sus respectivos movimientos de rotación, translación, precesión y nutación, habría que sumarles este último de solidaridad con el Sol. De la misma manera, todas las demás estrellas de la galaxia se mueven a diferentes velocidades, como el propio Sol, siguiendo el movimiento general de rotación de la Vía Láctea. Se calcula que nuestro astro rey tardaría unos 240 millones de años en dar una vuelta completa a la galaxia, lo que sería un "año cósmico". Además de todos estos movimientos, existe el de expansión general de todas las galaxias del universo que se alejan unas de otras, cada vez a mayor velocidad. Por tanto, nada está inmóvil en el cosmos.

La física define el movimiento como el cambio de posición de un cuerpo a lo largo del tiempo en relación a un sistema de referencia. Disciplinas como la dinámica y la cinemática se encargan de estudiarlo detenidamente. Sin embargo, el movimiento está también íntimamente relacionado con la vida. Para vivir hay que moverse, como evidencian todas las células y grandes moléculas de los seres vivos.

Desde una perspectiva espiritual, el evangelista Juan se refiere a un movimiento acuoso que producía también sanidad y vida en los enfermos. «Porque un ángel descendía de tiempo en tiempo al estanque, y agitaba el agua; y el que primero descendía al estanque después del movimiento del agua, quedaba sano de cualquier enfermedad que tuviese» (Jn 5:4). Cuesta mucho ser el primero en moverse, sobre todo para quien está impedido. Por eso Jesús toma la iniciativa, pregunta al doliente y ofrece gratuitamente la sanidad, así como la salvación. Él se mueve siempre mucho más rápido que nosotros.

25

Un sistema solar más que adecuado

https://es.wikipedia.org/wiki/Sistema_solar#/media/Archivo:Solar_sys.jpg

Nuestro sistema solar ha venido inspirando a los astrónomos a lo largo de toda la historia de la humanidad. Su estudio meticuloso fue el responsable de que surgiera la física y de que se empezara a comprender el resto del universo. No obstante, al principio, los antiguos creían que los planetas y demás astros viajaban por el espacio a la deriva y que eran como un grupo caprichoso y caótico sin rumbo fijo. De hecho, la palabra latina "planeta" deriva de la palabra griega *planétes*, que significa vagabundo. De ahí que también se los bautizara con nombres de algunos dioses volubles de la mitología griega y romana, como Marte, Mercurio, Júpiter, Venus o Saturno.

Poco a poco se empezó a comprender que esto no era así, ni mucho menos. El astrónomo danés Tycho Brahe (1546–1601) distinguió el recorrido de los planetas sobre el fondo de las estrellas del firmamento y esto ayudó al alemán Johannes Kepler (1571–1630) a formular sus tres leyes sobre el movimiento de los planetas. La primera dice que los planetas se mueven alrededor del Sol siguiendo órbitas que no son circulares, sino elípticas y que uno de los focos de tales elipsis siempre lo constituye el astro rey. Más precisión imposible. La segunda ley afirma que los planetas barren áreas iguales en tiempos iguales. Mientras que la tercera, la más matemática, precisa que el cuadrado del periodo orbital de un planeta es proporcional al cubo de su distancia media al Sol. Es decir, que de errantes y caóticos nada de nada. El sistema solar parece diseñado matemáticamente para funcionar como lo hace y permitir la vida en la Tierra.

Estas tres leyes de Kepler le vinieron de maravilla a Isaac Newton (1642–1727) como fundamento de sus leyes físicas más generales acerca del movimiento y la gravedad. Leyes que, doscientos años después, fueron la base de la teoría general de la relatividad de Einstein, que constituye el fundamento de los modelos cosmológicos actuales. De manera que fue necesario un milenio, desde Aristóteles y Tolomeo hasta Copérnico, Brahe, Kepler y Galileo para que el ser humano empezara a comprender la geometría y precisión del sistema solar. Al trasladar estos datos al resto del cosmos, durante los cuatro siglos siguientes, se pudo llegar también a la actual comprensión del universo.

Todos estos conocimientos permiten pensar en la extraordinaria singularidad del sistema solar y en especial del planeta Tierra. Tal como escribe el profesor de astronomía y física, Guillermo González:

> Dadas las recientes tendencias en las ciencias astronómicas, quizás debamos comenzar a ver la Tierra y sus alrededores cercanos, no como una copia de sistemas preparados para surgir allá donde se formen planetas y estrellas, sino como un sistema afinado con precisión e interdependiente, que en su conjunto alimenta un extraño pequeño oasis. Como el biberón para los niños, la Tierra es, de nuevo, exactamente lo adecuado.[31]

Resulta que los biberones no aparecen por generación espontánea, existen madres y padres cariñosos que se los proporcionan a los bebés. De la misma manera, solo un Dios Creador misericordioso es el único que puede habernos creado un hogar cósmico tan increíblemente adecuado.

31 González, G. & Richards, J. W. (2006). El planeta privilegiado, Palabra, Madrid, p. 142.

26

Planetas rocosos poco acogedores

Imagen de Marte en la que se observa el enorme cráter Schiaparelli, tal como se vería desde una nave espacial. El color rojizo del planeta indica la oxidación experimentada en su superficie. (https://es.wikipedia.org/wiki/Marte_(planeta)#/media/Archivo:Schiaparelli_Hemisphere_Enhanced.jpg).

Los planetas del sistema solar se pueden clasificar en tres grupos: los rocosos (Mercurio, Venus, la Tierra y Marte); los grandes y gaseosos (Júpiter, Saturno, Urano y Neptuno) y los enanos del cinturón de Kuiper (Plutón, Eris, Haumea, Makemake y Ceres). Actualmente estos cinco últimos no se consideran como verdaderos planetas, ya que pertenecen a un grupo o enjambre de pequeños astros que orbitan muy alejados del Sol, pero en la misma zona del espacio. Pues bien, solamente en la Tierra se dan las condiciones adecuadas para la vida inteligente. Es verdad que se habla acerca de la presencia de agua —ya sea líquida o congelada— en alguno de ellos o en ciertos satélites que orbitan a su alrededor, lo cual podría ser un indicio de que quizás albergaran microorganismos desconocidos. Sin embargo, hasta el presente no existe ninguna constancia de ello. No obstante, aunque tales planetas no sean aptos para la vida, algunos sí han contribuido a permitirla y protegerla en la Tierra, así como al despertar y desarrollo de la ciencia.

Por ejemplo, la gravedad de Marte y Venus atrae asteroides sobre estos planetas, protegiendo así el nuestro de sus peligrosos impactos. De la misma manera, la gravedad de Júpiter, Saturno y Urano, al atraer cometas sobre ellos, constituye también una especie de escudo protector de la Tierra. Veamos algunas características de estos vecinos protectores.

Mercurio es el planeta más próximo al Sol, con unas temperaturas en su superficie que son incompatibles con cualquier forma de vida. Al carecer de atmósfera, se consiguen unos 227 grados centígrados de media durante el día (aunque en algunas zonas pueden alcanzarse los 430 grados, que son más que suficientes para derretir el plomo), mientras que por la noche la temperatura baja a 173 grados bajo cero. Se trata de un mundo desolado de ceniza que curiosamente posee una elevada densidad media, impropia de un planeta tan pequeño. Se supone que tiene un enorme núcleo de metales y silicatos que ocupa casi un 75 % del volumen del planeta, lo cual ha venido generando controversias entre los astrónomos acerca de cómo pudo originarse. La idea de que Mercurio se formó de manera lenta y gradual, como el resto del sistema solar, no explica cómo pudo generarse tan enorme núcleo metálico. Por tanto, se supone que hace millones de años debió ocurrir una enorme catástrofe. Algún hipotético astro se debió estrellar con Mercurio, despojándolo así de su material menos denso.[32] En fin, tal como decimos, es un planeta inhóspito para la vida, pero curiosamente protege la de la Tierra.

A pesar de ser el planeta más cercano a nosotros, *Venus* es otro infierno para la vida. Se trata de uno de los lugares más insólitos y terribles de todo el sistema solar. Posee una densa atmósfera de dióxido de carbono en la que existen nubes con gotitas de ácido sulfúrico que corroen cualquier instrumento enviado por el ser humano. Su temperatura en superficie alcanza los 460 grados centígrados. Al ser tan densa la atmósfera, ejerce una presión que es unas noventa veces mayor que la de la Tierra. En vez de una sola atmósfera de presión en superficie (1 kg/cm^2), propia del planeta azul, la presión del aire en Venus es de 90 kg/cm^2. ¡Esto significa que si estuviéramos pisando su suelo soportaríamos una presión comparable a la que existe en el mar a unos mil metros de profundidad![33]

Otra sorprendente característica venusiana es su rotación cabeza abajo. Se dice que su movimiento es retrógrado porque gira sobre sí mismo al revés de lo que lo hacen los demás planetas (a excepción de Urano). La mayoría de ellos —incluida la Tierra— rotan en sentido antihorario, pero Venus

32   Taylor, S. R. (1992). *Solar System Evolution: A New Perspective*, Cambridge University Press, New York, p. 194.

33   Miller, R. & Hartmann, W. K. (1983). *Viaje extraordinario. Guía turística del sistema solar*, Planeta, Barcelona, p. 49.

lo hace en sentido horario. Por ejemplo, si nos situáramos a vista de pájaro sobre el polo norte terrestre y comparásemos la Tierra con un reloj de pulsera analógico, veríamos que esta gira en sentido contrario al movimiento de las agujas del mismo. Tal movimiento de rotación antihorario es el que tienen la mayoría de los planetas del sistema solar. Sin embargo, Venus se mueve en el mismo sentido que las agujas de los relojes. ¿Por qué? Pues porque su eje de rotación está inclinado casi 180 grados. El polo norte está abajo y el polo sur arriba. En realidad, gira como los demás planetas, pero bocabajo. No se conoce a ciencia cierta la razón de este comportamiento.

Además, en Venus los días duran más que los años. El planeta tarda en dar una vuelta completa sobre su eje (rotación diaria) 243 días terrestres, mientras que gira alrededor del Sol (traslación anual) en tan solo 225 días de la Tierra. Tampoco se sabe por qué esto es así. De ahí que se suponga que quizás pudo sufrir algún impacto en el pasado con algún cuerpo celeste de grandes dimensiones que le causó tales anomalías. De cualquier manera, lo que está claro es que estas no parecen ser muy buenas condiciones para la vida vegetal y la del resto de los organismos, tales como los que conocemos en nuestro planeta.

Marte es el planeta rocoso del sistema solar que tiene un clima más benigno y parecido al de la Tierra. Sin embargo, la temperatura media del aire cerca de la superficie es de unos 63 grados centígrados bajo cero. En general, la temperatura oscila entre los tres grados positivos del ecuador y los cien negativos en los polos. Por tanto, sigue habiendo profundas diferencias con el planeta azul. Su atmósfera está compuesta sobre todo por dióxido de carbono (95 %), nitrógeno (3 %), argón (1,6 %), así como trazas de oxígeno, agua y metano. Es un lugar desagradable para vivir porque además se producen fuertes y persistentes tempestades de viento cargado de polvo que erosiona las rocas y el suelo, contribuyendo a darle al planeta ese característico tono amarillento rojizo.

En su superficie no hay agua líquida, a pesar de los grandes y numerosos cauces secos existentes que indican que quizás pudo existir en el pasado. Sin embargo, el agua congelada se da en los casquetes de hielo polar y en el subsuelo. El aire marciano solo tiene una presión atmosférica de entre tres y quince milibares, mientras que en la Tierra es de mil milibares. Esto hace que, en las regiones que poseen una presión inferior a seis milibares, si hubiera agua líquida, esta herviría espontáneamente y desaparecería. Por eso no puede haber agua en estado líquido en la superficie de Marte. Además, la baja presión del aire hace que exista una continua pérdida de atmósfera que se escapa al espacio exterior.

Se ha especulado mucho acerca de la posibilidad de vida marciana, sin embargo, para desilusión de muchos, es un planeta que también parece

estar absolutamente muerto. El suelo marciano carece de moléculas orgánicas complejas. La fuerte radiación solar ultravioleta hace imposible la
vida en la superficie del planeta ya que descompone tales moléculas. En
cambio, la capa de ozono de la atmósfera terrestre constituye una pantalla
protectora que detiene parte de dicha radiación perjudicial y por eso nos
llega en menor cantidad, a pesar de que estamos más cerca del Sol. Algunos creen que quizás pudo haber vida en el pasado, si es que en algún
momento la atmósfera fue más densa y hubo agua líquida. No obstante, lo
cierto es que hasta la fecha no se ha encontrado evidencia definitiva que
confirme la existencia presente o pasada de vida en Marte.

Recientemente se publicó un trabajo en la revista científica *Astrobiology*
en el que se presentaba una bacteria terrestre extremófila, conocida vulgarmente como bacteria Conan (*Deinococcus radiodurans*) que supuestamente
podría soportar las condiciones ambientales extremas que se dan en Marte.[34] Un microbio que sería invencible como el famoso Conan el bárbaro.

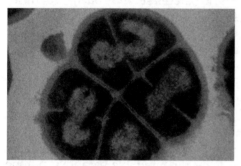

Imagen de la «bacteria Conan» (*Deinococcus radiodurans*) que supuestamente
podría resistir las adversas condiciones ambientales de Marte, pero que vive en la
Tierra desde la más remota antigüedad. (Foto: Michael Daly/Uniformed Services
University).

Algunos medios de comunicación anunciaron, en octubre del 2022, el
descubrimiento de la *bacteria Conan*, que puede vivir en Marte, enterrada
en el suelo a unos diez metros de profundidad. Ante semejantes titulares,
parecía que ya se hubiera descubierto vida en dicho planeta. Sin embargo,
tal sensacionalismo era engañoso ya que lo que se había podido comprobar

---

34   Cf. Cowing, K. (25 de octubre de 2022). "Ancient Bacteria Might Lurk Beneath
Mars' Surface", Astrobiology. https://astrobiology.com/2022/10/ancient-bacteria-might-
lurk-beneath-mars-surface.html; Falde, N. (31 de octubre de 2022). "Is Bacteria Hiding
on Mars? Indestructible Microbe 'Conan the Bacterium' Suggests There Is", Ancient Origins. https://www.ancient-origins.net/news-science-space/mars-bacteria-0017464.

en el laboratorio era otra cosa. Esta bacteria terrestre, cuando está en un medio líquido, es capaz de soportar unas dosis de radiación 25 000 veces superiores a las que matarían a un ser humano. Según los autores del trabajo, semejante resistencia la haría apta para vivir durante más de un millón de años debajo de la superficie de Marte.

Sin embargo, es evidente que los científicos no proponen que la bacteria Conan esté presente actualmente en el suelo de Marte, puesto que se trata de un microbio de la Tierra. Lo único que dicen es que, si algún día hubo vida en dicho planeta, las hipotéticas bacterias marcianas podrían haberse parecido a la bacteria terrestre Conan y que, si en un futuro, se descubren microbios allí, es posible que sean similares a esta bacteria extremófila terrestre. Es, por tanto, una especulación que puede ser cierta o no. De manera que se puede concluir que, hoy por hoy, no se ha encontrado vida en Marte. Es más, incluso si en el futuro se descubrieran microbios marcianos similares a los terrestres, estos podrían proceder de la propia Tierra. De hecho, los astrobiólogos creen que los planetas rocosos intercambiaron materiales en el pasado y, por tanto, no sería nada extraño que el planeta azul hubiera contaminado Marte con microbios terrestres.

Excepto la Tierra, los demás planetas rocosos del sistema solar no parecen aptos para la vida. Sin embargo, tal como mencionamos al principio, protegen al planeta azul de posibles impactos, como auténticos escudos salvadores. ¿Se debe esto a la pura casualidad o quizás el Creador lo dispuso así desde antes de la formación del mundo? El salmista compara también a Dios con un escudo protector: «Porque sol y escudo es Jehová Dios; gracia y gloria dará Jehová. No quitará el bien a los que andan en integridad (…) Dichoso el hombre que en ti confía» (Sal 84:11, 12).

27

Los gigantes del sistema solar

La Tierra es el único planeta del sistema solar que tiene continentes emergidos rodeados por agua líquida en su superficie y que, por tanto, la presencia de ríos, lagos, mares y océanos hacen posible el ciclo del agua que permite la vida tal como la conocemos. En cambio, la superficie de los planetas gaseosos suele ser completamente líquida. El inmenso océano glacial de Júpiter, por ejemplo, es una masa viscosa de hidrógeno líquido que apenas produce olas y está siempre cubierta de espesas nubes de amoníaco y agua que ocultan el Sol. No hay continentes, ni islas que sobresalgan de este océano. Se cree que Júpiter tiene un núcleo de material rocoso cubierto por un enorme manto de hidrógeno metálico líquido. Por su parte, Saturno —el señor de los anillos— es como Júpiter, pero más pequeño, mientras que los océanos que envuelven por completo a Urano y Neptuno son también de hidrógeno líquido.

No obstante, orbitando alrededor de alguno de estos grandes planetas, existen ciertos satélites que poseen agua líquida debajo de una capa de hielo, tales como los de Júpiter: Europa, Ganímedes y Calixto. Asimismo, se cree que hay océanos de agua líquida bajo la superficie de dos satélites de Saturno: Titán y Encélado. De ahí que tales condiciones hagan abrigar esperanzas a muchos astrónomos de que quizás pudieran albergar formas de vida parecidas a las terrestres, aunque se trate solo de microorganismos. ¿Hasta qué punto estos astros poseen realmente condiciones adecuadas para la vida? El hecho de que tengan agua líquida, ¿es suficiente para que existan también seres vivos? Veamos esta cuestión más detalladamente.

Desde el punto de vista biológico, los más interesantes de estos satélites podrían ser Europa y Encélado ya que los demás carecen de auténticos océanos, pues solo presentan delgadas capas de agua líquida. *Europa* es un satélite de Júpiter un poco más pequeño que nuestra Luna. Su densidad media hace suponer que está constituido por un núcleo rocoso y que su corteza superficial es básicamente de agua helada. Como está orbitando alrededor del gigante Júpiter, las fuerzas de marea deforman el interior de Europa y elevan su temperatura por fricción. Esto provoca que la capa más interna del hielo se derrita y no se evapore, puesto que está protegida por la elevada presión del hielo de la superficie ya que este no puede fundirse debido a las bajas temperaturas externas. Se cree que la capa de hielo superficial de Europa tiene un grosor de entre 10 y 100 km y que flota sobre la capa de agua líquida interna. Se supone que esta última tendría también unos cien kilómetros de profundidad y sería de agua salada rica en compuestos orgánicos. De ahí la posibilidad de que también existieran organismos acuáticos, aunque solo fueran microscópicos.

Sin embargo, conviene tener en cuenta las posibles dificultades para la vida que tal ambiente presenta.[35] En primer lugar, existe el peligro del bombardeo de cometas que es mucho más frecuente y potente en un planeta grande como Júpiter ya que su gravedad elevada los atrae a gran velocidad. Esto es una gran ventaja para nosotros en la Tierra, pues Júpiter constituye una especie de escudo protector u enorme aspiradora que atrae hacia sí mismo aquellos cometas que podrían impactar fatalmente contra nosotros. Sin embargo, para su satélite Europa, que está muy cercano a Júpiter, esto es un grave problema. En la siguiente imagen de Europa, se puede apreciar un enorme cráter de impacto de unos 50 kilómetros de diámetro.

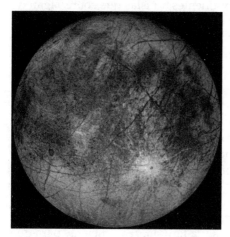

Imagen del hemisferio posterior de Europa, el satélite cubierto de hielo de Júpiter. Las líneas largas y oscuras son fracturas de la corteza que pueden medir más de 3000 kilómetros de longitud. En la parte inferior derecha se observa un cráter de impacto de unos 50 kilómetros de diámetro. (https://es.wikipedia.org/wiki/Europa_(satélite)#/media/Archivo:Europa-moon.jpg).

En segundo lugar, los niveles de radiación son muy elevados en la superficie de Europa ya que posee un campo magnético bastante débil (de tan solo un 2,5 % del que existe en la Tierra) incapaz de repelerlos y esto podría

---

35   González, G. & Richards, J. W. (2006). *El planeta privilegiado*, Palabra, Madrid, p. 123.

extinguir cualquier forma de vida. Además, también hay que considerar las repercusiones de los movimientos de rotación y traslación sincronizados. De la misma manera que desde la Tierra siempre vemos la misma cara de la Luna (debido a que su rotación y traslación están sincronizadas), con Europa y Júpiter ocurre lo mismo. Desde la superficie de este siempre se observa la misma cara del satélite Europa, pero esto hace que existan grandes diferencias de temperatura entre el día y la noche que serían también incompatibles con la vida.

Los océanos de Europa, tal como se ha mencionado, alcanzan una profundidad de 100 kilómetros (diez veces más que en la Tierra). Semejante espesor de agua debe ejercer una presión tan elevada que posiblemente resulta incompatible con cualquier forma de vida microbiana. Asimismo, la luz del Sol no puede penetrar la espesa capa de hielo de la superficie y eso implica que los océanos de Europa tienen muy poca energía lumínica disponible para la actividad biológica. La congelación periódica que experimentan tales mares hace que el agua líquida se vuelva cada vez más salada, puesto que la sal no se incorpora al hielo, y esto mataría también a los seres vivos. En fin, Júpiter y sus 69 lunas, así como el resto de los planetas gaseosos, están fuera de la llamada *zona habitable circunestelar*, que es la región alrededor del Sol que reúne las condiciones adecuadas para la vida y es donde se halla la Tierra, por tanto es muy posible que sea también un satélite completamente estéril.

Mosaico de 21 imágenes del polo sur de Encélado, tomadas por la sonda Cassini en el año 2005. Se trata de uno de los satélites de Saturno que, según los exobiólogos, podría tener vida microbiana ya que posee géiseres y fumarolas que expulsan vapor de agua e hidrógeno. Sin embargo, al estar fuera de la zona habitable circunestelar, es poco probable que así sea. (https://es.wikipedia.org/wiki/Encélado_(satélite)#/media/Archivo:Enceladusstripes_cassini.jpg).

El satélite de Saturno llamado Encélado, en honor al gigante de la mitología griega, mide poco más de 500 km de diámetro y también está cubierto por hielo de agua. Su temperatura en superficie es muy baja ya que solamente alcanza los 198 grados centígrados bajo cero a mediodía. La sonda Cassini, enviada en el año 2006, descubrió que tiene géiseres activos cerca del polo sur que expulsan vapor de agua, hidrocarburos y cristales de hielo. Se cree que la presencia de agua líquida caliente en su interior se debe a las fuerzas de marea provocadas por Saturno. Esto es precisamente lo que hace suponer a los astrónomos que quizás en dicha agua pudiera haber microorganismos termófilos. No obstante, los mismos inconvenientes enunciados a propósito de Europa pueden plantearse también aquí. De manera que es muy posible que solo haya vida en la Tierra, dentro del sistema solar.

La Tierra posee un ciclo hidrogeológico exclusivo que no se encuentra en ningún otro lugar del sistema solar. Las placas tectónicas terrestres, el campo magnético oscilante, los enormes continentes, la órbita estable, el ciclo del agua y una atmósfera transparente proporcionan al planeta azul el mejor de todos los ambientes planetarios para la existencia de la vida, la inteligencia y el desarrollo de la investigación científica. No hay otro lugar mejor que la Tierra. Tal como escriben los autores de *El planeta privilegiado*: «No hay otras localizaciones descubiertas hasta la fecha que hagan la mínima sombra a este pálido punto azul, por muy pálido que les parezca a algunos».[36]

---

36   Ibid. p. 127.

28

¿Estamos solos en el cosmos?

El universo es extraordinariamente grande, rico y variado. Sabemos que fuera del sistema solar existen también planetas que orbitan alrededor de otras estrellas. Son los llamados *exoplanetas* o planetas extrasolares. El primero de ellos fue descubierto en 1995 y fue llamado 51-Pegasi-b, aunque posteriormente se le cambió el nombre por el de Dimidio. Se trata de un exoplaneta que gira alrededor de una estrella similar al Sol y por el que sus descubridores, Didier Queloz y Michel Mayor, ganaron el Premio Nobel de Física. A partir de esa fecha, el hallazgo de nuevos exoplanetas ha dejado prácticamente de ser noticia porque se descubren unos 150 exoplanetas de media cada año. Hoy ya son más de 5000 los exoplanetas descubiertos y su número sigue creciendo. Sin embargo, hasta el momento, ninguno posee las condiciones adecuadas para la vida, como las existentes en la Tierra. Al parecer, los planetas como el nuestro —si es que existen— son muy raros en el universo.

En un trabajo científico publicado en agosto del 2021 y centrado en las condiciones necesarias que debe tener un exoplaneta para que en él se pueda dar la fotosíntesis basada en el oxígeno y, por tanto, la existencia de una biosfera compleja como la terrestre, se pudo comprobar que tales planetas son mucho menos comunes en el cosmos de lo que se pensaba.[37] En el resumen previo de la investigación, después de analizar los miles de exoplanetas descubiertos, se confiesa que «hasta ahora, no hemos observado planetas terrestres comparables con la Tierra en términos de flujo de fotones útiles, exergía y eficiencia exergética». La *exergía* es como una medida de la calidad de la energía disponible en el entorno e indica que nuestro planeta sigue siendo extraordinariamente singular y único. Sin embargo, los exobiólogos no pierden la esperanza de encontrar otro planeta similar a la Tierra, que esté situado en la zona de habitabilidad de su estrella y también posea vida.

En el año 1961, el astrónomo estadounidense Frank Drake (1930–2022) inventó una fórmula matemática con la que pretendía calcular cuántas civilizaciones podía haber en la Vía Láctea. Conocida como la *ecuación de Drake*, proponía que la posibilidad de comunicarnos con otra civilización avanzada de nuestra galaxia cada año era igual al ritmo de creación de estrellas similares al Sol, multiplicado por la fracción de estrellas que tienen planetas en su órbita, multiplicado por el número de estos planetas que se encuentran en la zona habitable de la estrella, multiplicado por la fracción en los que la vida se ha desarrollado, multiplicado por la fracción de planetas que poseen vida inteligente, multiplicado por la fracción en los que la civilización ha desarrollado una tecnología avanzada que le permite comunicarse, multiplicado por el número de años que una civilización inteligente y comunicativa puede existir. ¡Menuda ecuación! ¡Todo un cálculo repleto de variables de difícil comprobación! No obstante, mediante esta ecuación Drake llegó a la conclusión de que cada año deberíamos descubrir por lo menos diez civilizaciones diferentes solo en nuestra propia galaxia.

Posteriormente, otros investigadores han venido añadiendo más variables a la multiplicación de Drake, a medida que ha aumentado el conocimiento astronómico. Sin embargo, debido al enorme desconocimiento que se tiene de muchos de sus parámetros, los resultados obtenidos han sido muy dispares. Unos dicen que por lo menos debe haber unos diez millones de civilizaciones avanzadas en la Vía Láctea, mientras que otros creen que solo hay una, la nuestra.[38] Por tanto, a la optimista ecuación de Drake se la considera hoy como una curiosidad histórica sin relevancia real.

---

37   Covone, G.; Ienco, R. M.; Cacciapuoti, L. & Inno, L. (2021). "Efficiency of the Oxygenic Photosynthesis on Earth-like Planets in the Habitable Zone", Monthly Notices of the Royal Astronomical Society, Vol. 505, Issue 3, August 2021, pp. 3329-3335. https://doi.org/10.1093/mnras/stab1357.

38   Powell, A. (2009). "Life in the Universe? Almost Certainly. Intelligence? Maybe Not", The Harvard Gazette, Harvard University; Schenkel, P. (2006). "SETI Requires a Skeptical Reappraisal", Skeptical Inquirer, Volume 30, Nº 3.

Durante la década de los cincuenta del pasado siglo, el físico italiano Enrico Fermi (1901–1954) se planteó, junto a otros colegas estadounidenses, la cuestión acerca de si los humanos somos o no la única civilización avanzada del universo. Es lo que se conoce como *paradoja de Fermi*, es decir, si ciertas estimaciones afirman que hay una elevada probabilidad de que existan otras civilizaciones inteligentes en el universo observable, ¿cómo es que no tenemos ninguna evidencia de ellas? ¿Dónde están? ¿Por qué no se han encontrado indicios irrefutables de su existencia, tales como sondas, transmisiones radioeléctricas, naves espaciales, etc.? ¿Será quizás porque los seres humanos somos la única civilización del cosmos o porque nuestras observaciones son defectuosas e incompletas? Hay que tener en cuenta que estas dudas le surgieron a Fermi cuando estaba trabajando en el Proyecto Manhattan, que procuraba fabricar la primera bomba atómica. Es posible que esto influyera en la respuesta que le dio a su paradoja: las civilizaciones avanzadas desarrollan una tecnología bélica letal que acaba por exterminarlas. En efecto, llegó a la conclusión de que probablemente no encontramos otras civilizaciones en el cosmos porque estas se habrían aniquilado a sí mismas y este sería el gran peligro que se cierne también sobre la humanidad en la Tierra.

No obstante, cuando se piensa en la cantidad de acontecimientos improbables que han tenido que darse simultáneamente para hacer posible la vida en nuestro planeta, la lista se incrementa con cada nuevo descubrimiento. Vivimos en un planeta rocoso que tiene el tamaño perfecto para desarrollar un campo magnético que nos proteja de los rayos solares peligrosos. La Tierra da vueltas alrededor del Sol, que es una estrella no demasiado grande cuya vida dura lo suficiente para permitir la vida y el desarrollo de la tecnología humana. Nuestra distancia del Sol es la adecuada, ni demasiado cerca ni demasiado lejos. Disponemos de agua líquida y de un ciclo hidrológico que la depura constantemente. El eje de rotación de la Tierra está ligeramente inclinado, lo que hace posible la sucesión de las estaciones, los diferentes climas y la increíble diversidad biológica. Disponemos de un satélite como la Luna, que permite la estabilidad de dicho eje, ya que si no fuera así nuestro planeta bailaría como una peonza y los repentinos cambios climáticos serían incompatibles con la vida. Disponemos de un movimiento lento, pero constante de las placas tectónicas de la corteza terrestre que renueva los elementos químicos disponibles en la superficie. Estamos protegidos por varios planetas del sistema solar de los impactos peligrosos de cometas y meteoritos. Poseemos una atmósfera con ozono que actúa como un escudo protector de la vida. Etcétera y etcétera.

Se trata solo de unos pocos detalles de la enorme lista que configura la extraordinaria singularidad de la Tierra. Y lo más sorprendente de todo es que en tales condiciones de habitabilidad apareció la vida, acontecimiento que a pesar de las muchas hipótesis todavía permanece inexplicado por la ciencia. Es casi imposible que todo esto se diera por casualidad, como creen algunos. De ahí que otros científicos sean partidarios de la llamada *teoría de la Tierra única* que dice que es muy poco probable que en cualquier otro lugar del universo hayan podido coincidir tantos factores adecuados para la vida —mucho menos aún para la inteligente— y que es posible que esta solo exista en la Tierra.[39]

Por tanto, ¿estamos solos en el cosmos? La comunidad científica está dividida al respecto. Quienes creen que la vida es un fenómeno relativamente fácil de producirse en cualquier planeta que reúna condiciones adecuadas, piensan que seguramente habrá otros mundos habitados por seres inteligentes y que si no tenemos constancia de ello es porque estamos muy alejados en el espacio o en el tiempo. Mientras que los que creemos que la vida no puede surgir por azar sin más, sin una inteligencia previa que la haya hecho posible dotándola de la información necesaria para ello, pensamos que quizás seamos los únicos seres materiales inteligentes del universo. Puede que estemos equivocados, pero de momento, los hechos conocidos apoyan esta creencia.

39   Ward, P. & Brownlee, D. (2000). *Rare Earth: Why Complex Life Is Uncommon in the Universe*, Copernicus, Columbia.

La Tierra

29

¿Un cielo en forma de cúpula?

La manera más simple de comprobar que la Tierra no es plana es mirar el horizonte y fijarnos en los puntos más alejados que podemos ver. Si después subimos a una montaña —cuanto más elevada mejor—, podremos observar que desde arriba apreciamos muchos más lugares alejados en el horizonte. Esto se debe a la *depresión del horizonte*, es decir, a que el horizonte que se observa desde el pie de la montaña o desde la orilla del mar, no coincide con el que vemos desde la cima de dicha montaña o desde un avión. ¿Por qué? Pues porque la Tierra es esférica. Si fuera plana, por mucho que se ascendiera siempre observaríamos el mismo horizonte, pero, como todo el mundo sabe, este no es el caso. De la misma manera, la redondez terrestre también puede comprobarse desde la orilla del mar. ¿Qué es lo primero que desaparece cuando se aleja un barco? Es como si el casco se hundiera en el agua del horizonte, mientras que las chimeneas o las velas serían lo último en perderse de vista. De nuevo, semejante fenómeno visual se debe a la esfericidad del planeta.

El filósofo griego Aristóteles se dio cuenta, ya en el siglo IV antes de Cristo, de que la Tierra era esférica porque había visto su sombra redondeada proyectada sobre la Luna, en los numerosos eclipses lunares y así lo escribió en su obra *De caelo*.[40] Dos siglos después, otro matemático y astrónomo griego, Eratóstenes de Cirene, calculó la circunferencia de la Tierra y por tanto su tamaño, comparando las altitudes del Sol del mediodía en dos ciudades muy separadas a lo largo de río Nilo y en la dirección norte-sur. Advirtió que el fondo de un pozo bastante profundo de Siena (hoy Asuán) —al sur de Egipto— era iluminado por los rayos del Sol un solo día al año. Mientras que al norte del país del Nilo, en Alejandría, los rayos solares tenían una inclinación algo diferente, de siete grados del cénit. Como sabía la distancia entre ambas ciudades, supuso que la Tierra era esférica y que los rayos del Sol debían caer paralelos y esto le llevó a calcular que la circunferencia terrestre medía unos 46 000 km de longitud. Solo se equivocó en un 16 % por encima de su valor, ya que en realidad mide unos 40 000 kilómetros.[41] Eratóstenes también fue el primero en calcular la inclinación del

---

40   Aloy, J. (2013). *100 qüestions d'astronomia*, Cossetània, Valls, p. 33.
41   González, G. & Richards, J. W. (2006). *El planeta privilegiado*, Palabra, Madrid, p. 138.

eje de la Tierra, introdujo además el año bisiesto cada cuatro años y creó el primer mapamundi con paralelos y meridianos. Y todo esto, siglos antes de que naciera Jesucristo.

Muchos eruditos de la Biblia se engañan cuando afirman que esta presenta la imagen de un mundo físico copiada de los mitos mesopotámicos o egipcios. Y como supuestamente estos pueblos creían que la Tierra era una isla circular rodeada por un mar también circular, piensan que los autores bíblicos asumieron dicha idea del mundo.[42] Sin embargo, este error proviene de una mala interpretación del famoso hallazgo arqueológico conocido como *Mapa babilónico del mundo*, el más antiguo conocido, ya que data de unos 600 años antes de Cristo.[43] Se trata de una vieja tablilla de arcilla depositada en el Museo Británico. Tal como señalan otros autores, un análisis más detallado de dicho mapa indica que en realidad no refleja todo el mundo conocido de la época, sino solo de un pequeño fragmento centrado en Babilonia.[44]

Mapa babilónico del mundo según una tablilla de arcilla fechada alrededor del año 600 a. C. (https://newsletter.mapasmilhaud.com/p/los-primeros-mapas-de-la-historia).

42   Lamoureux, D. O. (2016). *Evolution: Scripture and Nature Say Yes!* Grand Rapids, Zondervan, pp. 92-94.

43   Meyer, M. (15 de febrero de 2021). "El primer mapa del mundo", Recuerdos de Pandora. https://recuerdosdepandora.com/historia/inventos/mapa-babilonico-del-mundo/.

44   Craig, W. L. (2021). *El Adán histórico*, Kerigma, Salem, p. 168.

Los pescadores y marineros babilónicos sabían bien que el mundo era mucho más grande de lo que refleja dicho mapa. Tal como escribe Craig en el libro citado:

> Decir que el mapa representa la tierra como un disco plano en medio de un océano circundante es un grave malentendido. (…) Países como Egipto, con los que Babilonia estaba familiarizada, ni siquiera aparecen en él. (…) La forma circular del océano no debe tomarse literalmente. Los navegantes babilónicos sabían que no se podía viajar en barco desde el golfo Pérsico (lo que ellos llamaban el mar Inferior) hasta el mar Mediterráneo (el mar Superior).

En aquella época no existía el canal de Suez. Más que un mapamundi, esta tablilla es un diagrama centrado en Babilonia del que salen ocho flechas que indican otras tantas regiones que ellos debían conocer. Era como una señal de múltiples direcciones.

Por tanto, decir que la Biblia también presenta la geografía de una tierra plana con forma de disco rodeada de agua es algo infundado. Israel estaba familiarizado con otros pueblos de ultramar, tanto asiáticos como africanos, y con las islas del Mediterráneo. En 1 Reyes 9:26-28 y 10:22 se dice que Salomón tenía una flota de barcos que navegaban por el golfo de Ácaba, el mar Rojo y el océano Índico para comerciar con otros pueblos, que probablemente eran de África y de las costas de la India. De manera que no podemos saber con seguridad el conocimiento geográfico del mundo que tenían los hebreos y por tanto resulta arriesgado elucubrar al respecto.

Otra mala interpretación que existe en la actualidad es la de creer que los pueblos del Antiguo Oriente Próximo (hebreos incluidos) concebían el cosmos como un cielo en forma de enorme cúpula sólida transparente que cubría una tierra circular flotante. Esta cúpula se apoyaba sobre la línea del horizonte y en ella estaban pegadas las estrellas, la Luna y el Sol. Por encima, habría una capa de agua (las aguas de arriba) que, a través de ventanas o compuertas, caería eventualmente sobre la tierra como lluvia o diluvio. Mientras que en el interior de la Tierra estarían ubicadas las cavernas del Seol y todo este supuesto conjunto sólido sería soportado por pilares o fundamentos que se perdían en el gran abismo (ver el dibujo siguiente). Quienes creen que esta es la geografía cósmica de la Biblia y de los pueblos del Antiguo Oriente Próximo se basan principalmente en el trabajo del arqueólogo estadounidense Wayne Horowitz.[45] Sin embargo, tal como el mismo autor admite en la introducción de su libro *Mesopotamian Cosmic Geography,* puede que los lectores antiguos distinguieran entre sus relatos

---

45   Horowitz, W. (1998). *Mesopotamian Cosmic Geography,* Winona Lake, IN: Eisenbrauns.

místico-religiosos y la realidad física que observaban. ¿Cómo podemos estar seguros de que aquellos estudiosos de la antigüedad no sabían diferenciar entre sus leyendas míticas y el universo material que veían cada día?

Dibujo imaginado por algunos autores modernos que pretende reflejar la antigua concepción hebrea del universo. Sin embargo, no es posible estar seguros de que los textos bíblicos usados para dicha reconstrucción deban entenderse de manera literal. Es muy probable que los antiguos emplearan también un leguaje simbólico y que su concepción física del mundo fuera otra. (https://es.aleteia. org/2016/06/22/cuando-la-tierra-era-plana-un-mapa-del-universo-de-acuerdo-al-antiguo-testamento/; esquema de Michael Paukner).

Desde luego, cómo iban a creer que las estrellas estaban incrustadas en una cúpula sólida de los "cielos inferiores" cuando eran conscientes de que todos los astros se movían en el firmamento, igual que la Luna y aparentemente el Sol. Esta supuesta cúpula tendría que estar en movimiento constante, subiendo y bajando en el cielo de manera caótica, algo incompatible con que tal cúpula se apoyara en unos soportes terrestres sólidos e inamovibles. Hay que tener en cuenta que precisamente en esos pueblos nació la ciencia de la astronomía y que los astrónomos sabían que los planetas no se mueven al unísono junto con las estrellas, sino que vagan por el cielo con movimientos propios. Unas veces se desplazan rápidamente, mientras que otras parecen estar parados. Estos hombres eran expertos en tales movimientos y precisamente les eran útiles para marcar las estaciones, los días y los años.

Por otro lado, cómo es posible que pensaran que había depósitos de agua encima del firmamento, cuando conocían bien el ciclo del agua en la naturaleza. Tal como escribió Job en uno de los libros más antiguos del Antiguo Testamento: «Él (Dios) atrae las gotas de las aguas, al transformarse el vapor en lluvia, la cual destilan las nubes, goteando en abundancia sobre los hombres» (Job 36:27, 28). El noble patriarca sabía que la lluvia procede de las nubes y no de ningún depósito celestial. Por tanto, cuando la Biblia habla de las aguas de arriba se está refiriendo a la lluvia que cae de los cielos. Creer que los antiguos israelitas pensaban que en el firmamento (*ràqîa* en hebreo) había unas compuertas por las que se derramaba el agua procedente de una supuesta hidrosfera superior es incurrir en un literalismo rígido y completamente inverosímil. Si el agua cayera de tales ventanas, sería como una catarata destructiva que lo arrasaría todo. Esto lo sabía bien un pueblo acostumbrado a las crecidas y avalanchas repentinas de agua en los wadis o cauces secos que, después de fuertes lluvias, se convertían en peligrosos torrentes.

Frente a la imagen de las fundaciones de la Tierra, esas especies de pilares que supuestamente la sustentaban sobre el gran abismo, el sabio Job dirá por el contrario que Dios «extiende el norte sobre vacío, cuelga la tierra sobre nada» (Job 26:7). Como decíamos al principio, Aristóteles y sus colegas creían también que nuestro planeta era esférico y se sustentaba sobre el vacío. ¿Cómo acomodar entonces el mítico fundamento de los pilares de una Tierra insular con la deducción de un planeta esferoidal que flota en el espacio? Es por esto que William Craig llama a tal interpretación moderna de la cúpula celeste y de los pilares «el ejemplo más atroz de literalidad injustificada».

Es menester entender la naturaleza analógica y metafórica de los relatos bíblicos que se refieren a las ventanas o cataratas de los cielos (Gn 7:11, 12; 8:2). También se dice metafóricamente en otros textos, por ejemplo, que las ventanas del cielo proporcionan cebada (2 R 7:2); o terremotos y terror (Is 24:17-20); y también bendición divina (Ml 3:8). Se trata de una manera analógica de hablar, que los hebreos entendían bien y no interpretaban literalmente. Si se pretende tomar estos versículos al pie de la letra, se malinterpretan y no se respeta el conocimiento antiguo que tenían los hebreos de las nubes, ni su capacidad para emplear bellas y coloridas imágenes. Hoy existe cierta tendencia a pensar que los antiguos eran gente primitiva que no reflexionaba. Es evidente que actualmente poseemos mejores conocimientos científicos que en aquella época. Sin embargo, creer en la ingenuidad general del ser humano de los tiempos bíblicos es equivocarse por completo.

Por tanto, el dibujo moderno de la supuesta geografía cósmica de los antiguos hebreos, con la cúpula sobre la tierra y los fundamentos subterráneos, es una construcción artificial, errónea y aberrante, hecha con pedazos de textos diferentes que se usan de forma literal sin tener en cuenta el rico simbolismo hebreo. Algo en lo que los hombres de la Biblia no creían y mucho menos el autor del relato de la creación de Génesis 1.

Coincidencia de los eclipses

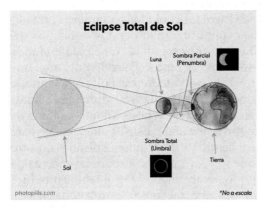

https://www.photopills.com/es/articulos/
guia-fotografia-eclipse-solar-total-2024

Según la física de Aristóteles, todo lo que se mueve es movido por algo y, a su vez, ese algo ha tenido que ser movido por alguna otra causa ajena a él mismo. Mediante una extensa cadena de tales causas y efectos, el gran filósofo griego contemplaba la necesidad de un primer motor inmóvil que fuera la causa inicial de todo movimiento. Hoy se cree que el movimiento de todos los cuerpos del universo tuvo su origen en el Big Bang, pero nadie sabe qué lo produjo.

Si actualmente el movimiento de expansión del cosmos se está acelerando, el de la rotación de la Tierra se está frenando. Esto es algo que se ha podido medir gracias al estudio histórico de los eclipses totales de Sol. Analizando la posición de la sombra de la Luna sobre la superficie terrestre y comparándola con la de antiguos relatos de otros eclipses totales en la antigüedad, los astrónomos han podido determinar que el movimiento de rotación de la Tierra es cada vez más lento. Hoy sabemos que, como consecuencia de las fuerzas de mareas provocadas por la Luna y el Sol sobre nuestro planeta, este va reduciendo la rotación sobre su propio eje a razón de unos dos milisegundos cada siglo (es decir, 0,0024 segundos cada 100 años) o, dicho de otra manera, el giro de la Tierra se frena un segundo cada cien mil años. Realmente esto es muy poco, pues significa que tendrían que transcurrir unos 200 millones de años para que los días duraran en la Tierra una hora y veinte minutos más que ahora, suponiendo que dicha disminución se mantuviera constante. No obstante, si el actual calentamiento global elevara significativamente el nivel medio de los océanos, las mareas serían más importantes y ofrecerían mayor resistencia a la rotación terrestre, por lo que el enlentecimiento de la rotación sería aún mayor.

El estudio de ciertos corales fósiles, que se sabe que generaban cada día una delgada capa de carbonato cálcico, tal como hacen también hoy sus congéneres, ha permitido deducir que durante el periodo geológico del Ordovícico, hace unos 405 millones de años según la cronología estándar, los años terrestres tenían unos 402 días.[46] Como la duración del año, que depende de su movimiento de traslación alrededor del Sol, no ha variado apenas, se cree que en aquella remota época los días solo duraban 21 horas y 47 minutos. De la misma manera, la Luna se está separando lentamente de la Tierra a razón de 3,8 centímetros cada año.[47] Esto es indetectable para el ojo humano, pero si siguiera así, dentro de diez millones de años nuestro satélite se vería mucho más pequeño y su influencia sobre las mareas de la Tierra también habría disminuido notablemente. El Sol también reduce su volumen unos seis centímetros por año, tal como ocurre a todas las estrellas en su evolución natural. La consecuencia lógica de la suma de estos distintos movimientos es que dentro de 250 millones de años ya no habrá eclipses totales de Sol y esta cantidad de tiempo es solo el 5 % de la edad que se le supone a la Tierra ¿Qué significan todas estas variaciones para la vida inteligente en la Tierra?

El astrónomo Guillermo González lo explica así: «Esta relativamente pequeña ventana de oportunidad se ha producido en coincidencia con la existencia de vida inteligente. Digámoslo de otro modo, el lugar más habitable de todo el sistema solar posee la mejor vista de eclipses en el momento en el que los observadores los pueden apreciar mejor».[48] ¿Simple casualidad o es que la correlación entre habitabilidad y la posibilidad de observar los eclipses fue pensada inteligentemente por alguien para que la humanidad pudiera vivir y desarrollar su conocimiento del mundo y de su Creador? La misma pregunta que se formulaba Job: «¿Y no nos dispuso uno mismo en la matriz?» (Job 31:15); esto puede extenderse también a toda la matriz cósmica.

46   Aloy, J. (2013). *100 qüestions d'astronomia*, Cossetània, Valls, p. 51.
47   Faz, L. (17 de octubre de 2022). "La Luna se está alejando de la Tierra, ¿cuáles serían las consecuencias?", Tiempo. https://www.tiempo.com/noticias/ciencia/la-luna-esta-alejandose-de-la-tierra-cuales-seran-las-consecuencias.html.
48   González, G. & Richards, J. W. (2006). *El planeta privilegiado*, Palabra, Madrid, p. 41.

31

Medir el tiempo

El primer libro de la Biblia pone en boca del Creador estas palabras: «Dijo luego Dios: Haya lumbreras en la expansión de los cielos para separar el día de la noche; y sirvan de señales para las estaciones, para días y años» (Gn 1:14). Así fue y así continúa siendo todavía hoy. Nuestro actual sistema de contar el tiempo proviene de la observación del movimiento de los astros que viene realizando el ser humano desde la noche de los tiempos. Se sabe que los antiguos astrónomos-astrólogos de Babilonia usaban ya las semanas, los meses y los años, como nosotros hoy, gracias a su atento escrutinio del firmamento. Un año es el tiempo que tarda la Tierra en dar una vuelta alrededor del Sol, mientras que un día es lo que requiere nuestro planeta para dar un giro completo sobre su propio eje. Al primer movimiento se le llama traslación y al segundo rotación. Pero ¿de dónde salen las semanas y los meses? Pues de ese pequeño astro que la Escritura llama *lumbrera menor*, es decir, la Luna.

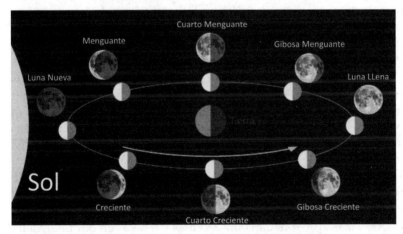

Fases lunares desde el hemisferio norte. (https://divulgando-ciencia.blog/fases-lunares-y-eclipses/).

En efecto, los meses derivan del tiempo que transcurre para que se complete un ciclo completo de las fases lunares (las más importantes son luna nueva, cuarto creciente, luna llena y cuarto menguante). Estas cuatro fases, que son las diversas formas en que la cara lunar que mira a la Tierra es iluminada por el Sol, corresponden a los momentos precisos en que las direcciones Tierra-Luna y Tierra-Sol forman ángulos de 0°, 90°, 180° y 270° respectivamente. Semejante ciclo completo puede observarse desde cualquier lugar de la Tierra, se repite cada 29 días, 12 horas, 44 minutos y 3 segundos aproximadamente y se le llama *período sinódico*. Por tanto, si el ciclo completo de las fases lunares da lugar al mes, el tiempo que tarda la Luna en pasar de una fase a la siguiente da lugar a la semana de 7 días. De manera que los movimientos espaciales del Sol, la Luna y la Tierra continúan separando los días de las noches y siguen constituyendo señales para las estaciones, para días y años, tal como ordenó al principio el Creador.

Aunque a lo largo de la historia el ser humano ha intentado cambiar semejante ordenamiento divino, lo cierto es que nunca lo ha logrado. El famoso calendario republicano que procuró instaurar la Revolución Francesa, solo se mantuvo unos 14 años (entre 1792 y 1806). Se pretendió cambiar las semanas de 7 días por semanas de 10 días, con el fin de eliminar del mismo las referencias religiosas, pero fue un fracaso total. Se trataba de un calendario descuadrado con el ciclo lunar y por tanto incompatible con los ritmos agrícolas de la siembra y la cosecha. Además, resultó muy impopular porque otorgaba menos días de descanso a los trabajadores, ya que era festivo solo uno de cada diez, en vez de uno de cada siete. Finalmente, Napoleón lo abolió y, aunque se volvió a implantar fugazmente después de la muerte del emperador, por último desapareció y hubo que volver al sistema cósmico tradicional. La racionalidad y conveniencia del antiguo mandamiento divino —«Seis días trabajarás, y al séptimo día reposarás» (Ex 23:12)— seguía imponiéndose al ser humano.

Los nombres dados a los días de la semana derivan también de los astros que pueden observarse en el firmamento. Fueron los romanos quienes los denominaron así en honor de algunos de sus dioses. Por ejemplo, el lunes viene de la Luna; el martes de Marte; el miércoles de Mercurio; el jueves de Júpiter y el viernes de Venus. Al principio, el sábado era el día de Saturno y el domingo el del Sol. Sin embargo, posteriormente el cristianismo dedicó el sábado al *shabat* hebreo y el domingo al Señor (*Dominus*). Curiosamente, en inglés aún siguen siendo *Saturday* y *Sunday*, mientras que en alemán es *Samstag* y *Sonntag*.

La Tierra tarda aproximadamente 365 días y 6 horas en dar una vuelta completa alrededor del Sol. Si se tuvieran que contar los años con semejante precisión, se complicaría mucho el calendario. Por eso se desprecian esas pocas horas y cada cuatro años se añade un día más al año (366 días). Se trata de los llamados *años bisiestos*. A pesar de este ajuste, sigue existiendo una cierta falta de correspondencia exacta ya que, en realidad, el año que marca el inicio de las estaciones (llamado año trópico, tropical o solar) dura un poco menos de 365 días y 6 horas. El año trópico es el tiempo que pasa entre dos pasos sucesivos del Sol por el primer punto de Aries y suele durar exactamente 365,2422 días.

Tal es la razón por la que el antiguo calendario instaurado por Julio César, en el año 46 a. C., y denominado en su honor *calendario juliano*, llegó a desfasarse hasta diez días en el año 1582 d. C. al respecto de la efemérides astronómica. El papa Gregorio XIII, aconsejado por los astrónomos, tuvo que reformarlo en ese mismo año, introduciendo su nuevo *calendario gregoriano*, que es el mismo que se utiliza hoy. Lanzó un decreto por medio del cual se eliminaban estos diez días de decalaje, que se habían venido acumulando desde la antigüedad, de un solo plumazo. Al jueves 4 de octubre de 1582 le siguió el viernes 15 de octubre de 1582 y asunto zanjado. Los países católicos adoptaron pronto el calendario gregoriano, sin embargo, los ortodoxos, anglicanos y protestantes no lo hicieron hasta mucho más tarde. En Inglaterra, Gales, Irlanda y las colonias británicas, este cambio de calendario no se produjo hasta 1752.

Se cuenta que el astrónomo luterano alemán, Johannes Kepler (1571–1630), manifestó en cierta ocasión que prefería estar en desacuerdo con el Sol, antes que estar en consonancia con el papa. Me cuesta creer que Kepler, un astrónomo racional, dijera algo así. Además, en la notable biografía que escribió Arthur Koestler no se menciona absolutamente nada al respecto.[49] Sea como fuere, lo cierto es que en Rusia, el calendario gregoriano no se aceptó hasta después de la Revolución de octubre de 1917 y todavía hoy existen unas pocas comunidades ortodoxas que se siguen rigiendo por el calendario juliano.

La regla matemática que se creó para determinar cuáles debían ser los años bisiestos del calendario gregoriano es ciertamente un tanto enrevesada. Al principio, se consideró que serían años bisiestos todos aquellos cuyo número fuera divisible entre 4, excepto los años del final de cada siglo (finiseculares) que no fueran divisibles por 400. Estos años finiseculares serían, por ejemplo, 1600, 1700, 1800, 1900, 2000, 2100, etc., todos divisibles entre 4. Pero no todos se pueden considerar bisiestos porque no todos son divisibles también entre 400. De hecho, de esta serie de años finiseculares solamente son bisiestos (o divisibles entre 400) el 1600 y el 2000. Los demás no lo son y ya no habrá ningún finisecular bisiesto hasta el año 2400. Semejantes triquiñuelas matemáticas se hicieron para adaptar el calendario gregoriano al movimiento real de la Tierra.

49   Koestler, A. (1985). *Kepler*, Salvat, Barcelona.

En fin, aparte de estos ajustes menores, lo cierto es que la visión de los astros desde la Tierra ha sido siempre fundamental para medir el tiempo y ordenar la vida humana. El firmamento nos permite reflexionar, conducir nuestros pensamientos a la trascendencia y adquirir sabiduría. Tal como escribió el salmista: «Enséñanos de tal modo a contar nuestros días, que traigamos al corazón sabiduría» (Sal 90:12).

32

Origen y singularidad de la Luna

Uno de los muchos misterios que nos continúa planteando la Luna es el de su origen. ¿Cómo llegó a formarse el único satélite natural de la Tierra, que es responsable, entre otras cosas, de las mareas y de la inclinación del eje terrestre, algo que hace posible las estaciones? Desde una perspectiva no científica, la Biblia afirma sencillamente que Dios hizo «la lumbrera menor para que señorease en la noche» (Gn 1:16) y la puso en la expansión de los cielos. No se explica detalladamente cómo realizó tan magna labor porque esa no es la misión de la Escritura. Los científicos, en cambio, se han venido esforzando a lo largo de la historia por intentar comprender cómo se podría haber formado nuestro satélite. La Biblia no tiene por qué entrar necesariamente en contradicción con la astronomía porque esta procura dar razón del *cómo* sucedieron las cosas, mientras que aquella responde al *por qué* ocurrieron.

En la Luna existen más de 1600 cráteres de impacto a los que se les ha puesto nombre propio. Imagen de alta resolución del mayor de ellos, llamado Oriental y que tiene un diámetro de 930 km (NASA).

El ser humano ha imaginado por lo menos cinco teorías para explicar el origen de la Luna. La primera afirma que se trata de un pedazo desprendido de la propia Tierra y se conoce como el *modelo de fisión*. Este modelo supone que la Tierra, al principio de su formación, giraba muy rápidamente sobre sí misma y el día duraba tan solo unas cuatro horas. Semejante velocidad de rotación habría provocado que un enorme trozo del planeta se desprendiera y diera lugar no solo a la Luna, sino también al planeta Marte. El principal problema de este modelo de fisión es que no puede explicar convenientemente las peculiares características de la actual órbita de la Luna.

El segundo modelo es el del *nacimiento conjunto* según el cual la Tierra y la Luna aparecieron a la vez como dos cuerpos separados. Muchos astrónomos creen que el hecho de que la Luna no posea un núcleo metálico tan sólido como el de la Tierra es uno de los inconvenientes principales de esta teoría.

Por su parte, el *modelo de la captura* sostiene también que la Tierra y la Luna fueron creadas separadamente, en los inicios del sistema solar, pero cuando esta se aproximó lo suficiente a la Tierra fue atrapada por la atracción gravitatoria y quedó orbitando a su alrededor hasta el presente. No obstante, al ser tan difíciles las condiciones físicas necesarias para que se produjera semejante captura, este modelo fue descartado. Además, el modelo de la captura tampoco explica el bajo contenido en hierro que presenta la Luna.

Uno de los modelos que goza de gran aceptación en la actualidad es el del *gran impacto*, según el cual la Luna se creó después de que otro planeta del tamaño de Marte chocara con la Tierra joven hace miles de millones de años. Incluso se le puso nombre al hipotético planeta causante del enorme choque, se le denomina Theia en honor a la diosa Tea que según la mitología griega era madre de Selene, la diosa de la Luna. Se supone que este gran impacto entre Theia y la Tierra primitiva se debió producir hace unos 4 500 millones de años y los materiales incandescentes expulsados se fueron enfriando y reuniendo hasta formar la Luna.[50] Este modelo explicaría mejor por qué el interior de nuestro satélite es tan diferente del núcleo terrestre ya que los materiales que los constituyen habrían venido de planetas distintos.

Finalmente, el quinto modelo sería el de varios impactos y sugiere que la Luna se podría haber originado no como consecuencia de un único choque entre la Tierra y otro gran planeta sino como el resultado de una serie de impactos menores.[51] Esto explicaría por qué la Luna parece estar compuesta en su mayor parte por materiales similares a los terrestres y no por una mezcla de restos de la Tierra y otro planeta desconocido. Supuestamente, tales impactos sucesivos habrían puesto en órbita millones de toneladas de

50 Gargano, A. et al., 2020, The Cl isotope composition and halogen contents of Apollo-return samples, *PNAS*, 117 (38) 23418-23425. https://doi.org/10.1073/pnas.2014503117
51 Rufu, R., Aharonson, O., & Perets, H. B., 2017, *A multiple-impact origin for the Moon*, Nature Geoscience, Vol. 10, pp. 89-94.

escombros que por gravedad habrían terminado juntándose y dando lugar a la Luna. De estas cinco teorías, la que parece gozar de mayor aceptación en la actualidad es, como decimos, la del *gran impacto*.[52]

A pesar de que la Luna ha sido el único satélite del sistema solar sobre el que el ser humano ha dejado su huella, el origen lunar presenta todavía numerosos interrogantes ya que se trata de un cuerpo celeste sumamente atípico. Empezando por su gran tamaño con relación a la Tierra. Algunos astrónomos creen incluso que sería mejor hablar del sistema Tierra-Luna, un planeta doble, en vez de un planeta y un satélite. No es normal que planetas rocosos del tamaño de la Tierra tengan un satélite tan grande. Algunos, como Mercurio o Venus, ni siquiera poseen satélite, mientras que otros, como Marte, tienen dos (Fobos y Deimos), pero de forma irregular y muchísimo más pequeños. Si la Luna tiene un diámetro de 3 475 km, el de Fobos solo mide 22 km y el de Deimos algo menos de 13 km. Estos satélites de Marte son tan pequeños que no reflejan suficiente luz solar como para iluminar las noches marcianas. De ahí el dicho popular "más oscuro que las lunas de Marte". ¿Por qué la Luna tiene un tamaño tan grande?

Las enormes dimensiones de nuestro satélite estabilizan la inclinación del eje de la Tierra, lo que permite que el clima sea estable, periódico y muy favorable para la vida. Esta estabilidad se debe a la acción de la gravedad entre la Luna y la Tierra. El eje de la Tierra tiene una inclinación aproximada de 23´5° con relación al plano de la órbita que describe alrededor del Sol. Si tal inclinación fuera mayor o menor, el planeta azul sería menos habitable. De la misma manera, si la Luna fuera más pequeña –como los satélites de Marte– la atracción gravitatoria sería insuficiente para estabilizar el eje terrestre y el clima tampoco sería apto para la biosfera. Es como si todo hubiera sido perfectamente calculado para que pudiera haber vida en la Tierra.

Al orbitar alrededor de nuestro planeta, la Luna actúa como un escudo protector contra los impactos de asteroides peligrosos. Solo hay que observar la cantidad de cráteres de impacto que presenta su superficie para hacerse una ligera idea de la efectividad lunar como parapeto gravitacional. Su gran fuerza de atracción hace que los cuerpos celestes que se acercan demasiado a la Tierra cambien su trayectoria y terminen chocando con la Luna. Es como una gran aspiradora de asteroides que podrían perjudicar gravemente nuestra existencia.

Otra singularidad de la Luna es su escasez en metales pesados. El cálculo de su densidad media revela que posee un núcleo metálico de reducido tamaño en comparación con el terrestre. Sin embargo, las rocas de su

---

52 https://www.eurekalert.org/news-releases/966688

superficie, que fueron recogidas por los astronautas y transportadas a la Tierra, revelaron que la composición química de la corteza lunar es muy parecida a la terrestre. La Luna no necesita tener campo magnético porque allí no hay vida que proteger. Sin embargo, si se produjo esa violenta colisión, de la que hemos hablado, entre la Tierra y el hipotético Theia, eso debió generar la formación del enorme núcleo metálico terrestre, que es el responsable de la creación del fuerte campo magnético que nos protege de las radiaciones peligrosas para la vida.

La Luna influye positivamente sobre la vida en la Tierra permitiendo la existencia de las mareas oceánicas. La atracción gravitatoria entre ambos cuerpos celestes deforma las masas acuosas del planeta, generando fuertes corrientes oceánicas que regulan el clima al permitir la circulación de gran cantidad de calor. Además, las mareas mezclan los nutrientes terrestres con los marinos creando regiones costeras fértiles y llenas de vida. No obstante, si la Luna fuera más grande y generara mareas mayores estas habrían ralentizado la rotación terrestre, creando disparidades temporales y climáticas incompatibles con la vida. En definitiva, si no fuera por las singulares características de la Luna, la vida en la Tierra sería imposible.

Es como si alguien lo hubiera calculado todo meticulosamente desde la eternidad para hacer posible nuestra existencia en el momento adecuado. No creo que esto se deba al azar, a ninguna lotería cósmica o a la intervención de hipotéticas civilizaciones extraterrestres, sino más bien a la acción planificada de un Creador sabio que quiso hacerlo así. No se trata de fe en el naturalismo sino en el sobrenaturalismo. Dios pudo usar accidentes cósmicos, aparentemente aleatorios, con el fin de crear el preciso ambiente adecuado para nuestra existencia. Si hizo todo esto, es porque seguramente tiene un propósito concreto y entonces nuestro destino continúa estando enteramente en sus manos. Tal como señalaron los profetas del Antiguo Testamento, el ser humano continúa necesitando volverse a Dios. Ese es también el mensaje que sigue transmitiendo hasta el día de hoy la poética Luna.

33

El diseño del ciclo hidrológico

Desembocadura del río Muga (Girona). (Foto: Antonio Cruz).

El ciclo del agua en la naturaleza es hoy bien conocido incluso entre los escolares. El agua de los mares se evapora al calentarse por los rayos solares y asciende formando las nubes. Estas son transportadas por los vientos y al llegar a regiones frías —como las cumbres de las altas montañas—, el vapor se condensa y precipita en forma de lluvia, nieve o granizo. Finalmente, los torrentes y ríos arrastran de nuevo el agua a los mares. Semejante ciclo, que actualmente resulta casi una obviedad, no fue sin embargo bien comprendido hasta el siglo XVII, cuando el hidrólogo francés Pierre Perrault lo explicó por primera vez en su libro, *De l'origine des fontaines* (Sobre el origen de las fuentes).[53]

Hasta entonces se creía que el ciclo funcionaba al revés. Se suponía que bajo las inmensas masas acuosas de los océanos, en el subsuelo profundo de las cuencas marinas, había grandes grutas llenas de agua salada infiltrada por gravedad y presión. Como tales cavidades subterráneas se hallaban supuestamente a gran profundidad, su temperatura era muy elevada debido a la proximidad del manto caliente. Dicho calor hacía que el agua

---

53   Perrault, P. (2018). *De l'origine des fontaines*, Wentworth Press, París.

entrase en ebullición y ascendiera por las grietas de las rocas hasta las cumbres de las montañas, formando así las fuentes termales o el nacimiento de torrentes y ríos. Todo este antiguo planteamiento equivocado era consecuencia de no valorar suficientemente el inmenso poder de la evaporación del agua oceánica. Sin embargo, en la Biblia ya se sugería que Dios es grande porque «atrae las gotas de las aguas, al transformarse el vapor en lluvia, la cual destilan las nubes, goteando en abundancia sobre los hombres» (Job 36:26-28).

Hoy sabemos que la importancia del ciclo hidrológico, debida sobre todo a esta transformación del vapor en lluvia, es fundamental para la vida en la Tierra y para el desarrollo de la cultura tecnológica. Aunque se diga que los primeros seres vivos aparecieron en el mar o en las profundidades oceánicas junto a las fumarolas abisales, lo cierto es que la vida inteligente tal como la conocemos no habría podido prosperar en el medio acuático. Los grandes avances científicos y tecnológicos conseguidos por el ser humano no hubieran sido posibles si fuéramos seres con branquias y aletas. Únicamente en el medio aéreo terrestre se puede hacer fuego. En la Luna ni siquiera es posible encender una cerilla porque no hay oxígeno y tampoco bajo el agua de los mares o lagos terrestres.

No obstante, el fuego ha sido esencial en el desarrollo de nuestra civilización. Calentando minerales pueden obtenerse los metales que estos contienen. La mayoría de los experimentos de química y física solo pueden hacerse en presencia de aire. En este medio se descubrieron la electricidad y el electromagnetismo, que tanta aplicación tecnológica han tenido posteriormente. De manera que la ciencia solamente ha podido desarrollarse en el medio aéreo, no en el acuático. Y esto ha sido posible gracias al ciclo del agua en la naturaleza, que no solo depura continuamente las aguas del planeta, sino que también proporciona, como veremos, todos los minerales que necesitamos para vivir. Si la lluvia o el vapor de agua no cayeran intermitentemente sobre los continentes, estos serían desiertos secos y estériles. No habría bosques, sabanas, selvas, ni praderas. No existirían manadas de herbívoros, ni carnívoros depredadores, ni tampoco el propio ser humano. Por lo tanto, nuestra existencia y la de la ciencia resultan posibles gracias al singular fenómeno del ciclo del agua en la naturaleza. ¿Es esto algo puramente accidental o evidencia quizás de una planificación previa?

34

La molécula de agua

Lo que hace posible todo el ciclo hidrológico son algunas curiosas propiedades de este "líquido elemento". El agua es capaz de adoptar tres estados físicos (líquido, sólido y gaseoso) a las temperaturas habituales que se dan en la Tierra. Los mares, los glaciares y las nubes son claros ejemplos de estos tres estados diferentes. Sin embargo, semejante característica es algo extraordinario e inusual entre los miles de sustancias existentes en el planeta. No se conocen otros compuestos de la corteza terrestre, ni de la atmósfera, capaces de adoptar estos tres estados de la materia en las condiciones ambientales propias del planeta azul. Las rocas y los minerales siempre suelen estar en estado sólido a temperatura ambiente; nunca se los ve derretirse o evaporarse. Lo mismo pasa con otros gases atmosféricos, como el oxígeno o el nitrógeno, que no se condensan ni solidifican a las temperaturas propias de la Tierra. Solo las moléculas de agua (H_2O) son capaces de adoptar estos tres estados a temperatura ambiente y por tanto permitir el ciclo hidrológico en la biosfera.

Se ha calculado que, gracias a tal fenómeno natural, cada día se evaporan alrededor de 875 kilómetros cúbicos de agua oceánica en el mundo y que en unos 3000 años toda el agua de los océanos atraviesa la atmósfera y regresa de nuevo a las cuencas oceánicas, por medio de la evaporación y la precipitación.[54] Nunca llega agua del espacio exterior. El agua terrestre es siempre la misma y se recicla continuamente. La que bebemos nosotros hoy, ya la bebieron también nuestros antepasados. ¿No es esto algo sorprendente?

Es poco viscosa

Una segunda propiedad del agua es su *baja viscosidad*. Se llama «viscosidad» de un líquido a la resistencia que este opone a deformarse. Por ejemplo, la miel, el aceite o los champús son mucho más viscosos que el agua porque oponen más resistencia a la deformación. Se mueven con dificultad, mientras que el agua es mucho más fluida, se adapta rápidamente a

---

54 Denton, M. (2022). *The Miracle of Man. The Fine Tuning of Nature for Human Existence*, Discovery Institute Press, Seattle, pp. 33-34.

cualquier superficie o continente y se desplaza rápidamente. Esta alta movilidad del agua permite que circule velozmente por los arroyos y torrentes de las montañas hasta llegar al mar, cerrándose así el ciclo. Pero, a la vez, gracias a esta baja viscosidad del agua, que también forma parte de los fluidos corporales, la sangre puede desplazarse eficazmente por el torrente sanguíneo y por los órganos de animales y humanos. Se trata de una propiedad física que tiene numerosas consecuencias para la vida.

Si la viscosidad del agua fuera algo mayor de lo que es, su poder erosivo sobre las rocas se vería notablemente disminuido y no sería eficaz. Sin embargo, cuando todas estas propiedades del agua actúan juntas, la erosión y meteorización que producen resultan notablemente eficientes. Uno de los ejemplos más significativo del poder erosivo del agua es el de las famosas cataratas del Niágara (entre Estados Unidos y Canadá). Se cree que hace unos 12 000 años, este salto de agua estaba situado unos 11 kilómetros río abajo, en la localidad de Lewiston.[55] Lo cual indica que el río erosiona aproximadamente unos 30 centímetros de roca cada año.

Cataratas del Niágara vistas desde el lado canadiense. (Foto: Antonio Cruz).

No requiere intermediarios

Sabemos que el agua es fundamental para la vida. Sin ella no se puede vivir y nuestro cuerpo necesita reponerla con más urgencia que otros nutrientes. Ahora bien, es como si alguien conociera tal necesidad prioritaria

55   Visitar Niágara. (6 de mayo de 2024). "Curiosidades, cifras y datos de interés sobre las cataratas del Niágara", Visitar Niágara, https://www.visitarniagara.com/visita/curiosidades-cifras-y-datos-de-interes-sobre-las-cataratas/#Las_cataratas_se_trasladan_ano_a_ano.

y hubiera hecho que el agua se reciclara directamente a sí misma y *se ofreciera sin intermediarios* para permitir la vida en el planeta.

Comparémosla por ejemplo con un producto más elaborado por el hombre como puede ser la gasolina. También es un líquido sin el cual, hoy por hoy, no puede funcionar la moderna sociedad. Quizás algún día se usen nuevos combustibles más respetuosos con el medioambiente, pero de momento no es así. Sin el transporte que facilita tal sustancia, es difícil ver cómo podría funcionar nuestra civilización. Pero, para que la gasolina llegue a los motores de los vehículos, se requieren sistemas de refinado y desplazamiento adecuados, como enormes plataformas de extracción, refinerías, kilómetros de tuberías incluso en el fondo del mar, barcos de gran tamaño, grandes flotas de camiones cisterna, trenes especializados, etc. Este combustible orgánico es incapaz de recorrer por sí mismo la distancia que media entre los pozos petrolíferos y nuestros autos. Sin embargo, el agua posee entre sus propiedades la de entregarse a la tierra directamente desde la atmósfera, mediante el ciclo hidrológico y sin ningún intermediario ni proceso costoso de refinación. Uno puede arrodillarse en cualquier fuente natural de alta montaña y beber toda la que desee sin coste alguno. Nos hemos acostumbrado a ello y no le damos importancia, pero ¿acaso no resulta algo sorprendente?

Proporciona minerales

Otra importante función del agua en la naturaleza es el incesante *aporte de minerales* que realiza a los ecosistemas. En efecto, los innumerables arroyos de montaña, torrentes y ríos erosionan las rocas de sus cauces, arrancándoles los minerales que estas contienen y transportándolos hacia las aguas subterráneas, al suelo y a los humedales de las regiones bajas. Semejante distribución vital de minerales esenciales para la vida ocurre porque las moléculas de agua poseen unas características muy especiales.

Es el disolvente universal

El agua es considerada como el *disolvente universal* ya que es el líquido que más sustancias es capaz de disolver. Esto se debe a la presencia de unos enlaces, llamados *puentes de hidrógeno*, que le permiten unirse a muchas clases de moléculas diferentes y disolverlas. El agua puede así desgastar las rocas y extraer sus preciados minerales, gracias también a la acción del ácido carbónico disuelto en ella. De manera que la inmensa mayoría de las sustancias químicas conocidas son susceptibles de disolverse en el agua. Este ácido carbónico, que es fundamental en los procesos de meteorización de la corteza terrestre, se obtiene mediante la reacción del dióxido de carbono (CO_2) con el agua.

Rompe las rocas

La *tensión superficial* del agua y el *aumento de su volumen* cuando se congela constituyen dos propiedades imprescindibles para fracturar las rocas. La primera puede definirse como la fuerza de cohesión que existe entre las moléculas de la película superficial del agua. Esta tensión superficial del agua es mayor que la de otros líquidos (a excepción del mercurio) porque los enlaces o puentes de hidrógeno poseen una elevada cantidad de energía. Tal fenómeno es el que permite, por ejemplo, colocar horizontalmente una aguja sobre la superficie del agua de un vaso sin que esta se hunda y también la flotabilidad de pequeños insectos como los famosos zapateros de la especie *Gerris lacustris*.

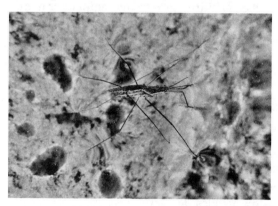

Pareja de zapateros (*Gerris lacustris*) en pleno apareamiento. Ni siquiera el peso de ambos consigue romper la tensión superficial del agua. (Foto: Antonio Cruz).

Cuando a la tensión superficial del agua, con la consiguiente capilaridad que hace que esta se introduzca por todos los resquicios y fisuras de las rocas, se le une el aumento del 10 % de su volumen por congelación, se obtiene un mecanismo muy eficaz para disgregar, trocear y romper las rocas, que liberarán así sus preciosos minerales. Este proceso forma parte importante de la llamada *meteorización mecánica*, que contribuye a aumentar la superficie de las rocas para que sobre ellas actúe después la *meteorización química*. Todo esto solamente es posible porque el agua existe en los tres estados (líquido, sólido y gaseoso) a las temperaturas habituales de la Tierra. Algo casi exclusivo, único y anómalo de las moléculas de agua.

De la misma manera, el agua helada de los glaciares ejerce un notable poder erosivo sobre las rocas de las montañas, generando característicos valles en forma de U. Al tener una baja viscosidad, permite el deslizamiento lento de las masas heladas con el consiguiente desgaste de las rocas del cauce. Este hielo en movimiento arrastra rocas de diversos tamaños que actúan como papel de lija sobre las paredes y el lecho del glaciar.

Todo esto resulta posible gracias a las extraordinarias propiedades físicas y químicas de las moléculas de agua movidas por el ciclo hidrológico, que no solo proporcionan nutrientes minerales esenciales para la vida en la Tierra, sino que, a la vez, modelan el relieve de la litosfera dándole una belleza singular a las montañas y a los diversos paisajes. A mi entender, existe en tales procesos una *sinergia* y una extraordinaria *teleología*. Es decir, una acción conjunta de varios fenómenos diferentes que se suman para realizar la misma función. No se trata solo de una simple sucesión de causas y efectos físicos al azar, sino que aparece un cierto orden dirigido hacia fines concretos que las cosas tienden a realizar. Como si algo o alguien los hubiera dispuesto así para hacer posible la vida en la biosfera terrestre.

El agua crea los suelos

Sin embargo, los fenómenos relacionados con el ciclo del agua no se detienen ahí. Para que dicha agua cargada de nutrientes llegue a los seres vivos es necesario que sea retenida en los distintos tipos de suelos y empape convenientemente los materiales rocosos hasta alcanzar su nivel freático. Los acuíferos proporcionan un suministro continuo de agua y alimento que son absorbidos por las raíces de los vegetales terrestres. Es muy curioso y significativo que el mismo proceso natural realizado por el agua para obtener distintos nutrientes, como la erosión y meteorización de las rocas, produzca también los elementos necesarios para dar lugar a la formación de los suelos que retienen el agua.

En efecto, los granos de arena, arcilla y limo arrancados de las rocas formarán más tarde sustratos, más o menos porosos, que retendrán el agua y los nutrientes imprescindibles para la vida. Estas partículas del suelo generan un complejo laberinto de poros que conservan el agua como si se tratase de una inmensa esponja. En dichos mantos acuíferos, el agua se mueve más por capilaridad que por gravedad, constituyendo una reserva vital para la biosfera. Como la lluvia no suele ser constante en ningún lugar del mundo, los acuíferos proporcionan un suministro continuo para los requerimientos hídricos y nutritivos de las plantas. Por tanto, el ciclo del agua proporciona los elementos vitales necesarios y, al mismo tiempo, unos suelos adecuados para retenerlos y ofrecerlos a la vegetación. Posteriormente se beneficiarán también los animales herbívoros y los carnívoros.

Providencia y diseño

La forma en que los distintos elementos del ciclo hidrológico trabajan juntos y se adecúan para permitir la vida en la Tierra es sencillamente impresionante. La capacidad única del agua para existir en los tres estados físicos que permite la temperatura ambiente terrestre, su baja viscosidad, su capacidad de meteorización y erosión de las rocas para extraer de ellas los nutrientes esenciales a la vida, así como la creación de los suelos capaces de retener dichos nutrientes disueltos en agua constituyen un poderoso argumento a favor de que la biosfera de la Tierra está afinada para la vida.

Es sorprendente que todas estas propiedades físicas y químicas del agua, que se han ido mencionando, colaboren entre sí a distintos niveles con la única finalidad de hacer posible la vida en la Tierra. En el ciclo del agua se observa lo que el biólogo Michael Denton llama una «jerarquía teleológica».[56] O sea, un conjunto único de propiedades que es anterior y absolutamente necesario para que se dé un segundo conjunto idóneo de propiedades, que a su vez, es también necesario para que se dé un tercer conjunto de características necesarias para permitir la vida. En el ciclo hidrológico, por ejemplo, dicha jerarquía teleológica se aprecia primero en la capacidad única del agua para existir en los estados líquido, sólido y gaseoso, a temperatura ambiente. Un segundo nivel sería el de las propiedades químicas del agua que permiten la erosión y meteorización de las rocas con el fin de formar los suelos. Mientras que el tercer nivel teleológico lo constituiría el de la idoneidad de los suelos así formados para retener el agua y los nutrientes vitales que permitirán el desarrollo de la vegetación y del resto de la cadena alimentaria en los ecosistemas.

Además, hay que tener en cuenta que esta singular jerarquía teleológica no solo se da en el ciclo del agua propio del medio aéreo y terrestre. También existen otros conjuntos de aptitud ambiental relacionados entre sí, como los que hay en todos los ambientes del medio marino, desde los arrecifes de coral hasta las fumarolas abisales, o en el subsuelo oceánico y continental, etc., que son igualmente extraordinarios. Por tanto, el ciclo hidrológico forma parte de un complejo superconjunto mayor de aptitud previa que parece especialmente diseñado para hacer posible la vida y la civilización en el planeta azul. Y esto, qué duda cabe, permite pensar en la existencia de un ser trascendente e inteligente que proyectó el cosmos con sabiduría. Por el contrario, decir que todo es fruto del azar y la casualidad —como afirmaba el biólogo Jacques Monod—, o que somos la creación de alguna hipotética civilización extraterrestre —como creía Francis Crick—, no parecen las mejores respuestas.

---

56   Denton, M. (2022). *The Miracle of Man. The Fine Tuning of Nature for Human Existence*, Discovery Institute Press, Seattle, p. 42.

Los gases de la atmósfera

Las nubes están formadas por gotas microscópicas de agua y/o pequeños cristales de hielo suspendidos en la atmósfera debido a la condensación del vapor de agua. Habitualmente suelen ser de color blanco, aunque pueden oscurecerse al aumentar su espesor óptico.

Uno de los discos producidos en Francia —más vendidos de la historia— es el álbum de música electrónica del francés Jean Michel Jarre. Se compuso en 1976 mediante varios sintetizadores analógicos y otros aparatos electrónicos de la época. Pronto se convirtió en un superventas y llegaron a distribuirse alrededor de 15 millones de copias por todo el mundo. Se considera el álbum musical que lideró la revolución de los sintetizadores en los años setenta. Su título es *Oxygène* (Oxígeno) y la portada está inspirada en una pintura del artista Michel Granger, que representa la Tierra resquebrajándose y dejando ver en su interior un macabro cráneo humano. Una imagen provocativa capaz de sugerir diversas interpretaciones. Se me ocurre una muy evidente: un bello planeta diseñado para la vida y el desarrollo de la humanidad está siendo destruido por la propia civilización del hombre. Al alterar el equilibrio de los gases atmosféricos, por las emisiones industriales, el planeta se recalienta y sobrevienen numerosos males.

A pesar de todo, el oxígeno sigue siendo el gas por excelencia, imprescindible para la vida de las especies más desarrolladas. Aparte de algunos organismos unicelulares que pueden vivir sin él, la inmensa mayoría estamos siempre demandándolo porque si nos faltara pereceríamos.

En efecto, el cuerpo de los seres vivos siempre está hambriento de oxígeno. Las células que constituyen todos los tejidos lo necesitan ya que sobreviven gracias a la energía que obtienen oxidando los alimentos. Si en algún momento este gas les llegara a faltar, como ocurre en los derrames cerebrales o los ataques cardíacos, las células detendrían sus reacciones metabólicas y morirían, matando también a todo el organismo.

La reacción química universal que determina tal imperiosa necesidad de oxígeno es la oxidación y reducción de ciertos compuestos de carbono tales como azúcares, grasas y proteínas:

$$CH \text{ (azúcar/grasa)} + O_2 \rightarrow CO_2 + \text{agua} + \text{Energía (ATP y calor)}$$

Al oxidarse, estos compuestos producen dióxido de carbono (CO_2), agua, energía en forma de moléculas de ATP (adenosín trifosfato) y calor. Los biólogos llaman al ATP la "moneda energética" porque es capaz de almacenar la energía que requieren las células para hacer todo lo que hacen. Es, por tanto, la moneda que mueve el mundo de la economía celular y hace posible la vida aeróbica (en presencia de aire).

Esta reacción de oxidación se produce también al quemarse un bosque, pero con resultados muy diferentes. La madera que arde amenazante en presencia de oxígeno libera todo el calor de golpe y pronto se convierte en cenizas.

$$CH \text{ (madera)} + O_2 \rightarrow CO_2 + \text{agua} + \text{Energía (calor)}$$

La diferencia entre ambas reacciones está en que mientras la madera que arde libera toda su energía rápidamente en forma de calor, las células de los seres vivos lo hacen lentamente, en forma de moléculas de ATP, que irán cediendo la energía almacenada en sus enlaces según las necesidades metabólicas.

Es verdad que no todos los seres vivos obtienen la energía necesaria por medio de esta reacción de oxidación. Algunos son capaces de sobrevivir en ausencia de oxígeno, como las bacterias anaeróbicas, que la obtienen por medio de una cadena de transporte de electrones; o las levaduras, que dependen de la fermentación. Sin embargo, estas reacciones químicas no generan la cantidad de energía que aportan las oxidaciones. De ahí que los organismos que las realizan sean todos microscópicos. Los grandes animales y vegetales de la Tierra solamente pueden suplir sus elevadas necesidades energéticas mediante reacciones de oxidación y reducción. Es la singular molécula de oxígeno (O_2) la que libera la energía necesaria que permite volar a las mariposas, nadar a los peces, hacer que los cernícalos se ciernan inmóviles en el aire y que el ser humano construya artilugios para viajar por el espacio. Toda vida compleja basada en el carbono depende de las oxidaciones para obtener la energía metabólica que necesita.

Si no hubiera oxígeno, la vida en la Tierra estaría limitada a organismos minúsculos como los microbios. La biosfera sería solo una delgada película formada por bacterias anaeróbicas. Sin embargo, las moléculas de oxígeno se están formando continuamente en la atmósfera terrestre, gracias a la compleja reacción de la fotosíntesis para permitir no solo la vida microscópica, sino también la de las plantas y los animales complejos como nosotros. Por eso quienes buscan vida fuera de la Tierra consideran que la presencia de oxígeno en la atmósfera de cualquier exoplaneta supone un importante indicio, o una *biofirma*, de que tales astros podrían albergarla. Hoy por hoy, no existe ninguna confirmación de vida fuera del planeta azul. De manera que las particulares características del oxígeno son pues previas para la existencia de vida y de nosotros mismos.

Siempre se ha sabido que el aire es fundamental para nuestra existencia. Desde otra perspectiva no científica, la Biblia se refiere a él en numerosas ocasiones, incluso para indicar que el propio Dios «se paseaba por el huerto, al aire del día» (Gn 3:8). Sin embargo, la primera pareja humana tenía algo que esconder y también ellos se ocultaron de su presencia. En Deuteronomio, se corrobora algo evidente, «que las aves vuelan por el aire» (Dt 4:17) ya que no solo lo necesitan para respirar, sino también para trasladarse. Pero Job irá aún más lejos al señalar que también «las chispas se levantan para volar por el aire», refiriéndose a las aflicciones que tiene que soportar toda persona mientras viva en este mundo sometido al mal. Y el autor de los Proverbios dirá que hay cosas, en este mismo mundo material, que el ser humano es incapaz de comprender o seguir, como «el rastro del águila en el aire», que únicamente Dios puede conocer (Prov 30:19).

De la misma manera, el Nuevo Testamento se refiere al aire para señalar que a veces los creyentes rayamos el absurdo y que, por el contrario, debemos vivir de manera inteligente. Cada cristiano tiene que batallar en este mundo «no como quien golpea el aire» (1 Cor 9:26), o dando palos de ciego como se diría en castellano, sino negándose a sí mismo y sabiendo que todo lo que hacemos tiene que ser para el Reino de Dios. Tampoco se debe «hablar al aire» (1 Cor 14:9), sino ser comprensibles o inteligibles en todo lo que decimos y hacemos. El apóstol Pablo nos recuerda la doctrina de la parusía y dice, refiriéndose a los creyentes que hayan quedado vivos al final de los tiempos, que recibirán al Señor en el aire (1 Ts 4:17). Mientras tanto, hay que continuar luchando contra el maligno porque él sigue siendo hasta el presente el «príncipe de la potestad del aire» (Ef 2:2).

36

El cielo vital

Imagen de la Luna tomada por el autor en marzo (2019) desde Barcelona (España).

Sabemos que para que pueda darse la fotosíntesis en los vegetales con clorofila de la Tierra, la luz del Sol debe atravesar la atmósfera y llegar hasta la superficie terrestre. Al mismo tiempo, la radiación infrarroja proveniente del astro rey tiene que ser absorbida por dicha atmósfera para calentar convenientemente el planeta y permitir así todas las reacciones bioquímicas implicadas en los procesos vitales. Estas dos condiciones son posibles a la vez gracias a la transparencia y singularidad de la atmósfera que nos envuelve. Una parte de los rayos infrarrojos que arriban al suelo y penetran también en las moléculas de agua de nubes, mares y células contribuyen a calentar la biosfera y a elevar la temperatura de la superficie terrestre hasta los 15 grados centígrados de media. Algo imprescindible para la vida.

Si la atmósfera fuera incapaz de absorber esta fracción del calor solar, la Tierra se parecería a la Luna, que carece de ella. Es decir, durante la noche el termómetro bajaría hasta los 178 grados centígrados bajo cero (-178 °C) y en el día se alcanzaría la temperatura a la que hierve el agua en nuestro planeta, a nivel del mar (100 °C). Es decir, variaciones térmicas absolutamente incompatibles con el desarrollo natural de la vida. Por otro lado, si la atmósfera absorbiera más calor del necesario, esto también sería desastroso para la vida porque la Tierra se recalentaría excesivamente, creándose un efecto invernadero como el de Venus. Este planeta posee una atmósfera densa de dióxido de carbono, con nubes de ácido sulfúrico, que atrapan el calor solar, alcanzando en su superficie temperaturas de 453 grados centígrados. Un auténtico infierno estéril.

Esto pone de manifiesto la extraordinaria singularidad de la atmósfera terrestre. Su patrón de absorción de la radiación electromagnética, en la región infrarroja, es capaz de retener el calor adecuado para la vida y de reflejar el resto al espacio. Entre los picos cruciales de absorción hay una estrecha ventana de expulsión que es tan importante para la vida como los propios picos. Al poseer dicha ventana espectral, la atmósfera de la Tierra evita que esta se convierta en un satélite estéril como la Luna o en un planeta nocivo como Venus. Sin esta estrecha ventana no existiríamos. Por tanto, constituye otro ejemplo más de ajuste fino para la vida en el planeta azul.

La luz solar puede atravesar la atmósfera y penetrar en los mares porque tanto el aire como el agua son transparentes a la radiación visual. Esto, entre otras muchas cosas, hizo posible el desarrollo de la ciencia y la tecnología humanas. Poder estudiar las estrellas y el cosmos nos convirtió en lo que somos. Si la atmósfera terrestre hubiera sido tan opaca a la luz como la de Venus, Júpiter o Neptuno, esto no habría sido posible. Por tanto, la singular capa de gases que envuelve la Tierra, mantenida siempre en su sitio por acción de la gravedad, no solamente deja pasar la luz adecuada a la vida, sino que, a la vez, evita las radiaciones peligrosas que podrían acabar con ella y además es lo suficientemente clara para permitirnos estudiar las regularidades de las estrellas y pensar en su Creador. Con razón dijo el salmista:

Cuando veo tus cielos, obra de tus dedos,
La luna y las estrellas que tú formaste,
Digo: ¿Qué es el hombre, para que tengas de él memoria,
Y el hijo del hombre, para que lo visites? (Sal 8:3, 4)

37

La luz del Sol

Las personas, igual que el resto de los animales, necesitan alimentarse de materia orgánica para vivir. Debemos consumir glúcidos o azúcares, lípidos o grasas, así como proteínas, vitaminas, agua y sales minerales. Nada de esto lo podemos fabricar nosotros mismos, sino que lo obtenemos nutriéndonos de animales, vegetales y otros productos del medioambiente. Sin embargo, en las plantas no suele ser así. Los vegetales que poseen moléculas de clorofila pueden captar la energía proveniente del Sol y así, por medio de la reacción química de la fotosíntesis, convertir el dióxido de carbono y el agua en azúcares como glucosa, fructosa, sacarosa, etc., liberando oxígeno como subproducto. Tales azúcares vegetales constituyen la base de todas las cadenas alimentarias de los ecosistemas. No obstante, ningún organismo puede vivir solo de azúcares. Se requieren también otros elementos químicos, como nitrógeno, fósforo, potasio, azufre, hierro, calcio, magnesio, etc., que son captados a su vez del suelo y del aire por las raíces de las plantas, pasando así a los animales herbívoros que los consumen, después a los carnívoros y finalmente a los carroñeros y descomponedores.

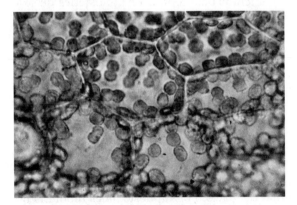

Células vegetales de musgo en las que se aprecian numerosos cloroplastos circulares de color verde, ricos en moléculas de clorofila, lo que les permite realizar la fotosíntesis (600x).

De ahí que las plantas verdes, tanto terrestres como acuáticas, las algas y algunas bacterias, sean consideradas como los *productores primarios* de la materia orgánica, ya que toda la energía solar que fluye en cualquier ecosistema es captada por estos vegetales que son la base sustentadora de todo. También se les llama seres *autótrofos* porque elaboran su propio alimento orgánico tomando del medio solo sustancias inorgánicas sencillas y energía. A todos los demás organismos que no pueden realizar este proceso de fotosíntesis, como las personas, los animales y muchas bacterias, se les denomina *heterótrofos* porque deben obtener sus macromoléculas consumiendo a otros organismos.

¿Cómo se originó este singular proceso fotosintético? Los libros de texto de biología parecen saberlo cuando afirman:

> Hace unos tres mil millones de años, una combinación novedosa de moléculas que absorbían la luz y enzimas dio a una célula bacteriana la capacidad de convertir energía luminosa en energía química de los enlaces carbono-carbono y carbono-hidrógeno de los azúcares. (...) El origen de la fotosíntesis es uno de los grandes acontecimientos en la historia de la vida. Desde que este proceso evolucionó, los organismos fotosintéticos han dominado la Tierra en lo que respecta a abundancia y masa.[57]

Desde luego, no se puede exagerar la importancia de la fotosíntesis ya que es evidente que gracias a ella nuestro planeta resulta habitable. Se supone que dicha reacción química aumentó la concentración atmosférica de oxígeno, permitiendo así la vida compleja de los seres superiores. Siguiendo el paradigma evolucionista, la fotosíntesis se concibe como el gran invento casual de algunas bacterias del pasado.

Sin embargo, los problemas surgen a la hora de determinar cómo pudo evolucionar un proceso tan complejo —cuya maquinaria química abruma la imaginación humana— en unas de las células más simples que se conocen. Imaginar las etapas graduales necesarias desde una bacteria no fotosintética hacia otra que sí lo es resulta una tarea absolutamente pasmosa. De ahí que se hayan propuesto escenarios como el que afirma que las bacterias emplearon máquinas bioquímicas ya existentes usadas para otras funciones o que unas bacterias compartieron su tecnología con otras mediante transferencia horizontal de genes. Por supuesto, tales hipótesis no satisfacen a todos los especialistas porque no explican realmente el origen de tal reacción fotoquímica y muchos se muestran escépticos. ¿Cómo es posible que una función tan eficiente y compleja como la fotosíntesis haya

---

57   Freeman, S. (2009). *Biología*, Pearson Educación, Madrid, p. 198.

aparecido por puro azar? Imaginar historias no es lo mismo que demostrarlas. Actualmente, la ciencia no sabe cómo pudo ocurrir esto. Sin embargo, muchos investigadores aferrados al materialismo se siguen resistiendo a admitir lo que resulta más evidente y lógico. Es decir, la realidad de un diseño inteligente en el origen de la vida y de la fotosíntesis.

El oxígeno que necesitamos continuamente proviene de la luz solar, así como también los azúcares y las grasas que oxidamos para obtener energía metabólica. Todo esto se origina en la reacción fotosintética producida en los cloroplastos de las plantas verdes y el combustible inagotable que la provoca es la energía lumínica proveniente del Sol. Esto es bien conocido. Sin embargo, lo que no suele tenerse siempre en cuenta —sobre todo en los textos escolares— es cuán improbable resulta dicho proceso. En efecto, que la radiación solar sea idónea para la vida en la Tierra depende de varias "coincidencias" extraordinarias y altamente improbables que se dan en la naturaleza. Las características del espectro electromagnético, así como de la estrecha banda de la luz visible, la infrarroja y, en general, la luz proveniente de las estrellas, confluyen para hacer posible nuestra existencia en eso que Carl Sagan llamaba «un punto azul pálido» del cosmos.

El espectro electromagnético de la luz solar

La radiación solar que llega a nuestro planeta posee diversos niveles de energía que constituyen el llamado *espectro electromagnético* de la luz, ya que se trata de radiación electromagnética. Esta energía depende en realidad de la longitud de onda de las distintas radiaciones, que puede ser extremadamente baja (de miles de kilómetros); media, como las ondas de radio (de un kilómetro a un metro); las microondas de los radares (de un centímetro a un milímetro); los rayos infrarrojos (cuya longitud de onda está comprendida entre un milímetro y un micrómetro), que experimentamos como calor cuando los rayos solares tocan nuestra piel; la luz visible para el ojo humano (entre 700 y 400 nanómetros aproximadamente —un metro equivale a 10^9 nanómetros—), que ocupa una franja extremadamente delgada; y, por debajo de estas magnitudes, estarían ya las longitudes de onda más altas, como la luz ultravioleta, los rayos X, los rayos gamma y los rayos cósmicos. Cada una de tales radiaciones solares interactúa con la materia de forma diferente, debido a sus distintas longitudes de onda. Estas pueden ejemplarizarse por medio de las ondas que se producen en la superficie del agua de un estanque cuando se arroja una piedra. Pequeñas, si la piedra es pequeña, o grandes si esta es mucho mayor.

Cuando la longitud de onda es muy pequeña, la radiación solar posee mucha energía y esta es capaz de arrancar electrones de las macromoléculas de las células, con lo que acaba destruyéndolas o provocando mutaciones indeseables. Esto es lo que pueden hacer los rayos gamma, los rayos X e incluso los ultravioletas. Por el contrario, las radiaciones de onda muy larga son poco energéticas y por tanto demasiado débiles como para arrancar electrones de la materia viva o modificar negativamente su ADN. Tales son las ondas de radio, las microondas y los rayos infrarrojos. Únicamente la región del espectro ocupada por la luz visible —que constituye una mínima parte del mismo— aporta la energía adecuada para permitir la fotosíntesis, una química controlable y por tanto la vida en el planeta. Resulta que en el amplísimo espectro electromagnético de la emisión solar solo una ínfima franja de radiación es apta para la vida y esta es prácticamente la luz que podemos ver, más un poco del rango ultravioleta próximo y otro poco del infrarrojo cercano.

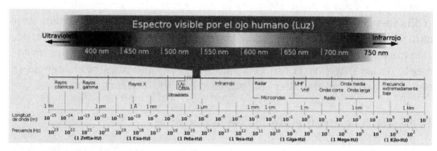

(Wikipedia).

Para hacerse una ligera idea de lo que esto supone, hay que tener en cuenta que existen ondas de radio, en el espectro electromagnético, cuya frecuencia es extremadamente baja, de hasta cien mil kilómetros entre cresta y cresta de onda. Mientras que, por el otro extremo, algunas ondas gamma muy energéticas poseen distancias de tan solo 10^{-17} metros entre crestas consecutivas de onda (esto es solamente una fracción del diámetro de un núcleo atómico). Pues bien, entre estos dos extremos del espectro completo, existe toda una infinidad de posibilidades de longitudes de onda —se calcula que alrededor de diez cuatrillones o, lo que es lo mismo, un uno seguido de 25 ceros (10^{25})—.[58] Ante tal increíble magnitud de posibilidades, resulta que la vida solo puede funcionar en una determinada longitud de onda visible. En una diminuta banda del espectro con longitudes de onda comprendidas entre 380 y 750 nanómetros. Lo sorprendente es que en esta estrechísima banda es precisamente en la que el Sol emite casi la mitad de su radiación que hace posible la vida compleja.

58   Denton, M. (2022). *The Miracle of Man. The Fine Tuning of Nature for Human Existence*, Discovery Institute Press, Seattle, p. 51.

El calor del Sol

Otra parte importante de la radiación solar es la comprendida entre longitudes de onda de 750 a poco más de 2500 nanómetros. Se trata de otra estrecha banda infrarroja responsable del calor que experimentamos cuando los rayos solares inciden en nuestra piel. Sin esta radiación, la Tierra sería como un desierto helado similar a la superficie de tantos exoplanetas descubiertos hasta el presente o a la propia Antártida. Sin embargo, nuestro planeta está repleto de vida porque los gases atmosféricos, al absorber dicho calor solar, proporcionan la temperatura idónea que hace posible la química de los seres vivos. Gases como el dióxido de carbono (CO_2), el metano (CH_4), el vapor de agua (H_2O), el óxido de nitrógeno (NO) o el ozono (O_3) son algunos de los que contribuyen a retener en la atmósfera el calor solar y a crear un efecto de invernadero imprescindible para la vida. Si no existieran dichos gases, la temperatura media en la superficie terrestre sería demasiado baja (de alrededor de -18 °C, en vez de la media actual que es de +15 °C).

El actual problema del cambio climático se debe a que este necesario efecto invernadero natural se ha visto acentuado en los últimos años por la acción humana. A raíz de la Revolución industrial, se empezaron a usar combustibles fósiles que lanzaban a la atmósfera, entre otras cosas, dióxido de carbono y metano. Esto ha elevado peligrosamente la temperatura media de la superficie terrestre, deshelando los glaciares, elevando el nivel medio de los océanos y provocando los desajustes climáticos conocidos.

Por tanto, este rango de radiación solar es imprescindible para la vida en la Tierra debido sobre todo a dos razones fundamentales: nos llega en la longitud de onda precisa para permitir la fotosíntesis en las plantas verdes y con ello la subsistencia de toda la cadena trófica animal; y además, dicha radiación mantiene la temperatura idónea (unos 15 °C de media) para hacer posible la biología de todos los seres vivos. Una vez más, de entre una inmensidad de posibles radiaciones provenientes del Sol, aquellas que nos permiten existir se encuentran en el centro mismo del espectro.

La luz de las estrellas

El ser humano ha venido mirando el cielo nocturno desde la más remota antigüedad porque, tal como escribió el evangelista Juan, «la luz en las tinieblas resplandece, y las tinieblas no prevalecieron contra ella» (Jn 1:5). El firmamento estrellado inspiró la imaginación humana y muchas culturas divinizaron el Sol, la Luna y las estrellas. Creyeron que eran dioses amenazantes con peligrosos poderes sobre los mortales. Otros vieron constelaciones a las que llamaron con nombres de animales como Aries, Leo,

Tauro, Escorpio, Cáncer o Piscis que podían influir en el comportamiento o el carácter humano. Sin embargo, la Biblia se refiere a las estrellas con cordura y austeridad. Las trata como lo que realmente son: lumbreras o meros objetos físicos creados. El libro de Génesis describe la creación de los astros luminosos con estas palabras:

> Dijo luego Dios: Haya lumbreras en la expansión de los cielos para separar el día de la noche; y sirvan de señales para las estaciones, para días y años, y sean por lumbreras en la expansión de los cielos para alumbrar sobre la tierra. Y fue así. E hizo Dios las dos grandes lumbreras; la lumbrera mayor para que señorease en el día, y la lumbrera menor para que señorease en la noche; hizo también las estrellas. (Gn 1:14-16)

Imagen del cielo nocturno tomada cerca de Villarluengo (Teruel).

Mucho se ha especulado sobre las estrellas a lo largo de la historia. Sin embargo, su verdadera naturaleza no se ha comprendido bien hasta el presente. Las estrellas son en realidad *lumbreras,* es decir, enormes bolas de plasma muy caliente que emiten luz, entre otras muchas radiaciones electromagnéticas. Dicho plasma es un estado de la materia en el que buena parte de los átomos han sido despojados de sus electrones. Es como una sopa de núcleos atómicos y electrones formada básicamente por hidrógeno y helio.[59] Analizando la luz estelar que nos llega, se han podido averiguar muchas cosas. Hoy sabemos, por ejemplo, que la luminosidad de una estrella depende directamente de su temperatura en superficie. En el caso del Sol, dicha temperatura ronda los 6000 grados centígrados y esto hace que

---

59   Català Amigó, J. A. (2021). *100 qüestions sobre l'univers,* Cossetània, Barcelona, p. 85.

la mayor parte de la radiación emitida sea en forma de luz visible y calor. Otras estrellas con temperaturas en superficie mayores emiten radiaciones ultravioletas o superiores que son incompatibles con la vida. Sin embargo, la mayoría de las estrellas del universo son similares a nuestro Sol y emiten por debajo de los 6000 °C, en forma de luz visible e infrarroja.

Esto es una coincidencia notable ya que es como si todo el cosmos estuviera "pensado" con el fin de generar la luz adecuada para la vida. Que la mayor parte de la radiación solar se compacte en el espectro visible y en el infrarrojo cercano, es algo que viene determinado por leyes físicas que son completamente diferentes de aquellas que determinan qué longitudes de onda son necesarias para permitir la fotosíntesis y la vida. Se trata de algo realmente asombroso pues de ninguna manera tendría por qué ser así.

La energía que se requiere para excitar un electrón de cualquier cloroplasto vegetal y que este salte, en el proceso de la fotosíntesis, es del orden de 10^{-19} a 10^{-18} julios (J) —el julio (*joule*) es la unidad utilizada en física para medir energía, trabajo y calor—. Pues bien, exactamente dicha energía es la que proporciona cada fotón o cuanto de luz de la radiación solar. Si este rango energético fuera algo menor o algo mayor no sería posible la reacción química de la fotosíntesis y, por tanto, tampoco la vida en la Tierra. Si fuera, por ejemplo, de entre 10^{-20} a 10^{-21} J, o de entre 10^{-18} a 10^{-17} J, no podría excitar adecuadamente a los electrones que se requieren en dicha reacción. Resulta admirable que esta precisa energía dependa de la temperatura existente en la superficie del Sol que, como se ha señalado, ronda los seis mil grados centígrados. Lo cual resulta aún más sorprendente, ya que se cree que en el interior del Sol deben darse temperaturas de decenas o centenares de millones de grados, capaces de fusionar núcleos atómicos sencillos —como el hidrógeno— para crear núcleos más pesados —como el helio— y generar así enormes cantidades de energía. Es impresionante que tales niveles energéticos del corazón de las estrellas puedan reducirse tanto al llegar a la Tierra como para poder excitar con precisión minúsculos electrones de las plantas verdes y darnos así la vida.

Una vez más, esto apoya la idea de que la luz de la mayor parte de las estrellas está finamente ajustada y pensada para la vida.

La capa que nos envuelve

Existen cinco gases en la atmósfera de la Tierra sin los cuales no sería posible la vida. Cualquier otro planeta del universo, que supuestamente poseyera vida compleja basada en el carbono, estaría obligado también a tener dichos gases en su atmósfera. En efecto, se trata del nitrógeno (N_2), oxígeno (O_2), ozono (O3), dióxido de carbono (CO_2) y el vapor de agua (H_2O). Estas sustancias gaseosas dejan pasar la luz adecuada que requiere la fotosíntesis de los vegetales y, a la vez, absorben la cantidad exacta de calor, ni más ni menos, así como las radiaciones que pudieran ser perjudiciales para la vida.

La atmósfera contiene una elevada proporción de *nitrógeno* en estado gaseoso (un 78 % frente a un 21 % de oxígeno y un 1 % de otros gases como argón, dióxido de carbono, vapor de agua, etc.). Sin embargo, a pesar de la abundancia del nitrógeno atmosférico, los animales son incapaces de captarlo directamente. Para lograrlo, requieren de nuevo de ciertas plantas y sobre todo de algunos microbios especializados. Las algas azules (cianofíceas) y algunos grupos de bacterias tienen la habilidad de fijar el nitrógeno atmosférico para que los demás seres vivos podamos utilizarlo. Uno de los géneros mejor conocidos de tales bacterias es *Rhizobium,* ya que sus especies suelen vivir en los nódulos de las raíces de las leguminosas (habas, guisantes, judías, garbanzos, frijoles, cacahuetes, alfalfa, etc.). Son bacterias que establecen una relación de simbiosis con las distintas especies de leguminosas. El microbio le proporciona a la planta el nitrógeno que consigue captar del aire (en forma de amoníaco fertilizante) y esta le ofrece a cambio los azúcares necesarios para la bacteria. Cuando la leguminosa muere, el resto del nitrógeno queda en la tierra fertilizándola para la siguiente cosecha y constituyendo un auténtico abono verde.

Así pues, el N_2 de la atmósfera proporciona la mayor parte de los átomos de nitrógeno que contienen las moléculas de los seres vivos. Junto al carbono, el oxígeno y el hidrógeno constituyen la tétrada atómica fundamental de la vida. Además, el nitrógeno le da a la atmósfera la densidad adecuada. Impide que mares y océanos se evaporen. Retarda algo la acción del fuego, evitando que esta sea explosiva e incontrolable.

La Tierra vista desde el espacio. (https://es.wikipedia.org/wiki/Tierra#/media/Archivo:As08-16-2593.jpg).

El *oxígeno* es imprescindible para la existencia de los seres vivos complejos como el ser humano y la mayoría de los animales. Nosotros necesitamos, por ejemplo, unos 3,5 mililitros (ml) de oxígeno por cada kilogramo de peso y cada minuto. Es decir, una persona que pese 80 kg requiere unos 280 ml de O_2 cada minuto para vivir. Esto es bastante. Sin embargo, afortunadamente, nuestra atmósfera es como un inmenso mar gaseoso repleto de dicho gas vital. Cada persona necesita alrededor de 130 metros cúbicos de oxígeno al año, pero resulta que afortunadamente cada árbol genera por término medio unos 273 metros cúbicos anuales. Esto significa que en vez de talar bosques, lo que debemos hacer es plantar más árboles. Se cree que, si de la noche a la mañana desapareciera toda la vegetación y todos los microbios productores de oxígeno, la vida animal agotaría el oxígeno atmosférico y se extinguiría en un milenio.

La atmósfera no solamente presenta los gases adecuados para la vida aeróbica compleja, sino que estos también están en la proporción correcta. Únicamente la concentración de oxígeno del 21 %, a una presión parcial de 760 mm Hg, es la que nos proporciona el oxígeno necesario para respirar y realizar bien el metabolismo de nuestras células. Si esta concentración variara, no podríamos vivir. Si fuera más alta, aumentaría el número de incendios forestales que acabarían con la vegetación. Si fuera más baja, las células sufrirían anoxia, no podrían realizar su complejo metabolismo y morirían.

Una atmósfera rica en oxígeno contendrá también *ozono* (O_3), ya que este se forma en la estratosfera, gracias a la acción de ciertos rayos ultravioleta que facilitan la unión de moléculas de oxígeno (O_2) con átomos individuales también de oxígeno (O). La importancia del ozono para proteger la vida en la Tierra es decisiva puesto que absorbe la peligrosa radiación ultravioleta. En la estratosfera, situado entre unos 15 y 50 km de altura sobre la superficie terrestre, este gas azulado y de olor fuerte supone un escudo protector para la vida. Sin embargo, es un gas muy vulnerable ya que puede ser destruido por ciertos compuestos que contengan átomos de cloro, bromo o nitrógeno en sus moléculas. Muchos de tales compuestos están presentes en productos fabricados por la industria humana como los aerosoles. De ahí que cualquier daño a esta frágil capa de ozono contribuya a aumentar la peligrosa radiación ultravioleta que nos llega y con ello la proliferación de cáncer de piel, problemas oculares, alteración del sistema inmunitario, perjuicios para la vegetación e incremento de la contaminación fotoquímica por aumento del ozono cerca de la superficie terrestre.

Sin embargo, lo más extraordinario del ozono atmosférico es el delicado equilibrio que existe entre su producción, por la acción de la radiación ultravioleta en la estratosfera, y su tasa de descomposición natural. La radiación solar con una longitud de onda igual o menor a 241 nanómetros puede romper las moléculas de oxígeno (O_2). Una vez rotas, los átomos libres resultantes se unen a otras moléculas de oxígeno y dan lugar al ozono (O_3). Sin embargo, este no debe ser muy abundante en la atmósfera porque si lo fuera contribuiría al indeseable aumento del efecto invernadero. Únicamente se requieren trazas de ozono para que todo el sistema funcione bien. Al mismo tiempo, el ozono puede descomponerse siguiendo la reacción inversa, aunque para ello aún requiera menos energía ya que hasta la radiación infrarroja es capaz de lograrlo. Por tanto, el ozono se forma, se destruye y se recompone constantemente en la estratosfera. Se ha calculado que la vida media de una molécula de ozono, situada a unos 30 km de altura, es de tan solo media hora. La tasa de formación del ozono atmosférico casi iguala a su tasa de descomposición. Este delicado e incesante equilibrio de formación y destrucción de moléculas constituye un eficaz filtro protector permanente que absorbe muy bien la radiación ultravioleta, haciendo posible la vida en la Tierra. En mi opinión, esta reducida, precisa y eficaz cantidad de ozono existente en la estratosfera nos permite pensar en otro fascinante aspecto teleológico del planeta azul y en su aptitud para la vida.

Cuando respiramos, lo que hacemos fundamentalmente es aspirar oxígeno y exhalar *dióxido de carbono* (CO_2). Es por ello que este último gas, que expulsamos a la atmósfera nosotros y el resto de los organismos con metabolismo aeróbico, está presente en el aire. A nosotros ya no nos sirve en términos fisiológicos, pero las plantas verdes lo necesitan para realizar su función clorofílica o fotosintética, pues gracias al CO_2, al agua y a la luz solar obtienen azúcares (glucosa) y oxígeno. Los seres vivos no son los únicos que aportan dióxido de carbono a la atmósfera, también en las erupciones volcánicas se genera una gran cantidad, así como en los incendios forestales y en la descomposición de las plantas. Sin embargo, esto no altera el equilibrio natural de los ecosistemas de la biosfera ya que los vegetales, los océanos y las rocas con silicatos también absorben y almacenan el CO_2, regulando así el clima de la Tierra. Posteriormente, este gas será reciclado por medio de la meteorización de los silicatos existentes en la corteza terrestre.

El problema con el exceso actual de CO_2 en la atmósfera y consiguiente calentamiento global tiene que ver con que las diversas actividades humanas emiten mucho dióxido de carbono procedente de la combustión del carbón, petróleo y gas de las centrales eléctricas, así como de los vehículos. Los miles de millones de toneladas de CO_2 que se lanzan a la atmósfera cada año, procedentes de la quema de combustibles fósiles, sobrepasan los procesos naturales de reciclaje y se acumulan en el aire, provocando cambios climáticos globales. Es verdad que el CO_2 es el único gas atmosférico que posee el átomo de carbono, tan importante para la vida, pero un exceso del mismo debido a la negligencia humana también puede matarnos. Se cree que el nivel de CO_2 en la atmósfera ha cambiado a lo largo de las eras geológicas y que probablemente antes fue superior al actual. Sin embargo, desde que existe vida compleja en la Tierra, este no ha debido ser muy diferente al que hay en la actualidad.

Finalmente, el *vapor de agua* presente en la atmósfera es un gas procedente de la evaporación de las masas acuosas de la Tierra. Sin agua no puede haber vida basada en el carbono porque esta constituye la matriz de todas las células. Las moléculas dipolares del agua permiten disolver muchísimas sustancias de interés biológico, pero también es importante el hecho de que no puedan disolver otras, ya que eso permite, por ejemplo, la formación de las membranas celulares o el plegamiento de las proteínas. El 65 % de nuestro peso corporal es agua, aunque esto varía a lo largo de la vida, oscilando entre un 70 % en los bebés y un 50 % en los ancianos. El sistema circulatorio de todos los organismos complejos funciona gracias al agua. Es difícil imaginar cómo podría ser la vida en otros mundos sin agua. Se han propuesto como sustitutos el amoníaco, algunos hidrocarburos, el ácido sulfúrico, la sílice, etc., pero lo cierto es que no hay nada que pueda igualarse al agua. De ahí que la propia NASA, en su incesante búsqueda de vida extraterrestre, haya hecho popular el slogan «sigue el agua» (*follow the water*). Sin embargo, aunque el agua sea imprescindible para la vida, no es suficiente y, por lo tanto, no sirve como biomarcador.

En resumen, aunque en la Tierra hay bacterias que pueden vivir sin oxígeno, la inmensa mayoría de los seres vivos necesitan el aire atmosférico para sobrevivir. La singular mezcla gaseosa que este contiene hace posible la fotosíntesis, que es capaz de proporcionar oxígeno vital y glucosa ($C_6H_{12}O_6$). A la vez, permite el calentamiento moderado de la superficie terrestre y nos protege de las radiaciones dañinas para la vida. Aunque solo se dieran pequeños cambios en las características de estos cinco gases atmosféricos, la vida compleja o aeróbica tal como la conocemos sería imposible en el planeta.

La proporción en que se dan tales gases depende de factores previos muy diferentes a las propiedades de absorción que poseen, que son imprescindibles para la vida. Además, tres de estos mismos gases (CO_2, H_2O y O_2) están también implicados en la reacción química de la fotosíntesis:

$$6CO_2 + 6H_2O + luz + calor \rightarrow C_6H_{12}O_6 + 6O_2$$

Dicha reacción significa que seis moléculas de dióxido de carbono de la atmósfera se unen a otras seis de agua y, gracias a la luz y el calor del Sol, producen glucosa y seis moléculas de oxígeno. ¿No resulta esto algo sorprendente? Es como si los gases de la atmósfera, que hacen posible la vida en la Tierra, se hubieran puesto de acuerdo para introducirse también en las mismísimas entrañas de los seres vivos. ¿Acaso tienen inteligencia los gases o capacidad de decisión?

Las leyes físicas que permiten la absorción de las radiaciones solares por parte de los gases atmosféricos no tienen una conexión necesaria con las propiedades químicas de los átomos implicados. De la misma manera, tampoco hay conexión entre la ley natural que determina el estrecho rango del espectro electromagnético para la vida y aquellas otras que hacen posible las radiaciones del Sol. Y tampoco entre estas radiaciones solares y las leyes que hacen posible la absorción de los gases en la atmósfera. De manera que nuestra existencia depende de muchas "coincidencias" altamente improbables. La exquisita adaptación de la Tierra para la vida supone, en palabras de Michael Denton, «un extraordinario grado improbable de adecuación ambiental en el orden de las cosas».[60] Algo que debería inspirarnos asombro.

Desde otra perspectiva no científica, la Biblia se refiere al aire como algo bueno, e incluso representa a Dios de manera antropomórfica como paseándose por el huerto primigenio «al aire del día» (Gn 3:8). Ese es el medio natural en el que se desarrolla la vida de los seres terrestres y del propio hombre; por eso el Creador también está presente junto a sus criaturas. Sin embargo, en el Nuevo Testamento se aprecia otro matiz muy distinto con respecto al aire. El apóstol Pablo recuerda que la potestad del aire de

---

60   Denton, M. (2022). *The Miracle of Man. The Fine Tuning of Nature for Human Existence*, Discovery Institute Press, Seattle, p. 62.

este mundo sometido al mal la tiene otro príncipe bien diferente. Se trata del Maligno, el espíritu que ahora opera en los hijos de desobediencia (Ef 2:2). El diseño original fue alterado por la Caída que provocó el orgullo y la autosuficiencia humana. Ya no resulta tan placentero pasearse al aire del día pues este está seriamente contaminado, no solo por un exceso material de CO_2 sino sobre todo por la desmesura de la maldad y la oposición al Altísimo.

No obstante, Pablo no se detiene en el pesimismo y confirma la esperanza de que este "aire" actual será definitivamente purificado.

> Pero Dios, que es rico en misericordia, por su gran amor con que nos amó, aun estando nosotros muertos en pecados, nos dio vida juntamente con Cristo (por gracia sois salvos), y juntamente con él nos resucitó, y asimismo nos hizo sentar en los lugares celestiales con Cristo Jesús. (Ef 2:4-6)

La atmósfera eterna de los lugares celestiales carece de átomos contaminantes y permite de nuevo el paseo divino «al aire del día».

39

La Tierra es única en minerales

El cuarzo no es solo un mineral terrestre formador de rocas, sino que también cristaliza formando gemas, geodas o piedras ornamentales, como esta amatista de la imagen, de fórmula química SiO_2 y dureza 7, muy conocida desde la antigüedad.

Algo que también parece especial y único de nuestro planeta azul es la gran diversidad de minerales que contiene en comparación con otros planetas. Desde hace casi una década, el geólogo norteamericano Robert Hazen, junto a otros colegas del Instituto Carnagie, con sede central en Washington, vienen publicando artículos sobre este asunto,[61] señalando que la abundancia mineral —los casi 5000 tipos de minerales existentes en la Tierra— puede ser única en el cosmos. Se cree que cuando se formó el sistema solar solo había una docena de minerales; sin embargo, actualmente existen alrededor de cinco mil tipos diferentes. ¿Cómo pudo originarse tal diversidad?

Desde una perspectiva evolucionista, los autores sugieren que tal abundancia mineral puede estar vinculada directa o indirectamente a la actividad biológica terrestre. Es decir, que podrían ser el producto de la acción microbiana. Se especula que quizás primero aparecieron las bacterias,

61   Hazen, R. et al. (2015). "Statistical Analysis of Mineral Diversity and Distribution: Earth's Mineralogy Is Unique", Earth and Planetary Sciences Letters, 426; DOI:10.1016/j.epsl.2015.06.028

junto a otros posibles organismos unicelulares y después habrían surgido los distintos minerales como consecuencia de los productos elaborados por tales microbios. Estos autores vinculan así la evolución biológica con otra supuesta evolución geológica, trasladando al mundo inorgánico de los minerales los conceptos clásicos de selección natural y mutaciones aleatorias, típicos de los seres vivos. (¿Cómo podrían mutar los minerales, si carecen de ADN? ¿Cómo actuaría sobre ellos la selección natural, si no se reproducen?). Finalmente, llegan a la conclusión de que cualquiera de tales evoluciones, la inorgánica y la orgánica, fueron absolutamente al azar y que —tal como sugirió el paleontólogo Stephen Jay Gould— si se rebobinara la película evolutiva hacia atrás y se empezara de nuevo, posiblemente los minerales y los organismos vivos del planeta serían completamente diferentes de los actuales. De ahí que Hazen y su equipo crean que esta gran diversidad de minerales es única y exclusiva de la Tierra.

No obstante, desde la perspectiva del diseño y la creencia en un Dios que hizo todas las cosas con sabiduría infinita, se puede llegar también a la misma conclusión —que la abundancia de minerales de nuestro planeta es única en el cosmos—, pero por medio de argumentos muy diferentes. En efecto, resulta intrigante que la vida en la Tierra dependa de una distribución de minerales que no estuvo pensada en ningún momento para sustentarla. Es asombroso que todos los elementos químicos y los minerales vitales se encuentren cerca de la superficie terrestre, allí donde los requieren los organismos. Quizás no sea tan sorprendente encontrar elementos abundantes como carbono, hidrógeno, nitrógeno u oxígeno, pero los seres vivos necesitan también otros que no son tan abundantes, como magnesio, calcio, selenio, azufre, fósforo, potasio, cloro, etc. Y estos también se hallan en los minerales de la superficie de la litosfera, como si alguien los hubiera creado pensando en los seres vivos. ¿Cómo se crean los minerales?

La tectónica de placas de la Tierra construye continentes y forma depósitos de minerales cruciales para la vida y la civilización humana. Esto ocurre porque el calor del núcleo terrestre se traslada al manto y genera corrientes de convección que forman y mueven continuamente los continentes. En determinadas fases y ambientes de dichos procesos naturales se generan los minerales imprescindibles para la vida. En este proceso hay infinidad de variables precisas y necesarias para que todo funcione adecuadamente. Es difícil creer que esto se deba a la casualidad o que no exista un diseño previo e intencionado.

40

La química nos estaba esperando

Parque Natural dels Aïguamolls de l'Empordà (Girona).

Las condiciones ambientales físicas y químicas que se dan en la Tierra son las idóneas para la vida. Esto que parece una obviedad y que todo el mundo da por supuesto resulta que es algo tremendamente extraordinario y singular en el universo. Tal como se indicó en su momento, el cosmos es obstinadamente hostil a la vida. Las condiciones que imperan por doquier no son adecuadas para nuestra subsistencia; de ahí la necesidad de protección y creación de microambientes artificiales para los astronautas. Sin embargo, la Tierra —ese pequeño punto azul pálido al que se refería Carl Sagan— es una isla acogedora de vida en la inmensidad del universo. De los conocimientos que se poseen hoy se desprende que esto sigue siendo así. Actualmente no se conoce ningún otro lugar en el cosmos que sea apto para la vida. Existen numerosas conjeturas al respecto, pero no pasan de ser solo eso. ¿No constituye dicha realidad uno de los grandes misterios para la ciencia humana? ¿Por qué es tan atípicamente acogedor nuestro planeta para la vida, la inteligencia y el desarrollo de la ciencia? Veamos algunos detalles significativos.

La inmensa mayoría de los organismos de la biosfera (literalmente, *esfera de vida*) están especialmente adaptados para extraer oxígeno de la atmósfera terrestre. En la cumbre de los animales que más necesitan este gas están aquellos que poseen tasas metabólicas muy altas por realizar grandes esfuerzos físicos, como las aves, los insectos voladores y los mamíferos. Nosotros, así como el resto de los animales que maman, poseemos pulmones que actúan como fuelles aspiradores y expulsores de aire. Son por tanto aparatos respiratorios bidireccionales; en cambio, las aves tienen un pulmón unidireccional que solo permite el paso del aire en una sola dirección y siempre está fluyendo para aportar la gran cantidad de oxígeno que requiere el vuelo. Por el contrario, los insectos voladores, al ser de menor tamaño, carecen de pulmones y en su lugar presentan tráqueas o microtúbulos capaces de conducir el aire a todas las células de sus tejidos. Sin embargo, todos obtienen de forma adecuada el necesario oxígeno vital.

Cuando se analiza la tasa de consumo de oxígeno de algunos de estos animales que realizan grandes esfuerzos físicos, como los colibrís de América, se descubre que es extraordinaria. Para que sus alas puedan llegar a batir hasta 80 veces por segundo —tal como consigue el colibrí amatista (*Calliphlox amethystina*)— es necesario que sus pequeños músculos estén muy oxigenados y esto solo se logra con un corazón muy potente capaz de latir más de mil veces por minuto. Lo que significa que, al volar, el consumo de oxígeno por gramo de masa corporal del colibrí es unas diez veces mayor que el de los mejores deportistas humanos de élite.[62]

Sin embargo, este extraordinario consumo de oxígeno del colibrí se queda corto cuando se compara con el que requieren algunos insectos voladores como las abejas. Los minúsculos músculos de las alas de estos productores de miel necesitan oxígeno a una velocidad tres veces superior a la del colibrí.

Los animales acuáticos como los peces, en cambio, son incapaces de alcanzar estas elevadas tasas de consumo de oxígeno. Las branquias no pueden obtener del agua este gas vital a la misma velocidad que lo hacen los animales de respiración aérea y esto limita notablemente su tasa metabólica. La respiración dentro del agua requiere un gasto energético mayor que en el aire. Por ejemplo, un pez tiene que mover alrededor de 20 000 veces más masa de agua sobre sus branquias que el aire que desplaza un pájaro por sus pulmones para obtener ambos la misma cantidad de oxígeno. Esto condiciona por completo la fisiología de los animales acuáticos y hace que la inmensa mayoría de los peces sean de sangre fría (poiquilotermos). De ahí que los mamíferos marinos de sangre caliente (homeotermos), como las ballenas, delfines, marsopas y focas, respiren aire mediante pulmones y no posean branquias. De la misma manera, las tasas metabólicas bajas de

---

62 Citado en Denton, M. (2022). *The Miracle of Man. The Fine Tuning of Nature for Human Existence,* Discovery Institute Press, Seattle, p. 66.

los peces y de otros muchos organismos acuáticos condicionan también el tamaño de sus cerebros y su nivel de inteligencia.

Una característica muy singular de la molécula de oxígeno (O_2), que hace posible la vida en la Tierra, es su baja solubilidad en agua, mucho más baja que la de los demás gases. Esto permite que el oxígeno exista en forma de gas en la atmósfera y, a la vez, sea lo suficientemente soluble en el agua de los océanos. Tan delicado equilibrio de oxígeno gaseoso entre la atmósfera y los mares, que posee la proporción aproximada de 140 a 1, es otra condición que posibilita la vida compleja en el planeta azul. Si el oxígeno fuera líquido o sólido a temperatura ambiente, en vez de ser un gas, sería imposible poder respirarlo porque, al ser tan reactivo, rompería y corroería todos los órganos corporales que deberían absorberlo.

La baja solubilidad del O_2 impide que los océanos se lo traguen por completo y esto hace posible que se acumule en grandes cantidades en la atmósfera para beneficio de tantos organismos terrestres y aéreos. Pero, además, como casi todas las reacciones bioquímicas se producen en una matriz acuosa de las células, el oxígeno tiene que ser soluble hasta cierto punto para poder ser usado por los organismos que lo necesitan (aeróbicos). Y también, esta baja solubilidad del O_2 nos beneficia al disminuir la concentración de radicales libres de oxígeno, que son perjudiciales para los tejidos orgánicos. ¿Quién diseñó el átomo y la molécula de oxígeno con tan singulares propiedades? ¿Fue la casualidad de un Big Bang ciego o quizás una explosión creativa de inteligencia divina previamente planificada?

Cuando el aire se enrarece

Incluso dentro de la propia atmósfera terrestre no todas las altitudes son adecuadas para satisfacer las necesidades metabólicas de los seres vivos. El ser humano, por ejemplo, cuando está en reposo necesita unos 250 mililitros de oxígeno puro por minuto. Sin embargo, esta cantidad no la puede proporcionar la atmósfera existente en la cumbre del Everest, que está a 8849 metros sobre el nivel del mar. A esa altitud, la presión parcial de oxígeno es de 0,33 atmósferas, menos de un tercio de la que hay al nivel del mar, que es de una atmósfera. No es que haya menos oxígeno, ya que el porcentaje de este gas en el aire permanece constante en toda la atmósfera —es siempre del 21 %—; lo que ocurre es que cuanto más alto se asciende, menos masa de aire tenemos encima de nosotros y, por tanto, menos presión atmosférica, que es la fuerza que requieren nuestros pulmones para absorber el aire con el oxígeno. A tales altitudes, entra poco aire en los pulmones y estos no reciben el oxígeno necesario, por lo que se produce el famoso mal de altura o soroche, consistente en cansancio, dolor de cabeza, mareos, taquicardia y, en casos extremos, edema pulmonar e infarto. De ahí que muchos alpinistas que ascienden a tales alturas usen botellas de oxígeno para compensar su respiración.

Es verdad que algunos escaladores son capaces de ascender al Everest sin emplear botellas de oxígeno, pero en general, el ser humano no puede permanecer mucho tiempo en estas altitudes ya que la mayor parte de los órganos del cuerpo son afectados por la hipoxia o falta de oxígeno en los tejidos. En esas condiciones, se pierde mucha masa muscular y aparecen trastornos cerebrales, gastrointestinales, circulatorios, respiratorios, etc. Con razón se ha denominado *zona de la muerte* a tales altitudes de la cordillera del Himalaya. Las personas que viven en cotas más bajas, alrededor de los 5000 metros sobre el nivel del mar, como los tibetanos y algunos pueblos originarios de los Andes, presentan adaptaciones fisiológicas para soportar esta baja presión de oxígeno, tales como un mayor volumen pulmonar y más glóbulos rojos por mililitro de sangre. A pesar de todo, el ser humano es incapaz de vivir y reproducirse en ambientes con una presión de O_2 inferior a la mitad de la que existe a nivel del mar.

La cuestión interesante, que todavía carece de respuesta, es cómo este nivel de oxígeno que presenta la atmósfera terrestre y que, como hemos visto, puede sustentar las elevadas tasas metabólicas de los seres vivos, ha podido permanecer constante durante tanto tiempo (unos 200 millones de años según la cronología estándar). Esta es una incógnita que actualmente carece de explicación científica.[63] Sin embargo, cualquiera que sea la explicación, los mecanismos físicos y químicos que la hagan posible no tienen ninguna relación con la aptitud de la atmósfera para la existencia de seres aerobios inteligentes, como el propio ser humano. Y esto constituye otro misterioso ejemplo de la aptitud ambiental de la Tierra para la vida avanzada. Es como si los átomos de oxígeno, al ser creados en el núcleo de las estrellas, hubieran sido diseñados ya con tales características para nuestra futura existencia en este planeta y la de tantos otros organismos aéreos.

63 Ibid., p. 49.

41

El oxígeno entre la vida y la muerte

El fuego solo puede producirse en presencia de oxígeno. En la Luna no se puede encender ni una cerilla puesto que carece de este gas. De ahí que las naves y los módulos espaciales lleven sus tanques de O2. (https://www.naturgy.com/una_energia_al_servicio_de_la_humanidad_el_fuego).

La cantidad de oxígeno en la atmósfera de la Tierra, que resulta necesaria para la vida y en particular para la vida humana, parece exquisitamente calculada. Si fuera mayor o menor de lo que es, nosotros no estaríamos aquí para reflexionar sobre este asunto. En efecto, se podría decir que la reacción química que mueve el mundo, por ser la más ubicua de la biosfera, es la oxidación de la materia orgánica. Se llama *combustión* al proceso químico en el que un elemento combustible (como los materiales ricos en carbono de los vegetales y animales) se combinan con el oxígeno del aire, desprendiendo CO_2 y energía en forma de luz y calor. Se considera que la combustión es completa si al reaccionar la sustancia orgánica con el oxígeno se produce, además de energía, CO_2 y también agua.[64]

Teniendo en cuenta la abundancia de oxígeno en la atmósfera y la gran cantidad de energía que se libera en la combustión de la materia orgánica, hay una cuestión que ha venido llamando la atención de los científicos

---

64   Ver el capítulo 35.

hasta el presente. ¿Por qué no se producen más incendios forestales, espontánea y constantemente, capaces de arrasar la superficie de la Tierra?[65] La respuesta está en que los átomos de carbono de la materia orgánica y los del oxígeno atmosférico no reaccionan espontáneamente a temperatura ambiente. Esta es otra característica única que se da entre tales átomos y que hace posible la vida en la biosfera terrestre. Todos hemos sido alguna vez conscientes de esta propiedad al intentar encender mediante una cerilla un fuego de leña, sobre todo si esta estaba húmeda por el rocío de la noche. La madera debe estar seca y se le debe aplicar durante un rato cierta fuente de calor, como papeles encendidos o alguna pastilla ignífuga. Hay que aportar una pequeña cantidad de energía previa para iniciar la combustión que después generará muchísima más energía. Esta reacción no espontánea a la temperatura del ambiente terrestre, que puede ser molesta al hacer una hoguera en el campo, resulta crucial para el mantenimiento de la vida en nuestro planeta y constituye otra milagrosa aptitud de la creación que nos permite respirar con seguridad un aire altamente enriquecido en O_2.

Sin embargo, los seres vivos no podemos utilizar este tipo de combustión para obtener energía porque las células de nuestros tejidos son incapaces de soportar semejantes temperaturas. Arderíamos en llamas como la vegetación en los incendios forestales. Este problema se soluciona mediante ciertas enzimas portadoras de metales que hay en las células. Son las llamadas *metaloenzimas* que, por medio de complejas reacciones bioquímicas, reducen la energía y el calor generados en la combustión y los vuelven adecuados para la vida.

De manera que esta precisa y relativa falta de reactividad del oxígeno y el carbono a temperatura ambiente es la que permite la vida en la Tierra. Si no fuera así, ningún compuesto orgánico con carbono reducido podría durar mucho tiempo en la superficie terrestre. No se podrían producir reacciones fundamentales como la fotosíntesis, la respiración celular, la existencia de bosques ni de animales, ni por supuesto la del ser humano. Por tanto, dicha característica constituye otro elemento clave de aptitud del planeta Tierra para la vida aeróbica. Pero es interesante señalar que tanto el carbono como el oxígeno fueron de los primeros elementos químicos creados en el corazón de las estrellas resultantes del Big Bang. Esto significa que tales características mencionadas estaban ya presentes en su constitución inicial. Desde una perspectiva poética, quizás se podría decir que los primeros átomos del universo estaban ya preñados de vida, en particular de vida humana. No puedo creer que esto sea una simple casualidad.

65   Lane, N. (2002). *Oxygen: The Molecule That Made the World*, Oxford University Press, Oxford, Reino Unido, p. 119.

42

La singularidad del nitrógeno

El nitrógeno es el gas más abundante de la atmósfera terrestre ya que se encuentra en una proporción del 78 % en el aire. Sin embargo, a diferencia del oxígeno (que está en una proporción del 21 %), no puede ser utilizado directamente por la mayoría de los seres vivos. Para que estos puedan asimilarlo e incorporarlo a las moléculas orgánicas se requiere toda una serie de pasos que constituyen el llamado ciclo del nitrógeno en la naturaleza.[66] Primero debe ser fijado por ciertas bacterias para poder pasar después a los vegetales y animales. Es un elemento fundamental en muchos procesos bioquímicos celulares porque forma parte de los aminoácidos que constituyen las proteínas de todos los seres vivos. También está presente en las bases nitrogenadas de los nucleótidos del ADN y ARN, así como en el ATP o moneda energética de las células, en muchas vitaminas, etc. Y, lo mismo que ocurre con el oxígeno, el carbono y muchos otros elementos químicos fundamentales de los seres vivos, no hay otros elementos alternativos en toda la tabla periódica que puedan sustituirlos.

En el capítulo anterior,[67] hemos visto cómo para producir un incendio en un bosque se requiere aplicar una cierta energía previa. Esto es debido a la naturaleza relativamente no reactiva del oxígeno a temperatura ambiente. Sin embargo, cuando el fuego ya está encendido, este genera el calor suficiente para mantenerse activo y puede llegar a ser muy peligroso y destructor. ¿Por qué entonces los incendios no arrasan todos los bosques y estructuras orgánicas del planeta? La respuesta está en el efecto retardante de otro gas, el nitrógeno, que es mucho más abundante en la atmósfera. Este gas tiene la capacidad de absorber rápidamente el calor generado por las llamas y enfriar así el aire circundante, con lo cual se reduce la velocidad de activación del oxígeno y, por tanto, la velocidad a la que se propagan los incendios. En general, cuando en el aire atmosférico el tanto por ciento de oxígeno baja a un 15 % y, al mismo tiempo, el nitrógeno sube al 85 %, los incendios forestales tienden a apagarse espontáneamente.

Además, la gran cantidad de nitrógeno atmosférico impide que los océanos de la Tierra se evaporen, ya que le proporciona presión y densidad

---

66   Ver el capítulo 38.
67   Ver el capítulo 41.

al aire que hay sobre ellos. Si no fuera por el nitrógeno, la evaporación de los mares aumentaría el vapor de agua en la atmósfera y esto incrementaría el efecto invernadero con el consiguiente y peligroso aumento de la temperatura. Afortunadamente, la molécula de nitrógeno (N_2) no es un gas de efecto invernadero. En cambio, el vapor de agua (H_2O) y el dióxido de carbono (CO_2) sí lo son. De ahí que solo puedan estar presentes en la atmósfera en concentraciones pequeñas para no incrementar dicho efecto.

Puesta de sol en el Delta del río Ebro (Tarragona, España).

El secreto de la estabilidad del nitrógeno en presencia de oxígeno reside en el triple enlace que posee la molécula de nitrógeno atmosférico (N_2) que une a sus dos átomos ($N\equiv N$). Dicho enlace es mucho más fuerte que el doble enlace oxígeno-oxígeno ($O=O$) de la molécula de oxígeno (O_2) y a esto se debe que ambos gases puedan coexistir en la atmósfera de la Tierra sin cambios. Aparte del nitrógeno, hay muy pocas sustancias gaseosas que sean estables en presencia de oxígeno. El vapor de agua y el CO_2 también lo son, pero, como se ha mencionado, ambas son gases de efecto invernadero que solo pueden estar presentes en la atmósfera en cantidades reducidas. Los gases nobles como el neón, el argón y el criptón también son estables en presencia de oxígeno, pero tienen capacidades caloríficas más bajas que el nitrógeno.

Por tanto, si no fuera por el efecto retardante o ignífugo del nitrógeno, la vida de los organismos aeróbicos como nosotros, así como toda la tecnología que hemos desarrollado, sería imposible en la biosfera. ¿Cómo es que la proporción de nitrógeno en la atmósfera terrestre se mantiene constante desde hace tanto tiempo? La respuesta tiene que ver con la corteza de la Tierra, que libera notables cantidades de nitrógeno a la atmósfera. Según la teoría de la tectónica de placas, grandes secciones de la litosfera se desplazan continuamente sobre el manto fluido y, al chocar entre sí o separarse unas de otras, lanzan materiales y gases como el nitrógeno a la atmósfera a través de volcanes, géiseres y fumarolas. Las atmósferas de Marte y Venus, por ejemplo, tienen menos nitrógeno que la terrestre porque en esos planetas no se da una tectónica de placas adecuada como la que existe en la Tierra.

El delicado equilibrio entre combustión y respiración

A primera vista, pudiera parecer que la elevada concentración de nitrógeno en la atmósfera terrestre resulta muy eficaz para detener los incendios forestales, pero, por el contrario, supondría un serio inconveniente para la respiración de los seres aerobios, ya que disminuiría la absorción de oxígeno en los pulmones, branquias o tráqueas de humanos y animales. Sin embargo, lo cierto es que influye muy poco ya que ambos procesos —combustión y respiración— son fundamentalmente diferentes.

La capacidad que posee el nitrógeno de absorber rápidamente el calor de los incendios es prácticamente irrelevante para la captación de oxígeno por los aparatos respiratorios de los seres vivos. No les afecta para nada. La captación de O_2 en los pulmones viene determinada por la velocidad de difusión del oxígeno en la sangre, que se produce en los alvéolos pulmonares. Esto depende de la presión de oxígeno existente en dichos alvéolos, que suele estar comprendida entre 75 y 100 milímetros de mercurio (mm Hg) para asegurar la difusión en sangre de suficientes moléculas de O_2. En general, suelen necesitarse unos 250 mililitros o, lo que es igual, 10^{22} átomos de oxígeno por minuto para satisfacer nuestras necesidades metabólicas. En este delicado y preciso proceso de difusión, los gases inertes como el nitrógeno tienen un efecto menor. De ahí que la atmósfera sea capaz de impedir los incendios y a la vez permitir la captación de oxígeno en los pulmones.

Es altamente improbable que este delicado equilibrio, capaz de sustentar tanto el fuego como la respiración, surgiera por casualidad. Existen muchas más posibilidades de obtener otras atmósferas sin dicho equilibrio. Hay atmósferas que permiten la respiración, pero no el fuego y también al revés, otras que permiten el fuego, pero no la respiración de los seres vivos. Por ejemplo, en la propia atmósfera de la Tierra, en la cordillera del Himalaya por encima de los ocho mil metros de altitud, existe —según vimos— la llamada *zona de la muerte* en la que ni nosotros ni los animales pueden vivir mucho tiempo porque las condiciones atmosféricas no lo permiten. Sin embargo, a esa misma altitud es posible encender fuego, tal como demuestran los alpinistas cuando calientan sus alimentos y licuan la nieve para beber. También los aviones de pasajeros pueden volar a diez mil metros de altura, impulsados por la combustión de productos derivados del petróleo. De la misma manera, hay atmósferas que permiten el fuego, pero no la respiración, como la de Marte.

No obstante, la atmósfera terrestre tiene sorprendentemente las proporciones adecuadas para soportar tanto la combustión segura como la respiración adecuada. Presenta una presión atmosférica comprendida entre 380 y 760 mm Hg; una presión de oxígeno (pO_2) de 80 a 160 mm Hg; una proporción de oxígeno del 21 % y otra de nitrógeno del 79 %. Si cualquiera de estos porcentajes variara, la vida en la biosfera se vería notablemente alterada. Por ejemplo, si la proporción entre el oxígeno y el nitrógeno fuera del 50 % y la presión atmosférica se mantuviera a 760 mm Hg, se generaría, entre otras muchas cosas, una presión parcial de oxígeno próxima a los 380 Hg, que sería letal para la vida debido al peligro de los radicales libres del oxígeno. Estas sustancias químicas introducen oxígeno en las células, las oxidan, alteran el ADN y aceleran el envejecimiento del cuerpo. De la misma manera, si variara cualquiera de los otros porcentajes atmosféricos, las consecuencias serían también nefastas para el planeta. Los océanos tenderían a evaporarse y el efecto invernadero se incrementaría. Los incendios serían más abundantes, explosivos y se propagarían por todo el mundo.

En resumen, los parámetros que presenta la atmósfera de la Tierra son los más adecuados para nuestra supervivencia y para el delicado equilibrio entre combustión y respiración. Se trata de la fórmula clave que viene funcionando perfectamente desde hace mucho tiempo. No se conoce ninguna otra capaz de producir tan excelentes resultados. Y esto nos conduce a la siguiente cuestión: ¿Qué mecanismo ha podido producir semejante fórmula atmosférica tan eficiente? ¿Cómo ha podido mantenerse estable durante tanto tiempo, sobre todo cuando se compara con otros planetas del sistema solar? Nadie lo sabe. Sin embargo, lo que resulta evidente es que nos indica la gran aptitud de la Tierra como marco adecuado para la vida que sustenta. Es como si alguien la hubiera creado para nosotros.

43

Catorce hechos de la Tierra que hablan por sí mismos

La Tierra vista desde el espacio muestra su típica coloración blanca y azulada, correspondiente respectivamente a la atmósfera y la hidrósfera. (Bill Anders/EFE).

El doctor Michael Denton, médico y bioquímico británico de origen australiano, propone en uno de sus últimos libros catorce características propias de nuestro planeta que refuerzan la idea de que la Tierra nos estaba esperando.[68] Tales hechos, muchos de los cuales ya han sido mencionados, serían los siguientes:

1. En la atmósfera terrestre, el oxígeno entra fácilmente en combustión con los diversos compuestos orgánicos, dando lugar a una gran cantidad de energía, que es utilizada por los seres vivos para hacer funcionar sus complejos metabolismos. A la vez, esta combustión química nos proporciona el don del fuego, así como la posibilidad de hacer ciencia y desarrollar una tecnología que nos ha permitido, entre otras muchas cosas, lanzar naves al espacio.

2. La naturaleza gaseosa de la molécula de oxígeno (O_2) es esencial para todos los seres vivos de vida aérea o terrestre. Estos pueden absorberlo directamente de la atmósfera por medio de pulmones,

68   Denton, M. (2022). *The Miracle of Man*, Discovery Institute Press, Seattle, p. 81.

branquias o tráqueas y pasarlo a sus respectivos torrentes sanguíneos para repartirlo por todas las células de su cuerpo.

3. El oxígeno se caracteriza por su baja solubilidad en el agua templada. Esto evita que se disuelva en los océanos y contribuye a su permanencia en el aire de la atmósfera para beneficio de la vida terrestre.

4. La luz procedente del espectro solar es perfectamente adecuada para hacer posible reacciones fotoquímicas fundamentales para la vida, como la fotosíntesis. Resumiendo mucho las cosas, podría decirse que esta reacción convierte la luz del Sol en azúcares como la glucosa.

5. La atmósfera de la Tierra es perfectamente transparente a la luz solar. No es como la de otros planetas del sistema solar que no permiten verla nunca, debido a la espesa capa de nubes que los envuelve siempre. Semejante transparencia es lo suficientemente adecuada para observar y estudiar el universo, así como también para contener la mezcla de gases que hacen posible la vida.

6. La atmósfera absorbe una fracción importante de la radiación infrarroja del Sol y esto contribuye al calentamiento de la Tierra a la temperatura adecuada para la vida.

7. En la atmósfera existe una barrera cinética a temperatura ambiente que atenúa el vigor químico del oxígeno. Esto significa que este gas no reacciona espontáneamente con los compuestos orgánicos, sino que necesita una energía de activación inicial para entrar en combustión.

8. El átomo de carbono, tan abundante en los seres vivos, presenta una reactividad relativamente baja, lo cual impide también la combustión espontánea de los compuestos reducidos de carbono.

9. El nitrógeno atmosférico es el único gas que ralentiza la propagación del fuego y lo hace controlable por los humanos.

10. El oxígeno y el nitrógeno no son gases de efecto invernadero y no contribuyen al calentamiento de la atmósfera, a pesar de constituir el 99 % de la misma.

11. El hecho de que el nitrógeno sea un retardador del fuego en la atmósfera, no impide que los seres vivos puedan absorber oxígeno mediante sus aparatos respiratorios.

12. El oxígeno en su forma de ozono (O_3) se requiere solo en cantidades mínimas en la atmósfera para absorber la peligrosa radiación ultravioleta.

13. En la atmósfera terrestre existen diversas ventanas de absorción de radiaciones solares peligrosas que evitan un excesivo calentamiento incompatible con la vida.

14. En la atmósfera de la Tierra se ha venido manteniendo una presión parcial de oxígeno, semejante a la actual, que resulta idónea para abastecer nuestras necesidades y las demandas de todos los organismos de la biosfera.

Todas estas características y muchas más que no se mencionan aquí indican claramente que nuestro planeta estaba perfectamente preparado para nuestra llegada. ¿Quién lo preparó a lo grande para nosotros? ¿La casualidad o un Creador sabio y misericordioso? Los hechos hablan por sí mismos.

44

Del aire a los pulmones

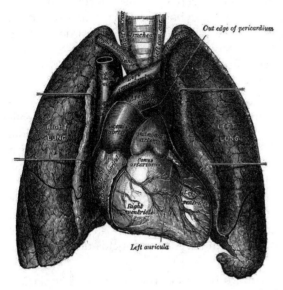

Dibujo clásico del aparato respiratorio humano. (Wikipedia).

Cuando se habla de la respiración y del origen de los pulmones, desde la perspectiva evolutiva, generalmente se abunda en cómo estos pudieron adaptarse al aire de la atmósfera. Los libros de texto de fisiología animal suelen referirse primero a las branquias de los animales acuáticos para considerar después de qué manera estas habrían podido transformarse en los sofisticados pulmones de los vertebrados terrestres.[69] No obstante, casi nunca se tiene en cuenta que la respiración es posible gracias a todo un complejo conjunto de características físicas y químicas muy precisas que ya existían en la atmósfera de la Tierra, sin las cuales el diseño de los pulmones no podría haberse dado jamás.

---

69   Véase el texto universitario de Schmidt-Nielsen, K. (1976). *Fisiología animal. Adaptación y medio ambiente*, Omega, Barcelona, p. 13.

Los pulmones en el ser humano están formados por dos órganos esponjosos de tonalidad gris rosácea que se localizan en el pecho, rodeando al corazón. Cuando inhalamos aire, este ingresa en los pulmones llenando los minúsculos alvéolos y permitiendo que el oxígeno pase a la sangre. A la vez, el dióxido de carbono (CO_2), que es un gas de desecho, se transfiere desde la sangre a los alvéolos pulmonares y es exhalado al exterior. El diseño que evidencian los pulmones es realmente impresionante. Son los órganos más grandes del cuerpo humano, pero están hechos con solo medio litro de tejido pulmonar. Sin embargo, dicho tejido forma una superficie de intercambio de gases entre el aire y la sangre que es casi del tamaño de una cancha de tenis.[70] Cuando se analiza detenidamente su estructura y funcionamiento, es fácil deducir que se trata de un diseño perfecto de ingeniería biológica.

La frecuencia respiratoria normal de un adulto está comprendida entre 12 y 18 respiraciones por minuto. Esto significa que una persona realiza alrededor de 500 millones de respiraciones a lo largo de toda su vida. Cada minuto obtenemos unos 250 ml de oxígeno puro que pasa del aire a los pulmones y, por medio de los eritrocitos o glóbulos rojos de la sangre, llega a las células de todos los tejidos corporales. Dentro de ellas, dicho oxígeno actúa en el metabolismo, en las mitocondrias, en la oxidación de los alimentos y contribuye a producir la energía que se requiere para vivir. De la misma manera, cada minuto exhalamos el mismo volumen de dióxido de carbono gaseoso, que es uno de los productos de desecho de dichas oxidaciones.

En síntesis, los pulmones son los huecos resultantes de una superficie corporal invaginada que forma una estructura parecida a un árbol invertido, cuyo tronco y ramas estarían constituidos por la tráquea, bronquios y bronquiolos, mientras que las hojas equivaldrían a los alvéolos. Esta superficie de intercambio gaseoso puede llegar a ser notablemente compleja. Tal como explica el profesor Schmidt-Nielsen, «las necesidades primordiales para que un órgano respiratorio sea efectivo son las de que debe tener (1) una gran superficie, y (2) una fina cutícula».[71] En el caso humano, la superficie pulmonar tiene alrededor de 500 millones de alvéolos, que forman una superficie total próxima a los 70 m². Por su parte, la cutícula o membrana respiratoria es finísima ya que está formada por cuatro capas de células que solo tienen un espesor de 0.5 micras, es decir la mitad de una milésima de milímetro. Estas dos características hacen que el intercambio gaseoso sea muy eficaz. En la región proximal del aparato respiratorio —formada

---

70   Denton, M. (2022). *The Miracle of Man*, Discovery Institute Press, Seattle, p. 83.
71   Schmidt-Nielsen, K. (1976). *Fisiología animal. Adaptación y medio ambiente*, Omega, Barcelona, p. 13.

por la tráquea y los bronquios— el aire circula hacia adentro y hacia afuera, mientras que en la región distal —bronquiolos terminales y alvéolos— el aire es impulsado por difusión.

Tal como se ha indicado, los pulmones son espectaculares diseños de ingeniería biológica, pero para que puedan funcionar a la perfección requieren que el aire de la atmósfera también lo sea. Y, en efecto, esto se descubre cuando se analizan las principales características de este, tales como su densidad, presión, viscosidad, compresibilidad, difusión, solubilidad, etc. Todo este conjunto tan cautivador de aptitudes está orientado hacia un fin muy concreto: que podamos respirar y mantenernos con vida. Pura teleología que sugiere previsión y diseño.

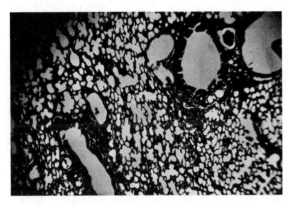

Estructura microscópica de los alvéolos pulmonares de ratón.

45

Potestades físicas del aire

Bandada de *Plegadis falcinellus* (morito común) volando en formación sobre la desembocadura del río Ebro (Tarragona, España).

En el Nuevo Testamento se habla de las *potestades del aire* y de Satanás como el «príncipe de las potestades del aire» (Ef 2:2) para referirse a poderes espirituales maléficos que se oponen a la voluntad de Dios. En estos textos se le otorga al aire connotaciones claramente espirituales o metafísicas. Sin embargo, el aire es también, desde el punto de vista puramente físico, algo bueno y necesario para la vida en la Tierra. Se trata del primer regalo que el Creador concede a cada recién nacido para que empiece a vivir de manera saludable. Casi todos los bebés comienzan a respirar llorando, pero pronto se calman al descubrir la gran bendición que supone poder llenar los pulmones de aire vital. Dios sabía, desde antes de la creación del mundo, que el aire era necesario para que el ser humano y los demás seres vivos pudieran existir en este planeta, por eso lo diseñó de manera tan precisa. Veamos algunas de las principales características del aire atmosférico que nos permiten vivir y que parecen perfectamente calculadas para ello.

1. Baja densidad

Se llama densidad del aire a la cantidad de este que hay por unidad de volumen. En condiciones normales y al nivel del mar, un litro de aire tiene un peso o una masa de 1,29 gramos. Esto significa que su densidad es de 1,29 g/l (= 1,29 kg/m^3). Dicha densidad del aire disminuye al aumentar la altitud, pero se hace mayor a medida que descendemos en el mundo subacuático y respiramos aire comprimido. De ahí que su densidad a nivel del mar sea aproximadamente 1/800 la del agua. La densidad del aire no solo cambia con las variaciones de la presión atmosférica, sino que también puede hacerlo con los cambios de la temperatura y la humedad. El aire caliente es menos denso que el frío y por eso tiende a ascender, creando así los vientos y también haciendo posible que se eleven los globos aerostáticos.

Pues bien, una característica importante del aire que respiramos es su baja densidad. Si esta fuera mayor, el trabajo de respirar sería tan grande que no podríamos realizarlo y, por tanto, no habría seres pulmonados en la biosfera. Esto puede comprobarse bien cuando se bucea mediante botellas metálicas de aire comprimido. Por ejemplo, a unos 30 metros de profundidad, la presión atmosférica que se soporta es de 4 atmósferas (o kg/cm^2), mientras que a nivel del mar es solo de una. En esas condiciones, la ventilación pulmonar del buceador que respira dicho aire comprimido es solamente del 50 % de la que tiene en la superficie. Además, a medida que aumenta la densidad del aire respirado, el flujo del mismo en las vías respiratorias se vuelve más pesado y turbulento, dificultando la difusión en los alvéolos. De manera que la vida humana y la del resto de los organismos pulmonados sería imposible si la densidad del aire fuera diferente de la que es.

2. Presión atmosférica adecuada

La presión atmosférica es el peso de la columna de aire que hay por unidad de superficie sobre cualquier lugar de la tierra. Se toma como referencia la que existe a nivel del mar, que es de una atmósfera (1 atm), y sería el peso de dicha columna de aire sobre una superficie de un cm^2. Por tanto, una atmósfera de presión equivale a un kg/cm^2, aunque también se puede medir en hectopascales (1013 hPa), milibares (1013 mbar) o en milímetros de mercurio (760 mm Hg).

Como el peso y la densidad de un gas cambian con la presión atmosférica, podría pensarse que si esta fuera menor de lo que es actualmente, el trabajo o esfuerzo de respirar también sería menor. Sin embargo, existen serias razones por las que esto no puede ser así. En primer lugar, tal como ya se comentó, si la presión atmosférica fuera menor a los 760 mm Hg actuales, a nivel del mar, el agua de océanos, mares, lagos y ríos se evaporaría. Además, dicho vapor de agua contribuiría al efecto invernadero, calentando dramáticamente la atmósfera. Mientras tanto, a nivel de la estratosfera, este calentamiento se incrementaría con la radiación ultravioleta, que descompone el agua en hidrógeno y oxígeno, lanzándolos al espacio. Esto supondría la pérdida irreversible del agua de la superficie terrestre. Por otro lado, la necesidad de grandes cantidades de nitrógeno que ralentiza la combustión y evitar los incendios espontáneos requiere también que la presión atmosférica sea precisamente la que es.

3. Baja viscosidad

La viscosidad de un fluido puede definirse como su resistencia a las deformaciones. Es sabido que la miel o el champú en forma de gel, por ejemplo, tienen viscosidades mucho mayores que la del agua (miles de veces mayores). Si se considera que la viscosidad del agua es igual a un *centipoise* (el *poise* es la unidad de viscosidad dinámica), entonces la de la miel sería alrededor de 70 centipoises. Pues bien, el aire atmosférico tiene todavía una muy baja viscosidad en comparación con la mayor parte de las sustancias y esta característica facilita notablemente la respiración de los seres vivos. La viscosidad del aire es cincuenta veces menor que la del agua, es más baja que la de cualquier otra sustancia. Por eso podemos respirarlo. Si fuera más viscoso, sería imposible hacerlo o al menos la respiración se limitaría solo a ciertos microorganismos.

4. La compresibilidad del aire

El agua se puede comprimir tan poco que a efectos prácticos es como si fuera incompresible. No obstante, el aire, al ser gaseoso, sí se puede comprimir bastante y esto facilita la respiración. Los pulmones son como un fuelle que durante la inspiración aumenta el volumen de su cavidad y, por tanto, disminuye la presión interna. Este trabajo de inhalación se lleva a cabo gracias a la contracción del diafragma y de los músculos intercostales. Al disminuir la presión dentro de los pulmones, el aire del exterior —que está a mayor presión— fluye con facilidad hacia estos, permitiendo así la inhalación. Y, al revés, cuando los músculos intercostales y el diafragma se relajan, se produce la exhalación, puesto que disminuye el volumen pulmonar, aumenta la presión y el aire tiende a salir de los pulmones.

Por tanto, el aire fluye siempre a favor de un gradiente de presión, desde la zona con mayor presión hacia la que tiene menos presión. Esta compresibilidad del aire, así como la presión diferencial, es lo que le permite al sistema respiratorio realizar buena parte del trabajo de respirar. Mientras que para inhalar se necesita el esfuerzo de contracción del diafragma y los músculos, para exhalar solo se requiere la acción elástica contraria sin apenas gasto de energía.

5. El fenómeno de la difusión

Como el aire respirado es incapaz de alcanzar los minúsculos alvéolos pulmonares, la respiración depende también de la difusión de los gases del aire que se produce en dicho nivel. La difusión molecular es un proceso físico, propio de gases y líquidos, en el que se origina un flujo de átomos o iones desde una región de alta concentración a otra de baja concentración, hasta que ambas regiones se igualan o alcanzan la misma concentración. La velocidad de difusión del oxígeno en el aire es unas 8000 veces más rápida que en el agua. Justo lo que se necesita para que la respiración sea eficaz. Si ambas velocidades fueran iguales, la respiración sería demasiado lenta e insuficiente para suministrar el oxígeno que requiere el metabolismo celular.

De manera que primero, el aire ventila los conductos del aparato respiratorio, tales como la tráquea, los bronquios y los bronquiolos, gracias a su precisa densidad y viscosidad; mientras que después, permite el transporte de oxígeno en los alvéolos y la recogida del CO_2 gracias a la elevada tasa de difusión de los gases en el aire. Por tanto, el fenómeno de la difusión de los gases atmosféricos es otra evidencia de la aptitud de la naturaleza, incluso en los detalles más mínimos, para que los seres vivos puedan respirar aire. Este singular conjunto de gases parece meticulosamente diseñado con las propiedades precisas para permitir nuestra existencia y la de tantos otros seres vivos.

Desde el escepticismo, algunos dicen que tal conclusión es poco imaginativa y muy antropocéntrica. Puede que existan otros mundos con seres vivos distintos a nosotros capaces de poseer características físicas y químicas diferentes a las de la Tierra, pero como no los conocemos, creemos que somos los únicos y que las propiedades de nuestro planeta también son únicas. No obstante, la acusación de ser *poco imaginativos* se le puede hacer también a las ciencias experimentales y, en particular a la exobiología, ya que ninguna de ellas ha propuesto un escenario alternativo. En la literatura científica no existen modelos bien elaborados que describan posibles bioquímicas de otros mundos que no estén basadas en el carbono. Nadie ha diseñado jamás modelos alternativos de células vivas, con otros metabolismos diferentes a los que se dan en la biosfera. Por mucho que se escudriñe en la tabla periódica de los elementos, no aparecen nuevas posibilidades químicas distintas de las que ya conocemos, ni tampoco metabolismos diferentes que funcionen en la práctica. Sin embargo, esta dificultad de los investigadores para imaginar escenarios alternativos funcionales constituye una sólida prueba en favor del paradigma antropocéntrico. El mundo en el que vivimos parece diseñado exclusiva y especialmente para la vida y para la humanidad.

46

La vida de la carne es su sangre

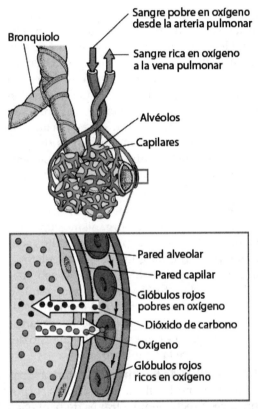

Esquema de la difusión o intercambio de gases entre los capilares
sanguíneos y los alvéolos pulmonares. (https://www.merckmanuals.com/
es-us/hogar/trastornos-del-pulmón-y-las-v%C3%ADas-respiratorias/
biolog%C3%ADa-de-los-pulmones-y-de-las-v%C3%ADas-respiratorias/
intercambio-de-ox%C3%ADgeno-y-dióxido-de-carbono).

Los hebreos del Antiguo Testamento eran perfectamente conscientes de
que los organismos que poseen sangre son diferentes a aquellos que no
la presentan, como pueden ser los vegetales. Estos, aunque valiosos y

necesarios para el hombre, podían ser ofrecidos a Dios como primicias y en acto de agradecimiento. Sin embargo, para los sacrificios por el pecado, solo valía el derramamiento de sangre animal. Es decir, la muerte de criaturas inocentes de carne y hueso. Esto es lo que expresa el salmista al escribir: «Holocaustos de animales engordados te ofreceré, con sahumerio de carneros; te ofreceré en sacrificio bueyes y machos cabríos» (Sal 66:15), en respuesta a las prescripciones divinas recogidas en el libro de Levítico (17:10, 11).

Pues bien, no fue hasta el siglo XVII, hace poco más de 400 años, que el médico inglés William Harvey estableció definitivamente que la sangre circulaba, bombeada por el corazón. Hoy sabemos que no solo nosotros, sino todos los seres vivos complejos necesitan un aparato circulatorio que los mantenga con vida. Curiosamente, la necesidad de tal aparato se debe a un condicionamiento puramente físico. Es decir, al hecho de que la difusión de los gases solo resulta eficaz en distancias muy pequeñas, del orden de fracciones de milímetro, pero no es útil para transportar gases a distancias mayores. Se ha calculado que para recorrer un solo milímetro, el oxígeno difundido en un tejido tardaría poco más de un minuto y medio. Sin embargo, esta velocidad de difusión sería demasiado lenta e insuficiente para oxigenar todas las células de nuestro cuerpo y mantenernos con vida.

No obstante, esta rápida difusión en medios acuosos y en las distancias cortas sí resulta eficaz para las bacterias y otros microorganismos unicelulares. Estos pequeños seres obtienen nutrientes y expulsan desechos solo mediante la difusión y no necesitan por tanto ningún aparato circulatorio que potencie dicha difusión. Sin embargo, cuando los seres vivos sobrepasan el tamaño de unos pocos milímetros, la difusión se torna inoperante e incapaz de eliminar o asimilar los metabolitos. Es entonces cuando resultan imprescindibles los aparatos o sistemas circulatorios de los organismos, capaces de bombear sangre con oxígeno y otros nutrientes al resto del cuerpo, a mayor velocidad de la que permite la simple difusión.

Los insectos, por ejemplo, al ser de reducido tamaño, presentan un aparato circulatorio abierto, pero el oxígeno no les llega a las células corporales por medio de la circulación, sino directamente a través de pequeñas tuberías llamadas tráqueas, que alcanzan todos los tejidos. No obstante, los organismos más grandes como los vertebrados y algunos invertebrados poseen un aparato circulatorio cerrado, en forma de árbol vascular con numerosas ramificaciones, que sale de un corazón capaz de bombear sangre desde gruesas arterias hasta millones de diminutos capilares de apenas 5 micras de diámetro.

Todos los sistemas circulatorios de los seres vivos no solo están perfectamente adaptados, de manera inteligente, a los diversos ambientes que presenta la biosfera, sino que dependen también de un elemento que resulta crucial en la aptitud del planeta para la vida. Se trata del agua. Resulta que la molécula que sirve de base a todos los sistemas circulatorios de los organismos es también la misma que permite el funcionamiento de otro sistema circulatorio completamente diferente: el ciclo hidrológico que se da en la superficie de la Tierra. El agua evaporada de los mares, caída sobre las montañas, filtrada, purificada y que sacia nuestra sed, es la misma que corre por nuestras venas. El agua de la biosfera es siempre la misma ya que se recicla constantemente. No nos viene agua del espacio exterior. El agua que sació la sed de las personas y animales de la antigüedad y que permitió el fluir de sus aparatos circulatorios es también la misma que forma parte de nuestra sangre. ¿Por qué el agua es tan adecuada para la vida?

Si los mejores bioquímicos del mundo se hubieran propuesto diseñar una sustancia líquida que fuera adecuada a la vez para hidratar nuestras células y oxigenarlas perfectamente, habrían tenido que tener en cuenta por lo menos cuatro características fundamentales:[72]

1. Debería ser un líquido que no se pudiera comprimir ya que las sustancias comprimibles no se pueden bombear con facilidad.
2. Su densidad y peso deberían ser bajos para adecuarse a la potencia de salida de las bombas biológicas.
3. El oxígeno, los nutrientes y los productos de desecho del metabolismo celular tendrían que poder disolverse en ella con facilidad.
4. Su viscosidad también debería ser baja puesto que las sustancias viscosas no se pueden bombear bien a través de los pequeños capilares.

Pues bien, todas estas características y muchas más las cumple perfectamente el agua. Es un líquido adecuado que sustenta la sangre, así como todo el aparato circulatorio y que depende de un conjunto de elementos de idoneidad que funcionan juntos. No existe otro fluido alternativo que sea capaz de sustituir al agua en la química de los organismos basada en el carbono. Su adecuación para el buen funcionamiento de los aparatos circulatorios es como la de la atmósfera para la respiración del aire atmosférico. En mi opinión, la singular aptitud de esta molécula para la vida no puede tratarse de una simple casualidad, sino que permite pensar en una inteligencia planificadora. Hay un claro determinismo fisiológico detrás de esta molécula tan especial.

---

72   Denton, M. (2022). *The Miracle of Man. The Fine Tuning of Nature for Human Existence*, Discovery Institute Press, Seattle, p. 24.

En cierta ocasión, Jesús le dijo a una mujer de Samaria, que se hallaba junto a un pozo: «Cualquiera que bebiere de esta agua, volverá a tener sed; mas el que bebiere del agua que yo le daré, no tendrá sed jamás; sino que el agua que yo le daré será en él una fuente de agua que salte para vida eterna» (Jn 4:13-15). El mismo Creador que diseñó la molécula física del agua, pensando en los seres vivos, es también el que nos ofrece esa otra agua espiritual para vida eterna por medio de Jesucristo.

47

El calor interno

A pesar de que la temperatura media en la superficie de la Tierra ronda los 15 °C, lo cierto es que, según el lugar y el momento en que nos encontremos, esto puede cambiar considerablemente. En algunos lugares, como en el Valle de la Muerte (Estados Unidos), se han registrado temperaturas de hasta 57 °C, mientras que en otros lugares de la Antártida el termómetro ha bajado en ocasiones a -93 °C. No cabe duda de que una diferencia entre la máxima y la mínima de 150 grados centígrados es mucho más de lo que la mayoría de los seres vivos podemos soportar. ¿Cómo se las arreglan los organismos? Aunque la mayoría de las especies suelen evitar los ambientes extremos, cada ser vivo de la biosfera presenta una estrategia particular para sobrevivir a los cambios de temperatura que se dan en su propio ecosistema. Mientras los animales y plantas terrestres deben soportar cambios térmicos extremos y bruscos, los acuáticos están protegidos por las características del líquido elemento. El agua amortigua los cambios de temperatura, volviéndolos más soportables.

Básicamente hay dos estrategias diferentes para soportar los cambios térmicos en la superficie del planeta. La más simple y que requiere un menor gasto energético es dejar que la temperatura corporal se adecúe a la del medioambiente. Si hace calor, el cuerpo se calienta y los animales están activos, mientras que cuando llega el frío todo se paraliza y el metabolismo disminuye su actividad. Así es como sobreviven anfibios, reptiles y la gran mayoría de los invertebrados terrestres. De ahí que a tales organismos se les denomine vulgarmente como animales de *sangre fría*, aunque el término científico para ellos sería el de organismos *poiquilotermos* o con temperatura corporal variable.

La segunda estrategia es la de los seres *homeotermos* o de *sangre caliente*, como las aves y los mamíferos, cuyo cuerpo mantiene siempre la misma temperatura interna a pesar de las fluctuaciones que pueda experimentar el ambiente. Dicha temperatura suele oscilar según las especies entre los 36 °C y los 41 °C, que es bastante más elevada que la media terrestre de los 15 °C. Los humanos, así como la mayoría de las especies más complejas, pertenecemos también a este grupo de sangre caliente. Es menester señalar que en algunas especies las diferencias entre poiquilotermos y homeotermos no son tan claras. Por ejemplo, el género de murciélagos

Plecotus, a pesar de ser mamíferos, no tienen mucha capacidad para mantener constante su temperatura, mientras que algunas plantas y reptiles se comportan como auténticos homeotermos. Ciertos vegetales son capaces de generar calor durante la floración, lo cual aumenta la liberación de atrayentes químicos para los insectos y facilita la polinización.[73]

Las ventajas de tener siempre la sangre caliente son evidentes. Se puede estar activo de noche y de día, tanto en invierno como en verano, porque las funciones metabólicas trabajan continuamente. Cuanto mayor sea la temperatura corporal, más elevada será también la actividad enzimática, la generación de energía en forma de ATP, el desarrollo celular, la reproducción, la fotosíntesis de los vegetales o el movimiento de los animales. En cambio, los animales de sangre fría no pueden desarrollar apenas estas mismas actividades cuando hace frío y deben esperar a que los rayos solares calienten sus cuerpos. Los cocodrilos y caimanes, por ejemplo, tienen unas escamas en la espalda que están repletas de vasos sanguíneos y que actúan como pequeñas placas solares para calentarse durante los días fríos.

Los cetáceos como las ballenas, orcas y delfines, a pesar de vivir en el mar, tienen la sangre caliente, respiran por pulmones, paren a sus crías y las alimentan con leche materna, puesto que son mamíferos.

Algunos grandes peces marinos que se alimentan de otros peces más pequeños, como el pez espada (*Xiphias gladius*), los atunes y ciertos tiburones, son capaces de mantener temperaturas corporales elevadas cuando cazan en aguas frías. El calentamiento de sus músculos suele elevar sobre todo la temperatura del sistema nervioso central, los ojos y el cerebro ya que

---

73 Termorregulación. (17 de marzo de 2024). Wikipedia. https://es.wikipedia.org/wiki/Termorregulación#Termorregulación_en_las_plantas.

estos órganos son los que deben estar más activos durante la depredación. A pesar de todo, los animales de sangre fría son incapaces de alcanzar los niveles de inteligencia de las especies de sangre caliente. Los organismos que presentan cerebros más desarrollados y complejos, tanto en los mares como en la tierra, tales como orcas, delfines, primates, córvidos y loros, son todos homeotermos que respiran aire y mantienen su temperatura corporal constante, varios grados por encima de la del medioambiente. Todo esto sugiere que probablemente el calor interno de los animales de sangre caliente sea un requisito fisiológico universal para poseer elevados niveles de inteligencia.

Por tanto —según se comentó en otros apartados— las propiedades de la extraordinaria molécula de agua no solo la hacen apta para permitir cosas tan diferentes como el ciclo hidrológico en la biosfera, la meteorización y erosión de las rocas, la liberación de minerales necesarios para la vida, la respiración de los seres vivos o su circulación sanguínea, sino que además sus particulares propiedades térmicas resultan esenciales para el mantenimiento de la temperatura interna de los organismos homeotermos como el propio ser humano. Todo esto apunta hacia un diseño previo y no a la casualidad ciega o sin propósito. En el siguiente apartado analizaremos estas propiedades térmicas del agua.

48

Propiedades térmicas del agua

El agua presenta tres propiedades relacionadas con la temperatura que la hacen única e insustituible para la vida. Se trata de su elevado *calor específico*, su alto *calor de vaporización* y su también alta *conductividad térmica*. Veamos en qué consiste cada una de tales cualidades físicas.

Elevado calor específico del agua

El calor específico es la cantidad de energía necesaria para aumentar la temperatura de una sustancia. En el caso del agua, dicha energía es muy alta ya que para incrementar su temperatura hace falta que absorba mucho calor. Por ejemplo, se necesita aplicar una energía calorífica de 4184 julios para que un kg de agua aumente su temperatura en un grado centígrado. Se comprende que esta es una cantidad importante cuando se compara con el calor específico de otros elementos. En el caso del cobre solo se requieren unos 385 julios para aumentar la temperatura de un kg un grado centígrado, mientras que tan solo hacen falta 130 julios para aumentar la temperatura de la misma cantidad de plomo.

El único líquido que presenta un calor específico más elevado que el agua es el amoníaco líquido. Sin embargo, como todo el mundo sabe, el amoníaco es corrosivo para la piel, los ojos o los pulmones y, por tanto, no apto para realizar las funciones que hace el agua en los seres vivos. De manera que cualquier cantidad de agua cambia menos su temperatura, con adición o sustracción de calor, que la mayoría de las sustancias. Esto es algo que se puede comprobar fácilmente. Por ejemplo, cuando uno se baña en el mar en verano, a las doce de la noche, suele encontrar el agua relativamente caliente, porque aún no ha perdido la energía calorífica que durante el día le ha transmitido el sol. Al agua le cuesta calentarse, pero también enfriarse debido a su elevado calor específico.

Pues bien, esta propiedad constituye otro elemento de aptitud física del agua para todos los seres vivos, especialmente para los que mantenemos constante la temperatura corporal (homeotermos). Si en vez de agua tuviéramos cualquier otra sustancia líquida con menor calor específico, nuestros cuerpos se calentarían demasiado a consecuencia del calor generado por las propias reacciones metabólicas y moriríamos. Gracias al agua, podemos soportar temperaturas corporales de hasta 40 °C o poco más, y los casos de muerte por exceso de calor suelen ser excepcionales. Aunque también los organismos poiquilotermos, cuya temperatura corporal depende de la del ambiente, se benefician del elevado calor específico del agua ya que gracias a este los cambios térmicos que experimentan no son tan bruscos.

Por otro lado, si el calor específico del agua fuera mayor de lo que es, su aptitud para la vida sería menor. De hecho, la temperatura media de las especies de sangre caliente, que está entre los 36 °C y 39 °C, es precisamente la misma en la que el calor específico del agua es menor. Esto hace que sus moléculas se muevan más fácilmente por unidad de energía suministrada.

El hecho de que alrededor del 60 % de nuestro cuerpo sea agua, hace que la mayor parte de nuestros tejidos tengan también un calor específico parecido al del líquido elemento. Esto, como decimos, contribuye a amortiguar los cambios bruscos de temperatura en los organismos y constituye un elemento adicional de aptitud natural del agua para todos los seres vivos.

Alto calor de vaporización del agua

El calor de vaporización es la cantidad de energía que se necesita para transformar un gramo de una substancia líquida en gaseosa a temperatura constante. El calor de vaporización del agua es elevado ya que es alrededor de 540 cal/g a 100 °C, que es el punto de ebullición del agua. Para calentar un gramo de agua desde el punto de congelación hasta el de ebullición se requieren unas cien calorías, mientras que se necesitan unas cinco veces más calorías para convertir un gramo de agua líquida en vapor de agua a temperatura ambiente. Este calor de vaporización del agua es el más alto conocido, solo superado por algunos metales líquidos a temperaturas muy altas.

Esta característica del agua es importante para los seres vivos porque permite que pierdan fácilmente el exceso de calor corporal. El enfriamiento por evaporación es esencial en los ambientes cálidos y después de un ejercicio físico importante, sobre todo en las aves y mamíferos, cuya elevada tasa metabólica les genera mucho calor. Si este calor no se pudiera disipar pronto, gracias a la acción refrescante de la evaporación del agua, se correría el riesgo de hipertermia fatal o muerte por golpe de calor.

Es evidente que dicho enfriamiento por evaporación únicamente afecta a los organismos terrestres y no a los que viven en el agua. Por tanto, constituye un elemento de aptitud ambiental para los animales terrestres y en especial para los humanos. Nuestras abundantes glándulas sudoríparas, así como la práctica ausencia de vello corporal significativo, permiten que el calor de vaporización del agua enfríe pronto nuestro cuerpo. Esta eliminación de calor es mucho más importante en los humanos que en aquellos animales que están revestidos de gruesas pieles repletas de pelo y que solo lo eliminan por medio del jadeo.

Las aves y los mamíferos son animales de sangre caliente (homeotermos) que dependen para ello de las propiedades térmicas del agua.

Alta conductividad térmica del agua

La conductividad térmica es la capacidad de conducir el calor. Cada material posee su propia conductividad térmica. Minerales como la plata tienen una conductividad alrededor de 40 000 veces superior a la que presenta el aire. En general, los elementos fluidos poseen conductividades térmicas inferiores a los sólidos. No obstante, la del agua es una de las más altas entre la mayoría de los líquidos habituales y esto favorece también a los animales de sangre caliente.

La oxidación de la materia orgánica que se produce en el interior de los millones de mitocondrias existentes en las células de los seres vivos, generan un calor metabólico que debe ser eliminado del cuerpo para evitar un sobrecalentamiento que podría resultar fatal. Este calor es conducido desde las células a los tejidos y a los capilares sanguíneos, gracias a la alta conductividad térmica del agua. No obstante, si la conductividad del agua fuera menor de lo que es, el calor no podría transmitirse lo suficientemente rápido desde los tejidos corporales a la sangre y las células morirían prácticamente hervidas por un exceso de calor. Por el contrario, si dicha conductividad térmica fuera mayor, la temperatura del ambiente afectaría negativamente a los tejidos de los seres vivos haciendo imposible que los animales de sangre caliente pudieran mantener su homeotermia o temperatura corporal constante.

En resumen, la capacidad de mantener la temperatura corporal constante que poseen aves, mamíferos y personas se debe a las peculiares propiedades térmicas de la molécula de agua y esto constituye un conjunto notable de aptitud ambiental. El elevado calor específico del agua, su alto calor de vaporización y su también alta conductividad térmica confluyen entre sí para permitir la homeotermia terrestre. Si esto no hubiera sido así, nosotros y muchos animales no podríamos existir en la biosfera de la Tierra. Los seres de sangre caliente jamás habrían prosperado como lo han hecho. Por tanto, las leyes de la naturaleza, que existían mucho antes de la aparición de los seres vivos, eran ya especialmente adecuadas para permitir la futura vida basada en el carbono. Y esto permite pensar en un diseño previo de tales leyes y de las propiedades de los elementos químicos gestados en el corazón de las estrellas. Si alguien hubiera deseado crear las características necesarias para que en la biosfera terrestre hubiera seres de sangre caliente como nosotros, tendría que haber hecho primero el agua y configurarla exactamente como es. Se puede decir que la molécula de H_2O nos estaba esperando.

49

Los átomos de oxígeno como ladrillos del Creador

En apartados anteriores hemos visto cómo el oxígeno resulta imprescindible para la combustión de la materia orgánica en el aire atmosférico y a temperatura ambiente. Además, la vida en nuestro planeta puede darse gracias a la presencia del oxígeno molecular (O_2), que existe no solo en el aire, sino también en los intersticios del suelo por el que andamos y disuelto en el agua de ríos y mares. Este gas, en su estado fundamental, resulta esencial para que los seres vivos obtengamos energía mediante la respiración aeróbica y podamos alcanzar tasas metabólicas mucho más altas que las logradas por los organismos que viven en el agua. Y esto, a su vez, hace posible que muchos animales aéreos mantengan su calor interno, sean complejos y posean cierto nivel de inteligencia.

Sin embargo, para utilizar el oxígeno presente en la naturaleza hacen falta ciertos mecanismos químicos especiales que superen su resistencia natural a reaccionar a la temperatura ambiente. Afortunadamente tales elementos y mecanismos existen en la biosfera y pueden ser usados fácilmente por los seres vivos. Se trata de ciertos metales de transición que poseen una estructura electrónica y unas propiedades adecuadas para activar dicha molécula de oxígeno. Una vez más, da la impresión de que en la biosfera todo está pensado y pocas cosas se dejan al azar. El hecho de que todas las moléculas en las que interviene el oxígeno se sirvan de estos metales de transición y de que no existan otros átomos alternativos en toda la tabla periódica sugiere que las propiedades electrónicas de tales metales son especialmente adecuadas para ello. Sin estos metales no podría darse la respiración aeróbica en el mundo.

Hay dos maneras de vencer la resistencia natural del oxígeno a reaccionar: una es absorbiendo energía de moléculas próximas que han sido excitadas por la luz o bien por el calor, como en el caso del fuego; la otra es recibiendo electrones de otros átomos metálicos como el hierro y el cobre. Estos átomos pueden perder electrones sin volverse inestables. Por tanto, todas las enzimas activadoras de oxígeno presentes en los seres vivos suelen poseer estos átomos de metales de transición. Si no fuera por esta capacidad única de tales átomos de ceder electrones a la molécula de oxígeno, no sería posible activarla y la oxidación no se podría producir en las células, con lo cual toda vida basada en el carbono sería imposible.

La enzima citocromo c oxidasa

Se trata de una máquina bioquímica a escala liliputiense, una auténtica nanomáquina, muy abundante en las membranas celulares de las bacterias y de las mitocondrias de las células con núcleo (eucariotas). Es la última enzima de la cadena de transporte de electrones (CTE), cuya función consiste en recibir un electrón de cada una de las cuatro moléculas de una pequeña proteína llamada *citocromo c* y posteriormente transferirlos a una molécula de oxígeno para reducirla a dos moléculas de agua. Esto genera un movimiento de protones a través de la membrana, que es aprovechado por otra enzima, la *ATP sintasa*, para sintetizar la moneda energética por excelencia de la célula, el llamado ATP (adenosín trifosfato), que es la que nos mantiene vivos.

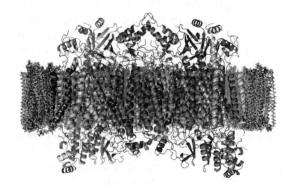

Dibujo que representa la compleja estructura de una parte de la enzima *citocromo c oxidasa* bovina intercalada en una de las dos capas lipídicas de una mitocondria. (Wikipedia).

La citocromo c oxidasa constituye una auténtica maravilla bioquímica y es una de las enzimas más importantes para la vida aeróbica. Está presente en todas las células que requieren oxígeno, introduciéndolo en el metabolismo oxidativo y generando la energía necesaria que nos mantiene vivos. El citocromo c de dicha enzima es una pequeña proteína que posee en su interior un ion de hierro. Cuando este hierro se oxida cede un electrón que pasará al cobre de otro complejo de la CTE y así sucesivamente hasta que llegue al oxígeno y produzca agua. Es tan complejo y delicado todo este mecanismo que cualquier alteración o mutación pueden ponerlo en peligro. Entre las peores enfermedades mitocondriales están aquellas mutaciones que alteran la forma y, por tanto, la función de la enzima citocromo c oxidasa. Cuando se dan en el embrión humano causan un desorden metabólico importante, provocando defectos en aquellos órganos que necesitan más energía, tales como el cerebro, el corazón, el hígado y los músculos. Esto hace difícil imaginar cómo podría haber surgido semejante enzima mediante una evolución darwinista ciega y gradual.

Además de hierro y cobre, la citocromo c oxidasa contiene otros dos átomos metálicos, como son el zinc y el magnesio, que no están involucrados en la transferencia de electrones o en la reducción del oxígeno a agua. El zinc sirve para conformar la estructura de la enzima, mientras que el magnesio actúa en la liberación de moléculas de agua. Por tanto, hay unas nueve clases de ladrillos que constituyen la singular nanomáquina de la enzima citocromo c oxidasa, que son los átomos de carbono, nitrógeno, oxígeno, azufre, hidrógeno, hierro, cobre, zinc y magnesio. Todos generados en el núcleo de las estrellas con unas precisas propiedades que parecen diseñadas precisamente para permitir la vida sobre la Tierra.

50

La química de la vida

Gracias a la enzima citocromo c oxidasa presente en las mitocondrias de las células, el oxígeno se convierte en agua según la siguiente reacción, en la que (e⁻) representa a los electrones negativos y (H⁺) a los protones positivos:

$$O_2 + 4\,e^- + 4\,H^+ = 2\,H_2O$$

De esta manera, una sola molécula de oxígeno se transforma en dos de agua por medio de la unión con cuatro electrones y otros cuatro protones. Por tanto, parte del oxígeno que entra en los pulmones de los animales aerobios se convierte finalmente en agua en el interior de sus células. Esto vuelve a poner en evidencia la idoneidad de este gas para la vida.

Por otro lado, la reacción química básica que mantiene vivos a todos los organismos que respiran aire es la oxidación de la materia orgánica:

$$C_6H_{12}O_6 + 6\,O_2 \longrightarrow 6\,CO_2 + 6\,H_2O + calor + energía\ (ATP)$$

La oxidación de una molécula de glucosa por seis de oxígeno produce seis moléculas de dióxido de carbono, más seis de agua, calor y energía en forma de ATP. Esta reacción tan familiar, que desde adolescentes aprendemos en los centros docentes, resulta tan crucial e idónea para la vida en la Tierra que permite pensar en la existencia de una misteriosa relación íntima entre la química y la biología. Parece una confabulación inteligente de ambas disciplinas y no una casualidad ciega. La idoneidad de estos tres productos de desecho (CO_2, H_2O y calor) para trabajar juntos es tan notable que sin ellos no sería posible la vida.

La idoneidad del dióxido de carbono (CO_2)

El dióxido de carbono que se produce en la oxidación de la materia orgánica es un gas y esto facilita notablemente su excreción. Si fuera un sólido insoluble, o soluble en agua como un ácido fuerte, o cualquier otra sustancia tóxica, la oxidación de los compuestos orgánicos no se podría llevar a cabo. Sin embargo, el CO_2 es uno de los pocos gases inocuos a temperatura ambiente y esto facilita notablemente las cosas para los seres vivos. El silicio, por ejemplo, es un átomo muy parecido al carbono, pero el óxido de silicio es ni más ni menos que arena sólida, mientras que el óxido de carbono es un gas y esto resulta crucial para todos los organismos que respiramos aire y podemos excretarlo fácilmente de nuestros pulmones. El hecho de que el dióxido de carbono sea un gas a temperatura ambiente es otro de los muchos elementos de aptitud que posee esta sustancia.

Otra curiosidad relacionada con el CO_2 es la manera en que es transportado hacia los pulmones. A pesar de que es más soluble que el oxígeno, no suele transportarse en solución simple, sino en forma de bicarbonato. Es cierto que se excreta en los pulmones como gas, pero su transporte por la sangre, desde los tejidos hasta ellos, se realiza en forma de bicarbonato, que es un compuesto soluble no gaseoso. Dicho bicarbonato se forma en la sangre cuando el dióxido de carbono producido por la oxidación de los compuestos orgánicos reacciona con el agua:

$$H_2O + CO_2 \rightarrow H_2CO_3 \rightarrow H^+ + HCO_3^-$$

Al reaccionar el agua con el dióxido de carbono en el interior de los glóbulos rojos de la sangre se produce el ácido carbónico (H_2CO_3) y posteriormente, gracias a la acción de la enzima anhidrasa carbónica, este ácido se convierte en protones y bicarbonato. Cuando la sangre llega de nuevo a los pulmones, procedente de todas las células del cuerpo, el bicarbonato se vuelve a transformar en CO_2 y H_2O en los glóbulos rojos, que serán expulsados a través de los pulmones.

Por tanto, vemos aquí otra idoneidad química del agua para la vida. Se trata de un líquido, a la temperatura ambiente de la biosfera, que sirve perfectamente como medio interno para el sistema circulatorio, capaz de transportar bicarbonato a los pulmones y de expulsar el CO_2 del cuerpo, gracias a su capacidad de generar bicarbonato, transportarlo en los eritrocitos o glóbulos rojos y disgregarlo finalmente en agua y dióxido de carbono. El problema de la excreción del CO_2 se resuelve de manera elegante por medio de las propiedades físicas y químicas tanto de la molécula de agua como del dióxido de carbono que, curiosamente, son también los dos productos finales del metabolismo oxidativo o respiración celular.

Calor, ATP y agua

La oxidación de la materia orgánica en el interior de las células genera también calor. Por eso a esta reacción química se la llama *exotérmica* porque desprende calor. Muchas reacciones producen calor, pero las oxidaciones están entre las que más calor generan debido al extraordinario vigor del oxígeno. Dicho calor no se pierde por completo ya que es empleado para mantener caliente el cuerpo, sobre todo en los organismos homeotermos. No obstante, el exceso de calor debe ser eliminado pues podría comprometer el buen funcionamiento corporal. Una vez más, es la molécula de agua la que se encarga de ello. Su elevado calor específico absorbe el exceso de calor y, gracias a su alta conductividad térmica, dicho calor pasa de los tejidos celulares a la sangre y de esta a la piel, por donde se irradia al exterior en forma de sudor y gracias al elevado calor de vaporización del agua. Todo esto tiene un gran efecto refrescante sobre los organismos ya que elimina el peligroso exceso de calor corporal.

Los otros dos productos de las oxidaciones son el ATP y el agua. Al primero, que se denomina así por las siglas de *adenosín trifosfato*, se le conoce también vulgarmente como la "moneda energética" de la célula ya que recibe la energía química y la almacena en forma de enlaces fosfato de alta energía. Por su parte el agua, la ubicua matriz de la vida, es un producto de excreción absolutamente inocuo, fácil de eliminar y perfectamente reciclable. No podría haber sustancias más idóneas y aptas para la vida en la Tierra. ¿Elegancia y parsimonia de una naturaleza ciega o diseño previo de un agente inteligente superior? Mi lógica se inclina por la segunda opción.

51

Las disoluciones tampón

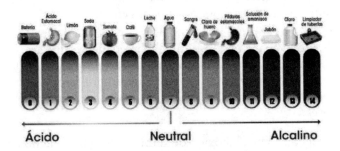

Escala del pH con ejemplos de diferentes sustancias de uso doméstico.
(Modificado de: https://www.ilerna.es/blog/aprende-con-ilerna-online/
sanidad/ph-importancia-de-mantenerlo-estable/).

En química, se llama *disoluciones tampón* o amortiguadoras a aquellas disoluciones que mantienen un pH casi constante aun cuando se le añadan pequeñas cantidades de ácido o de base. El pH o *poder de hidrógeno* es una medida de la acidez o alcalinidad de una disolución acuosa e indica la concentración de iones de hidrógeno que hay en ella. La escala que refleja el pH de los distintos líquidos acuosos usados en la vida cotidiana, va desde el 0 al 15. Se consideran ácidas sustancias como el ácido clorhídrico (pH entre -1 y 0); los jugos gástricos (pH = 2); el vinagre (pH entre 2.5 y 2.9); el café (pH = 5) y la leche (pH = 6.5). El agua tiene un pH neutro que es igual a 7 y a partir de aquí ya se consideran soluciones básicas o alcalinas. A este grupo pertenecen la sangre (pH entre 7.3 y 7.4); el agua de mar (pH = 8.2); el jabón (pH entre 9 y 10); la lejía (pH = 11.5) y el hidróxido de sodio que puede alcanzar un pH de 15.

Sorprendentemente, en los seres vivos que respiran aire como nosotros hay también disoluciones tampón que amortiguan de manera eficaz las peligrosas variaciones de la acidez o basicidad que pudiera sufrir la sangre. El bicarbonato que se produce cuando el agua reacciona con el CO_2

constituye un amortiguador ideal que mantiene el equilibrio ácido-base de la sangre. Cada vez que aumenta la concentración de iones de hidrógeno en esta y se eleva su acidez —algo que suele ocurrir cada vez que hacemos ejercicio físico ya que el ácido láctico generado se acumula en los tejidos—, el bicarbonato reacciona con dichos iones de hidrógeno, generando ácido carbónico que finalmente se disociará de nuevo en CO_2 y agua. De manera que el tampón bicarbonato es un excelente amortiguador de los cambios del pH porque, a diferencia de los demás tampones conocidos en sistemas cerrados, el CO_2 que se genera puede eliminarse fácilmente del cuerpo a través de los pulmones y esto lo hace mucho más eficaz.

Si se recapitula todo el proceso de la oxidación que se produce en los seres vivos, sobre todo en los que respiramos directamente aire, se descubre la gran idoneidad inherente al mismo para nuestra propia existencia en este planeta. Esta idoneidad para la vida viene determinada por al menos siete coincidencias fundamentales, que el Dr. Michael Denton resalta en su libro *The Miracle of Man*:[74]

1. Tanto el oxígeno como el dióxido de carbono son gases a temperatura ambiente y esto hace posible que la absorción del O_2 y la excreción del CO_2 tenga lugar en el mismo órgano respiratorio, los pulmones.

2. Como el O_2 y el CO_2 son solubles en agua pueden ser transportados a todas las células del cuerpo mediante la sangre.

3. Los dos productos finales del metabolismo oxidativo que tiene lugar en las células, el agua y el CO_2, reaccionan químicamente entre sí y generan bicarbonato (HCO_3^-), que por su parte posee las características ideales para amortiguar el pH de los fluidos corporales de los organismos de respiración aérea.

4. Al mismo tiempo, el radical bicarbonato (HCO_3^-) sirve también para transportar CO_2 a los pulmones y expulsarlo al exterior.

5. El agua líquida no solo reacciona con el CO_2 para formar bicarbonato, sino que como medio ideal de circulación, transporta físicamente dicho bicarbonato y el CO_2 disuelto a los pulmones.

6. Gracias a la alta capacidad calorífica del agua, el exceso de calor producido en el metabolismo celular es absorbido y transferido a la periferia.

7. Y, finalmente, el elevado calor de vaporización del agua contribuye a la eliminación del calor.

---

74   Denton, M. (2022). *The Miracle of Man. The Fine Tuning of Nature for Human Existence*, Discovery Institute Press, Seattle, p. 149.

Todos estos procesos químicos y físicos, que permiten la respiración de los organismos superiores, evidencian una sinergia tan elegante, precisa, inteligente y hermosa que difícilmente se puede creer que se hayan originado por simple casualidad. La realidad está ahí delante de todo el mundo. Los estudiantes de bachillerato o High School deben aprenderse cada año muchos de estos procesos y examinarse después de ellos. Sus libros de texto de biología los exponen muy bien, incluso mediante coloridos y didácticos esquemas. Y, sin embargo, la increíble maravilla de cómo las propiedades de la química y la física trabajan juntas con tanta sabiduría para lograr que los organismos respiren O_2, excreten CO_2 y equilibren continuamente los ácidos y las bases en sus fluidos internos, en raras ocasiones suele ser apreciada. No se le da importancia a la cuestión de cómo se generaron por primera vez tales procesos. Simplemente se estudia cómo ocurren en la actualidad y a lo sumo se sugiere que todo funciona a la perfección porque la naturaleza es sabia y ha evolucionado a partir de la materia muerta.

No obstante, una cosa está clara. Los procesos ciegos de selección que propone el darwinismo son incapaces de generar este asombroso conjunto de aptitud ambiental que observamos en la biosfera. Las características físicas y químicas de las sustancias químicas que hacen posible toda esta maravilla fueron creadas al principio, mucho antes de que apareciera la vida y por tanto pudiera actuar sobre ella la selección natural propuesta por Darwin.

Michael Denton termina el capítulo octavo de su mencionado libro con estas palabras referidas a lo extraordinario de toda esta evidencia:

> Uno se siente tentado a adaptar el famoso comentario del astrofísico Fred Hoyle sobre el ajuste fino de la física y la química para la vida: Una interpretación de sentido común de los hechos sugiere que un superintelecto ha jugado con las leyes de la química y la biología para permitir la excreción de los productos finales del metabolismo oxidativo en los organismos que respiran aire como nosotros.[75]

Y ese "superintelecto" no puede ser otro que el Dios omnisciente y misericordioso que se revela en la Biblia y que nos tenía en mente desde antes de la fundación del mundo (Ef 1:4).

75 Ibid., p. 150.

El cuerpo humano

52

Cosmovisiones enfrentadas

El famoso biólogo ateo Richard Dawkins escribió en su libro *El espejismo de Dios* las siguientes palabras: «Uno de los desafíos más grandes al intelecto humano a lo largo de los siglos ha sido el de explicar cómo surge la compleja e improbable apariencia de que el universo ha sido diseñado».[76] Como es sabido, el divulgador británico responde a este desafío afirmando que solo la selección natural propuesta por la teoría darwinista es capaz de explicar dicha apariencia de diseño. Él cree que la alternativa, la idea de un Dios diseñador, es mucho más improbable porque «desencadena el problema mayor de quién diseñó al diseñador». ¿Tiene razón Dawkins? ¿Es lógica la idea de un Dios diseñador diseñado?

Respondí a esta última cuestión en mi libro *Nuevo ateísmo*[77] señalando la mala teología que emplea Dawkins. Él considera que toda la realidad evoluciona y, por tanto, si Dios fuera real, también debería haberse originado por evolución como los demás seres del cosmos. Sin embargo, semejante ocurrencia choca con el concepto mismo de Dios, un ser que la teología reconoce como eterno, increado, omnisciente, trascendente, absolutamente perfecto, «en el cual no hay mudanza, ni sombra de variación» (St 1:17). Por tanto, el dios diseñado que propone Dawkins no es el auténtico Dios de la Biblia.

Dejando a un lado las cuestiones teológicas acerca de la divinidad, me gustaría centrarme en el concepto evolucionista acerca de que el diseño es pura apariencia o solo una ilusión de la mente humana. No creo que sea así. Si lo fuera, parece tratarse de una ilusión recurrente y persistente. Tanto es así, que hasta la biología evolutiva habla hoy de *ingeniería genética* en los seres vivos. El lenguaje del ingenio y el diseño parece colarse de manera pertinaz en las descripciones biológicas. De manera que hay que realizar un verdadero esfuerzo mental para entender que el diseño que se observa en el mundo natural es solamente el producto de causas sin propósito como la selección natural, las mutaciones al azar o cualquier otro proceso evolutivo ciego. ¿Es posible que este diseño fácilmente observable haya ocurrido mediante accidentes o requiere un diseñador real? Centrándonos

---

76 Dawkins, R. (2015). *El espejismo de Dios*, Espasa, Barcelona, p. 191.
77 Cruz, A. (2015). *Nuevo ateísmo*, CLIE, Viladecavalls, p. 75-77.

en el cuerpo humano, que es el tema de la tercera parte del presente trabajo, ¿resulta posible que la compleja maravilla del mismo haya aparecido mediante una sucesión de errores no guiados, por mucho tiempo que se les quiera conceder?

La cuestión solamente puede tener dos posibles soluciones: que Dawkins tenga razón o que no la tenga. Si la tiene, las causas exclusivamente naturales o materiales serían las responsables del aparente diseño natural. Pero, si no la tiene, el diseño que vemos por doquier se debería a causas inteligentes. Por tanto, el cuerpo humano tendría que ser el producto de alguna de estas dos posibles causas o quizás de ambas a la vez. Sabemos que las causas materiales se pueden repetir porque dependen de leyes físicas y de constantes universales que son regulares. Esto es precisamente lo que ha permitido el avance y los logros de la ciencia humana. Sin embargo, tales leyes carecen de inteligencia, no previenen el futuro, ni pueden planificarlo porque no tienen intencionalidad. Y esto limita considerablemente sus poderes creativos. Es verdad que algunas mutaciones aleatorias en el ADN de los seres vivos pueden transmitirse a la descendencia, pero dichos errores no tienen deseos, ni intención, ni previsión de futuro. Son incapaces de pensar en la posibilidad de mejorar a una especie biológica o de convertirla en otra mejor adaptada al ambiente.

No obstante, a diferencia de estas causas materiales, las causas inteligentes actúan con intención, planifican el futuro, realizan proyectos y ponen en práctica las acciones necesarias para llevarlos a cabo. Esto significa que generan información y la materializan o le dan sentido para lograr el producto final que previamente han planificado. De manera que las causas inteligentes emplean las leyes naturales para diseñar trabajos sofisticados que la propia naturaleza jamás podría llevar a cabo. Como mucho, las causas materiales o naturales tienen que confiar a ciegas en el ensayo y el error y tener muchísima suerte para lograr algún pequeño cambio que resulte positivo o funcional. Esto significa que les resulta muy improbable lograr cualquier resultado coherente y no digamos ya conseguir algo tan elegante y sofisticado como el maravillosamente complejo ser humano.

Otra diferencia entre las causas materiales y las inteligentes es que las primeras suelen actuar por necesidad, mientras que las segundas son contingentes. Esto significa que, en las causas materiales, siempre que se dan las condiciones físicas adecuadas se produce un resultado determinado; pero en las causas inteligentes, el resultado depende de la elección libre del agente inteligente. Por tanto, la contingencia es una característica esencial de la información. Un ejemplo sencillo de todo esto podría ser el manual para montar un armario de *IKEA* (la famosa corporación sueca de muebles). Ninguna ley natural podría haber creado por sí misma la información que contiene dicho manual. Esta información ha sido generada por un agente inteligente libre que ha elegido las letras, palabras, números y dibujos necesarios, entre una infinidad de símbolos posibles, con el fin de crear un conjunto de instrucciones precisas para montar el armario.

Aunque la cantidad de información entre cualquier manual de montaje de *IKEA* y la necesaria para crear a un hombre o una mujer es abismal, este ejemplo puede resultar oportuno cuando se piensa en la difícil cuestión del origen del ser humano. Cada célula con núcleo de nuestro cuerpo contiene la información biológica necesaria para elaborar a un bebé en nueve meses de gestación y permitir que crezca o se desarrolle hasta llegar a adulto. Nuestro cuerpo está empapado de información biológica altamente compleja. Por tanto, la cuestión sobre el origen o la causa de dicha información es absolutamente pertinente. Nuestra experiencia es que los eventos aleatorios, aunque se les conceda mucho tiempo, no pueden generar la cantidad de información que hay en el cuerpo humano.

Se trata de lo que refleja el antiguo ejemplo del grupo de chimpancés tecleando al azar otras tantas máquinas de escribir. Aunque dispongan de todo el tiempo del mundo solo lograrán máquinas de escribir estropeadas. A veces se ha sugerido que si por casualidad escriben una palabra correcta y alguien (o la selección natural) la recoge y guarda, al final podrían ser los autores de cualquier novela famosa. Pero eso implica la inteligencia conservadora o discriminadora de ese "alguien" o la que algunos le suponen a la selección natural. Sin embargo, como es sabido, esta carece de intencionalidad y sabiduría. De manera que los acontecimientos aleatorios materiales son incapaces de crear información funcional porque carecen de intención y de acción. La selección natural no tiene intención y las mutaciones aleatorias no pueden actuar por sí mismas. Como mucho, son capaces de mantener en equilibrio las poblaciones ya existentes, pero no generan nueva información.

Actualmente esta constatación ha dividido el mundo de la biología. Son numerosos los biólogos materialistas que reconocen abiertamente que la selección natural y las mutaciones son insuficientes para explicar el origen y la diversificación de la vida, pero tampoco están dispuestos a abandonar su cosmovisión materialista. Esta situación paradójica ha llevado a algunos a proponer una tercera posibilidad que se conoce como la "tercera vía". Los autores estadounidenses Steve Laufmann y Howard Glicksman, ambos partidarios del diseño, lo definen así:

Este dilema ha generado un movimiento creciente en biología, conocido como la "tercera vía", cuyos defensores buscan explicaciones alternativas para el origen de características biológicas complejas.

Pero a pesar de sus argumentos persuasivos contra todas las formas actuales de darwinismo, hasta ahora no han podido ofrecer ninguna explicación nueva que sea causalmente suficiente y capaz de ganar terreno en la comunidad científica.[78]

De manera que se continúa buscando una hipotética y misteriosa fuerza material que sea capaz de producir diseño, pero sin pretenderlo. No obstante, si esto es así, ¿por qué no empezar a pensar en causas intencionales e inteligentes?

Llegados a este punto, nos enfrentamos con dos diferentes cosmovisiones o visiones del mundo que tiene cada cual. Las creencias fundamentales arraigadas en el alma humana, las presuposiciones indemostrables de cada espíritu acerca de las cuestiones principales de la vida, el pasado, el presente y el más allá. ¿Cuál es el sentido de la realidad? ¿Por qué hay algo en vez de nada? ¿Qué hago yo aquí en este mundo? ¿Tiene sentido la existencia humana? ¿Seguiré vivo después de mi muerte? Etc. Entre las múltiples respuestas posibles, hay dos que destacan y compiten en las sociedades contemporáneas, aunque tienen consecuencias muy diferentes. Se trata de la cosmovisión del materialismo o naturalismo y de la cosmovisión teísta. La primera afirma que la naturaleza o el universo material es todo lo que existe y que no puede haber nada fuera del cosmos a lo que la ciencia no tenga acceso. Por lo tanto, Dios no existe y la naturaleza se ha creado a sí misma. Por su parte, el teísmo defiende todo lo contrario. La realidad es mucho más de lo que vemos o podemos estudiar y ha sido creada por un Dios trascendente que existe desde siempre fuera de la misma. ¿Cuál de estas dos cosmovisiones es la correcta? ¿Puede la propia ciencia humana orientarnos en este sentido?

El materialismo asume que no existe ninguna fuerza exterior al universo que sea capaz de crearlo a partir de la nada o de intervenir posteriormente en el mismo. Frente a aquellas cuestiones que no parecen tener un origen material, como la mente humana, la conciencia o la idea de belleza, se dice que son meras ilusiones ya que en realidad solo serían el producto de manifestaciones puramente materiales. Por tanto, al entender que la ciencia es el único o verdadero camino hacia la verdad, se la convierte en una especie de religión, la del llamado cientificismo. Los datos proporcionados por las ciencias experimentales serían los únicos que proporcionan verdadero conocimiento, mientras que las religiones tradicionales quedarían relegadas a una mera curiosidad cultural o una simple anécdota de las ciencias antropológicas.

---

78 Laufmann, S. & Glicksman, H. (2022). *Your Designed Body*, Discovery Institute Press, Seattle, p. 23.

Aunque actualmente no se posea una explicación científica convincente del origen del cosmos, la vida o el propio ser humano, se supone que algún día se logrará ya que todo sería el producto de las solas leyes naturales. Incluso aunque nunca se alcance dicha explicación, deberíamos seguir creyendo en la exclusiva materialidad del mundo. Desde esta perspectiva materialista, la libertad humana sería también una mera ilusión ya que supuestamente seríamos esclavos de nuestros genes y del entorno en el que vivimos. Esta cosmovisión fue notablemente reforzada en el siglo XIX por la teoría de la evolución de Darwin y ha llegado intacta a nuestros días.

Por su parte, el teísmo sigue constituyendo la segunda cosmovisión contemporánea. Acepta que existe un Dios eterno, omnisciente y omnipotente, dentro y fuera del universo, con capacidad para crearlo todo a partir de la nada y para intervenir en el mundo con arreglo a su voluntad. Además, el teísmo cree que existe suficiente evidencia en el cosmos de la acción divina en determinados momentos y lugares. Dios podría haber creado el tiempo, la energía, la materia y el espacio, así como la vida y la gran diversidad de la misma, la información biológica contenida en el ADN, el ARN y los mecanismos epigenéticos. También podría haber diseñado al ser humano con una especial dimensión espiritual, con libre albedrío y responsabilidad moral.

Es evidente que se trata de dos cosmovisiones radicalmente opuestas. En el materialismo, es el universo el generador de la mente y la inteligencia, mientras que en el teísmo es al revés, la mente preexistente lo genera todo. Si, para el materialismo, la materia generó la vida, para el teísmo fue el espíritu divino inmaterial quien creó a ambas. En el primero, la vida es el resultado de una larga serie de accidentes fortuitos y sin propósito; el teísmo en cambio antepone la intención y la planificación al origen de la vida y afirma que las mutaciones contribuyen a degradar a los seres vivos.

Por lo tanto, desde el materialismo, serían las causas sin propósito como los rayos cósmicos (rayos gamma) al golpear moléculas de ADN y provocar mutaciones accidentales, las que generarían información nueva. No obstante, el teísmo espera encontrar órganos complejos en los seres vivos, acepta que todas las partes de dichos órganos deben estar juntas a la vez y coordinadas para que funcionen bien desde el principio. La ciencia debería descubrir propósito, coordinación, excelencia y belleza en las estructuras biológicas porque todo eso es el resultado de un diseño inteligente. En cambio, las mutaciones accidentales y el gradualismo darwinista se ven como algo innecesario e improbable. El teísmo está abierto tanto a la acción de las causas materiales como a la de las inteligentes, por lo que es libre para seguir la evidencia a donde esta le conduzca. Sin embargo, el materialismo está encerrado en su cosmovisión y solo acepta causas materiales.

¿Cuál de estas dos cosmovisiones es más probable que sea la verdadera? Nos parece que el estudio del asombroso diseño del cuerpo humano, así como de su ajuste fino, nos conduce en la dirección de la cosmovisión teísta.

53

¿Qué es la vida?

Grupo de flamencos (*Phoenicopterus roseus*) alimentándose en el Delta del río Ebro al anochecer.

Estamos tan acostumbrados a vivir y a ver seres vivos por todas partes, incluso en las regiones más recónditas del planeta, que apenas si reparamos en lo que supone estar vivos. La vida es muy ubicua en la biosfera; sin embargo, se mantiene siempre en un delicado equilibro poco natural ya que presenta una clara tendencia a la ruptura y a la pérdida del orden en cualquier momento. Es difícil definir la vida por lo que es en esencia, pero resulta mucho más fácil hacerlo enumerando sus singulares propiedades. Lo seres vivos —a diferencia de los inanimados— poseen una compleja estructura material, así como un metabolismo altamente sofisticado, son sensibles e interactúan con el medioambiente, crecen, se reproducen, se adaptan, mantienen una condición interna estable (homeostasis) ya que intercambian de forma regulada materia y energía con el exterior.

El físico y filósofo austríaco Erwin Schrödinger, quien obtuvo el Premio Nobel de Física en 1933 por haber desarrollado la ecuación que lleva su apellido, escribió:

La asombrosa propiedad de un organismo de concentrar una corriente de orden sobre sí mismo, escapando de la descomposición en el caos atómico y absorbiendo orden de un ambiente apropiado parece estar conectada con la presencia de sólidos aperiódicos, las moléculas cromosómicas, las cuales representan sin ninguna duda, el grado más elevado de asociación atómica que conocemos.[79]

Hoy sabemos que efectivamente Schrödinger estaba en lo cierto. Los organismos mantienen su orden interno absorbiendo orden del medio en forma de alimento y esta capacidad también viene codificada en su ADN. Sin embargo, esto es una característica más de la vida, no su explicación definitiva. La cuestión fundamental es cómo se originó toda esa información biológica que contienen las moléculas cromosómicas y que nos mantiene vivos.

Las células constituyentes de los seres vivos están repletas de complejas máquinas moleculares que apenas se podían llegar a imaginar. Muchos científicos desde Darwin creen que la materia viva surgió de la materia inerte de manera gradual. Sin embargo, dicha creencia carece de la necesaria evidencia que la respalde. Jamás se ha visto algo que estuviera a medio camino entre la muerte y la vida. Hasta el día de hoy sigue vigente la famosa frase que Louis Pasteur pronunció en el siglo XIX: *omne vivum ex vivo* (todo ser vivo procede de otro ser vivo anterior), refutando así la teoría de la generación espontánea de la vida. Entre una piedra y una rana no solo hay diferencias cuantitativas, sino sobre todo cualitativas.

Existe una profunda discontinuidad entre lo vivo y lo no vivo ya que cada organismo «exhibe una regularidad y un orden admirables, no rivalizados por nada de lo que observamos en la materia inanimada».[80] A pesar de las hipótesis sobre la evolución química de la vida, ningún bioquímico ha observado jamás emerger la vida a partir de la materia inorgánica por medio de algún proceso gradual o de cualquier otro tipo. Es más, tampoco se ha creado vida en ningún laboratorio del mundo, incluso poseyendo todos los materiales básicos para hacerlo. Por eso la vida continúa siendo tan misteriosa y desafía cualquier definición. ¿Es acaso una sustancia especial? ¿Se trata solo de una mayor cantidad o de un proceso singular? ¿Existe alguna misteriosa fuerza vital, como pensaba Henri Bergson a principios del siglo XX? ¿Es únicamente una idea o quizás debamos resignarnos a la imposibilidad de definirla y a no poderla conocer en profundidad?

Quizás una de las características más significativas de la vida sea la que se especifica mediante el concepto ya mencionado de *homeostasis*. Este

79 Schrödinger, E. (1983). *¿Qué es la vida?*, Tusquets, Barcelona, p. 120.
80 Ibid., p. 120.

término significa literalmente *permanecer igual*, es decir, mantener el equilibrio interno en medio de un ambiente cambiante. Para lograrlo, los seres vivos deben tener una composición química especial, una organización física diferente, una capacidad para consumir y producir energía, así como muchas otras propiedades. No obstante, en cuanto se rompe este equilibrio interno, desaparece la homeostasis y sobreviene la muerte. Si la bacteria, la planta, el animal o la persona entran en equilibrio con el entorno, es porque se han muerto. La vida es puro desequilibrio energético, es orden en medio del desorden y este orden se logra por medio de miles de reacciones químicas precisas entre sustancias como agua, oxígeno, CO_2, glucosa, sodio, potasio, calcio, hierro, cobre, manganeso, etc. De esta manera se controlan la energía, la temperatura, la presión arterial, la respiración y todos los demás factores que son imprescindibles y característicos de la vida. Se trata de una lucha bioquímica continua entre la vida y las fuerzas fisicoquímicas que procuran destruirla constantemente.

Además de todo esto, los seres vivos se caracterizan también por su capacidad de dejar descendientes o copias de sí mismos que los puedan perpetuar. Reproducirse implica generar otros seres que también sean autosuficientes y puedan a su vez reproducirse. La cantidad de problemas físicos y químicos que hay que superar para lograr esta extraordinaria capacidad va mucho más allá de lo que la ciencia comprende actualmente. No se conoce nada inerte que pueda lograr tanto la homeostasis como la reproducción, ni por supuesto nada diseñado por los mejores ingenieros informáticos expertos en robótica.

Todas estas cualidades son requisitos previos para que pueda darse la vida, pero no resultados o consecuencias de ella. No es posible que un organismo cobre vida primero y después descubra la manera de solucionar tales problemas. Si no existe una planificación previa que aporte de antemano las soluciones pertinentes a cada uno de tales problemas, la vida no puede existir.

Erwin Schrödinger, que además de físico experto en mecánica cuántica era también creyente, termina su libro ¿Qué es la vida? con estas palabras: «El cromosoma [él escribe "diente"] aislado no es el resultado del burdo trabajo humano, sino la más fina y precisa obra maestra conseguida por la mecánica cuántica del Señor».[81] Este es para nosotros también el verdadero origen de la vida, el aliento de Dios.

81 Ibid., p. 130.

54

El milagro de la célula

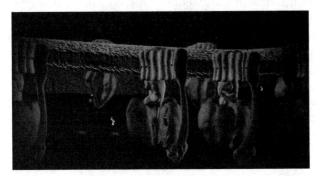

En el año 1997, se descubrieron estas máquinas moleculares en la membrana de las mitocondrias. Se les llamó *ATP sintasa* porque fabrican el ATP (adenosín trifosfato), que es la moneda energética que hace funcionar las células. (https://diseñointeligente.org/las-maquinas-moleculares-son-mas-asombrosas-de-lo-que-michael-behe-pensaba/).

La estructura íntima de todos los seres vivos está constituida por minúsculas máquinas microscópicas que hasta hace relativamente poco eran absolutamente desconocidas por el hombre. Estas estructuras moleculares forman parte de cada una de los trillones de células que constituyen nuestro cuerpo y el de los demás organismos. Gracias a ellas podemos vivir, reproducirnos, pensar, hacer ciencia y tener sentimientos o convicciones espirituales. No obstante, desde la perspectiva material, todos estamos hechos por sistemas de sistemas de sistemas que finalmente terminan en la individualidad de la célula, repleta de tales máquinas moleculares.

En el siglo XIX, época en la que se forjaron muchas ideas biológicas como la propia teoría de la evolución, se creía que las células eran solo pequeñas bolsas llenas de ciertas sustancias poco conocidas. Algo relativamente simple que podía aparecer por generación espontánea a partir del barro o de la materia orgánica en descomposición. Hoy sabemos cuán equivocados estaban aquellos naturalistas. Desde entonces, la citología y la bioquímica han demostrado la asombrosa complejidad celular, evidenciando que apenas hay nada sencillo o sin sentido en una célula. Incluso se la ha comparado con una fábrica extraordinariamente compleja, con sus departamentos para el procesamiento de información sofisticada, sus plantas de producción energética, sus cadenas de ensamblaje de proteínas y fabricación de múltiples máquinas moleculares, etc. Ante dicha realidad, es lógico preguntarse de dónde viene tanta sofisticación, tanto sincronismo, tanta sabiduría y perfección. ¿Pueden acaso las solas leyes naturales crear tanto orden a partir del caos? Es evidente que estos descubrimientos bioquímicos y celulares nos hablan claramente de diseño y no de una evolución ciega o sin propósito.

La mayoría de las células del cuerpo humano deben resolver numerosos problemas con el fin de mantenerse vivas y para ello disponen de toda una compleja factoría, finamente ajustada. Cada célula posee una *membrana celular* formada por una doble capa fluida de lípidos que la engloba por completo y separa su medio interno del externo y de las demás células. Todo aquello que resulta necesario queda dentro de dicha membrana, mientras que los productos de desecho se expulsan convenientemente al exterior. Esto significa que la membrana no es completamente estanca e impermeable, sino que presenta orificios y estructuras que permiten el intercambio de sustancias, de ahí que se considere semipermeable. Cada célula necesita obtener oxígeno, agua, azúcar y otros nutrientes del exterior, mientras que debe expulsar las sustancias tóxicas generadas por el metabolismo, tales como el dióxido de carbono y el amoníaco. Este trasiego de productos se realiza a través de "puertas" formadas por proteínas especializadas de la membrana, tales como bombas moleculares activas o tuberías pasivas.

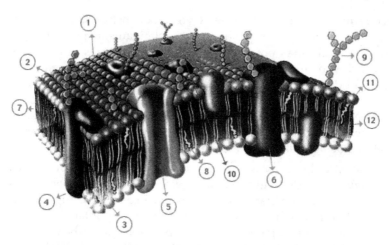

La membrana celular es una especie de mosaico fluido formado por una doble capa de fosfolípidos en la que abundan numerosas estructuras proteicas que facilitan el intercambio de sustancias. (Wikipedia).

Se llama *citoplasma* al espacio lleno de líquido gelatinoso que existe en el interior de la célula y que está rodeado por la membrana. Dicho líquido está compuesto por agua, sales minerales, diversas moléculas orgánicas y en él flotan los orgánulos celulares como el núcleo o las mitocondrias que, a su vez, también están rodeados por membranas lipídicas que los separan del citoplasma. El volumen y la presión del agua del citoplasma deben ser constantes pues si experimentan cambios bruscos e importantes se puede poner en peligro la vida de la célula. Por tanto, esta tiene que controlar continuamente las posibles fluctuaciones entre el medio interno y el externo mediante expulsiones o absorciones de agua. De la misma manera, también regula las concentraciones de ciertos iones en el citoplasma y en relación a su abundancia en el exterior celular, tales como sodio, potasio, cloro, calcio, fosfato, etc. La célula se comporta como una factoría inteligente para mantenerse viva, actuando contra las fuerzas naturales de la difusión y la ósmosis, con el fin de mantener el equilibrio vital interno.

Como la membrana celular es fluida y cambiante, no puede mantener la forma global de la célula. Para ello se requiere una estructura sólida interna, el llamado *citoesqueleto*. Este está formado por un entramado tridimensional de filamentos cilíndricos, constituidos por proteínas, que provee soporte al interior celular. Dichos filamentos son útiles para organizar los orgánulos y las estructuras internas del citoplasma. También intervienen en el transporte y tráfico de sustancias, así como en la división de la célula. Las vacuolas o vesículas cargadas de materiales son transportadas por unas proteínas motoras muy especializadas, a lo largo de las "autopistas" que forman los túbulos del citoesqueleto. Algunas de estas proteínas, como las sorprendentes *kinesinas*, viajan en una dirección, mientras que otras (*dineínas*) lo hacen en la dirección opuesta. Es la propia célula la que determina el tipo de transporte, el medio, la dirección y el destino que debe seguir cada vesícula. Todavía sigue siendo un misterio cómo logra la célula compaginar todas estas tareas a la perfección. Pero lo cierto es que ocurren miles de millones de veces cada día y sin "accidentes de tráfico". De otro modo, no estaríamos aquí para contarlo.

Por todo el citoplasma de las células con núcleo (eucariotas) abundan diferentes estructuras llamadas *orgánulos*, tales como el propio núcleo celular, las mitocondrias, el aparato de Golgi, el retículo endoplasmático, las vacuolas, los cloroplastos en las células vegetales, los lisosomas, los ribosomas, etc. Se trata de subunidades compartimentadas que albergan diversa maquinaria molecular para recoger y procesar materias primas, descomponer moléculas complejas en otras más simples y elaborar otras macromoléculas altamente sofisticadas.

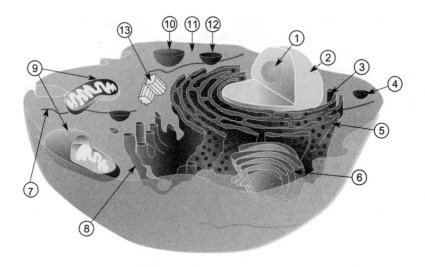

Dibujo de una célula animal típica: 1. Nucleolo; 2. Núcleo; 3. Ribosoma; 4. Vesícula de secreción; 5. Retículo endoplasmático rugoso; 6. Aparato de Golgi; 7. Citoesqueleto; 8. Retículo endoplasmático liso; 9. Mitocondrias; 10. Vacuola; 11. Citosol; 12. Lisosoma y 13. Centríolo. (Wikipedia).

Todas estas funciones celulares requieren mucha energía, que es generada en las mitocondrias. Estas son las fábricas que la obtienen a partir de un proceso llamado *respiración celular*, en el que se descomponen moléculas de azúcar complejas (ricas en energía) en otras más simples. Para liberar esta energía química almacenada en los enlaces de tales moléculas, la célula utiliza numerosas enzimas distintas. La última enzima de esta serie es la *ATP sintasa*, que es un sofisticado motor molecular formado por proteínas. Funciona como una turbina, adherida a la membrana interna de cada mitocondria, que gira gracias al paso de un protón (H^+) procedente del espacio intermembrana de la mitocondria. Dicho giro provoca que las subunidades inferiores de la ATP sintasa se abran y acojan una molécula de difosfato de adenosina (ADP). A medida que gira el eje del motor, esta molécula de ADP se une a un grupo fosfato (PO_4) y se convierte en adenosín trifosfato (ATP), la moneda energética que se desprenderá e irá a activar a otras máquinas moleculares de la célula.

Por tanto, una máquina convierte el ADP en ATP y otra realizará la reacción inversa, cerrándose así el ciclo completo de energía. Por tanto, se requieren dos máquinas moleculares distintas trabajando juntas para poder realizar este ciclo. De nada serviría una máquina sin la otra, lo cual pone de manifiesto que ambas debieron trabajar juntas desde el principio. Esto supone un desafío para cualquier teoría que pretenda explicar el origen de tales máquinas moleculares mediante un evolucionismo gradualista.

Además, algunas de las enzimas necesarias para obtener ATP a partir de la glucosa, requieren también ATP para funcionar y poder hacer esta reacción química. De manera que para producir ATP se necesita asimismo ATP y esto presenta un problema de circularidad causal. ¿Cómo pudo formarse el primer ATP? Los ejemplos parecidos a este suelen ser abundantes en biología.

Las células son capaces de tomar sustancias químicas sencillas de su entorno y transformarlas en su interior en otras mucho más complejas y esenciales para la vida, mediante las diversas reacciones del *anabolismo*. También pueden hacer lo contrario por medio del llamado *catabolismo*, que es la ruptura de grandes moléculas en otras mucho más simples, con la consiguiente obtención de energía. Todas estas reacciones químicas del metabolismo celular que nos mantienen vivos se pueden llevar a cabo gracias a la extraordinaria información que viene codificada en el ADN y el ARN.

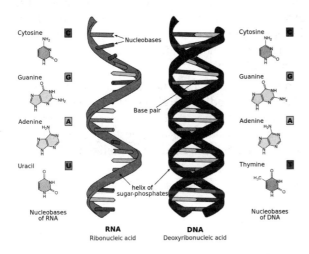

Estructura molecular del ADN y el ARN. (Wikipedia).

El núcleo de la célula ha sido frecuentemente comparado con el cerebro de los animales porque contiene la información imprescindible para hacer funcionar toda la maquinaria celular. En el núcleo de las células humanas existen 23 pares de cromosomas, cada uno de los cuales está formado por largas cadenas moleculares de ADN y proteínas. Estas cadenas constan de dos hebras arrolladas en forma de escalera de caracol (doble hélice),

separadas entre sí mediante "peldaños" formados por parejas de bases nitrogenadas (adenina, timina, citosina y guanina). Determinados segmentos
de tales estructuras constituyen los genes, que son los que contienen buena
parte de la información necesaria para realizar todas las reacciones que hacen posible la vida. No obstante, toda la información contenida en el ADN
no serviría de nada si, a la vez, no existiera un complejo mecanismo capaz
de decodificarla y procesarla con exquisita precisión. Hay, por tanto, en
cada célula un complejo mecanismo molecular muy especializado que trabaja sincrónicamente creando toda una coreografía armónica e inteligente.

Cuando se observa cómo funciona la célula, desde la tecnología y los
conocimientos que se poseen en la actualidad, resulta realmente difícil
creer que semejante estructura se haya podido originar mediante una cadena de accidentes acaecidos a lo largo de millones de años. Desde el evolucionismo se asume que esto debió ocurrir así, sin embargo, no existen
pruebas de ello, solo hipótesis indemostrables. Lo que la naturaleza muestra es que siempre toda célula proviene de otra célula anterior. Es tanta la
complejidad de la estructura y el funcionamiento celular que todavía no se
ha llegado a entender del todo. Ni los mejores y más brillantes diseñadores
humanos son capaces de reproducirla o crearla *de novo* en el laboratorio.
No digamos ya elaborar tejidos u órganos formados por millones de células, a partir solo de productos químicos.

Cuando Darwin presentó su famosa teoría, no se conocía nada de esto
y era fácil suponer que las células podían surgir espontáneamente de la
materia inorgánica del barro. Sin embargo, la ciencia ha demostrado lo absurdo que era ese argumento y ha puesto de manifiesto que la increíble
complejidad celular se parece mucho más a un diseño inteligente. Es decir,
a un auténtico milagro.

55

La complejidad del cuerpo

El cuerpo humano es una máquina biológica casi perfecta y de las más complejas que existen. En contra de lo que en ocasiones se sugiere desde ámbitos naturalistas, en el sentido de que no estamos bien adaptados a este planeta o que nuestra anatomía y fisiología presentan importantes deficiencias que supuestamente serían el producto de una evolución ciega o sin propósito y no de un Dios Creador sabio, lo cierto es que la evidencia científica indica todo lo contrario, tal como veremos seguidamente.

Nuestro cuerpo es tan sofisticado y está tan elegantemente diseñado que todavía se están descubriendo detalles sorprendentes del mismo. Si se toma una calculadora, es fácil comprobar la capacidad de nuestro cuerpo para repetir incansablemente aquellas tareas que nos mantienen vivos. Cada minuto respiramos unas 15 veces. En ese tiempo, el corazón humano late alrededor de 70 veces para proporcionar sangre oxigenada a todas las células y el cerebro realiza unos seis millones de reacciones químicas. En esos 60 segundos, la médula ósea genera alrededor de 180 millones de células sanguíneas que viajarán por los más de 100 000 kilómetros de arterias, vasos y capilares que tiene el aparato circulatorio. Esta distancia sería suficiente para dar dos vueltas y media a la Tierra.

A pesar de que el sentido humano del olfato no es tan sensible como el de los perros, sin embargo, puede identificar alrededor de 10 000 olores diferentes. En cambio, el diseño de nuestros ojos sí es una auténtica maravilla ya que pueden distinguir un millón de colores y procesar la imagen en tan solo 150 microsegundos. Cada persona suele parpadear cuando está despierta una vez cada cinco segundos, con el fin de lubrificar convenientemente los ojos, lo que supone unos 11 500 parpadeos al día y 4,2 millones al año. Sin embargo, el cerebro nunca ve ninguno o nunca sufre un apagón. No se queda a oscuras porque durante cada parpadeo se suprime automáticamente la actividad cerebral de la corteza visual y otras zonas relacionadas con la visión.

Como somos organismos de vida terrestre basada en el carbono, necesitamos sistemas o aparatos que nos permitan una adaptación adecuada al entorno, tales como el locomotor (formado por el muscular y el esquelético u óseo), respiratorio, digestivo, excretor, circulatorio, endocrino, nervioso y reproductor. Así como también los órganos de los sentidos. Todas estas estructuras se acomodan perfectamente a nuestro cuerpo y están pensadas para que podamos existir en la biosfera de la Tierra.

El sistema de los músculos

El ser humano más fuerte puede levantar poco más de 260 kilos de peso, gracias a la fuerza de sus músculos. Esto supone como mucho dos veces y media su propio peso. Sin embargo, algunos insectos como las minúsculas hormigas son capaces de mover hasta 50 veces o más su propio peso. Por ejemplo, se sabe que las hormigas tejedoras del género *Oecophylla* pueden levantar hasta cien veces su peso. ¿A qué se debe semejante disparidad entre un fuerte atleta y una simple hormiga? ¿Acaso los pequeños músculos del insecto son más fuertes que los del ser humano?

Hormigas tejedoras de la especie *Oecophylla smaragdina*, propias de Asia tropical y Australia transportando trozos de hojas. Estos insectos son capaces de levantar hasta cien veces su propio peso. (https://www.freepng.es/png-fje9z9/).

La respuesta no está en la fortaleza de los músculos, ya que todas las fibras musculares de los seres vivos suelen ejercer aproximadamente la misma fuerza por unidad de superficie transversal y además su estructura molecular es también similar. Se trata más bien de una cuestión de escala ya que, a medida que aumenta el tamaño de un animal, su peso o masa corporal se eleva al cubo (L^3), mientras que la fuerza de los músculos sigue actuando en secciones transversales al cuadrado (L^2). Por tanto, la fuerza muscular en relación a la masa corporal es inversamente proporcional al tamaño del animal. Esto explica por qué la fuerza muscular ejercida aumenta a medida que disminuye el tamaño del organismo y supone un límite al peso que pueden levantar los vertebrados terrestres como el ser humano. Es evidente que —exagerando un poco las cosas— un dinosaurio de más de 20 toneladas de peso (como los *Diplodocus*) jamás pudo moverse con la misma agilidad que una ardilla. Esto también es válido para los atletas humanos ya que uno de 65 kilos será siempre más ágil que otro que pese 130 kilos. Por tanto, la restricción L^2/L^3 es la que explicaría tal disparidad entre el peso que puede levantar el hombre y el que levanta la hormiga.

La potencia muscular del ser humano y del resto de los animales viene determinada por todo un conjunto de restricciones ambientales físicas y químicas previas. Por ello, los mamíferos deben invertir alrededor del 40 % de su masa corporal en tejido muscular para disponer de una movilidad adecuada. Si los músculos fueran menos o más potentes de lo que son se generarían importantes problemas en el diseño corporal. Lo cual sugiere, una vez más, que nuestra habilidad locomotora estaba prefigurada ya en el orden de las cosas desde el principio y que no es producto del azar.

56

Sistemas y aparatos

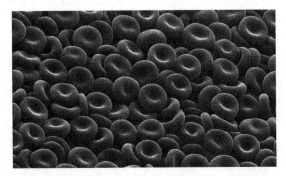

Desde hace muchos años, la ciencia ha intentado fabricar sangre artificial para las transfusiones humanas, pero esta es tan compleja que hasta la fecha no se ha conseguido. (LawlietUni I Wikimedia Commons).

A pesar de las imperfecciones que algunos pretenden ver en el cuerpo humano y que analizaremos a lo largo de esta obra, nuestro organismo es como una máquina perfecta que funciona muy eficazmente y todavía guarda secretos por descubrir. Aunque son muchas las cosas que sabemos del mismo, la ciencia continúa desvelando misterios acerca de su fisiología y funcionamiento que sorprenden por su complejidad y elegante diseño. Solemos estar tan habituados a caminar, manipular objetos, ver, oír, pensar y en definitiva vivir, que no reparamos en la increíble sofisticación de las reacciones bioquímicas y de las máquinas moleculares de nuestro organismo que son necesarias para poder realizar todo esto. No obstante, tanto los biólogos como los médicos y los demás investigadores de las disciplinas de la salud humana no dejan de fascinarse ante las curiosidades y sorprendentes singularidades que se descubren todavía en nuestro cuerpo. Desde luego, no parece tratarse de algo generado por mutaciones al azar, sino más bien perfectamente planificado por una inteligencia superior.

Generalmente se considera que el cuerpo humano está formado por nueve sistemas, seis aparatos y cinco órganos de los sentidos básicos, aunque estos últimos pueden elevarse a muchos más si se tienen en cuenta también otros sentidos como equilibrio, térmica, movimiento propio, dolor, sed, saciedad, lenguaje, bienestar, pensamiento ajeno, percepción del otro, etc. ¿Qué diferencia hay entre sistemas y aparatos? Los primeros son un conjunto de órganos similares que están formados por el mismo tipo de tejidos, mientras que los aparatos son conjuntos de órganos distintos (constituidos por diferentes tejidos) que colaboran para un fin común. Los nueve sistemas son: muscular, esquelético, articular, nervioso, circulatorio, linfático, inmunitario, tegumentario y endocrino. Por su parte, los seis aparatos reconocidos son: locomotor, cardiovascular, digestivo, excretor, respiratorio y reproductor. Todos estos sistemas, aparatos y órganos de los sentidos trabajan perfectamente coordinados para permitirnos vivir.

Veamos algunos datos curiosos. Cada cinco minutos, los riñones sanos son capaces de filtrar toda la sangre del cuerpo y eliminar así los desechos y el exceso de líquidos corporales. En media hora, generamos la cantidad de calor necesaria para hervir unos cuatro litros de agua, esto nos permite mantener constante la temperatura corporal frente a las fluctuaciones del medioambiente. Un glóbulo rojo o hematíe de la sangre recorre todo el cuerpo en tan solo un minuto, con lo cual es capaz de recoger oxígeno en los pulmones y transportarlo rápidamente a cualquier célula del organismo. De la misma manera, toma el CO_2 generado en las células y lo lleva a los pulmones para expulsarlo al exterior. Por cada nuevo kilogramo de músculo o de grasa generado en el cuerpo, este crea alrededor de diez kilómetros nuevos de vasos sanguíneos con el fin de nutrir y oxigenar sus células.

Cada segundo, nuestro cuerpo produce unos 25 millones de células nuevas que vienen a sustituir a las que dejan de funcionar y mueren. El tamaño de las mismas es variable, las más grandes son los óvulos femeninos, mientras que el récord de las más pequeñas lo tienen los espermatozoides masculinos. De estos, los testículos fabrican unos diez millones cada día. Con esta cantidad se podría repoblar el planeta en poco tiempo.

Nuestros huesos poseen una dureza extraordinaria, su resistencia a la compresión es mayor que la del hormigón armado y su resistencia a la tracción casi igual. Resulta curioso que de los 206 huesos que posee el cuerpo humano, aproximadamente la cuarta parte se encuentren en los pies (28 huesos en cada pie). Esto se explica porque los pies son una de las estructuras más fuertes de nuestra anatomía ya que están diseñados para soportar en cada zancada, cuando corremos, varias veces el peso del cuerpo.

Estas son solo algunas de las muchas curiosidades que esconde nuestra anatomía y que nos llevan a pensar en el Altísimo, Creador de cielos y tierra, quien tal como escribiera el profeta Daniel, «tiene dominio sobre el reino de los hombres» (Dn 5:21) porque nos conoce a todos al habernos diseñado y amado desde antes de la fundación del mundo.

57

El armazón humano

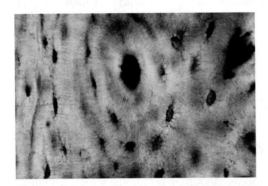

Estructura microscópica del hueso donde se aprecia, en el centro, un conducto de Havers. Por el interior del mismo circulan pequeños vasos sanguíneos y nervios. También se observan numerosos huecos oscuros más pequeños donde residen las células óseas u osteocitos, rodeados por finos canalículos que permiten la comunicación entre células. La matriz amarillenta está formada sobre todo por colágeno, calcio y fósforo. (Foto del autor).

La diferencia fundamental entre el cuerpo de los seres vivos y las máquinas o robots creados por el hombre reside en que los primeros están constituidos por estructuras biológicas que crecen y se reparan a sí mismas, mientras que las máquinas son incapaces de hacer esto. De otro modo, sería como si un automóvil se restaurara a sí mismo, después de sufrir un accidente, y quedara como nuevo. Sin embargo, nuestros huesos, músculos, cartílagos y tendones son realmente asombrosos. Después de padecer cualquier desgarro o fractura, son capaces de restaurarse por completo y volver a mantener el cuerpo en perfecto estado. Siguiendo con la analogía del auto, el chasis del mismo —formado por resistentes estructuras metálicas— sería el equivalente del esqueleto humano. Sin él, los vehículos no podrían soportar las fuerzas que actúan sobre ellos, tales como gravedad, aceleración, frenado, la fuerza centrífuga, etc. De la misma manera, el sistema esquelético humano sustenta el peso de todos los órganos y tejidos del cuerpo, así como de las fuerzas generadas cuando nos movemos, corremos, levantamos peso, subimos escaleras, etc.

El hueso está constituido por células llamadas osteocitos que viven rodeadas por una sustancia fundamental o matriz ósea. Dicha matriz es segregada por los osteocitos y es la que aporta resistencia a los huesos. Está constituida por fibras proteicas de colágeno y minerales como el calcio y fósforo. El cuerpo humano adulto posee más de doscientos huesos que hacen posible el mantenimiento de toda la estructura corporal, protegen los órganos internos más delicados —cerebro, corazón, pulmones, médula espinal, etc.—de posibles lesiones, permiten el movimiento y realizan muchas funciones más. Además, suponen una importante reserva de calcio para el cuerpo, que suministra las cantidades requeridas para mantener constante el perfecto funcionamiento de nervios, corazón y músculos esqueléticos.

Cada uno de los 206 huesos de un humano adulto posee una forma precisa para poder realizar su función concreta. Desde los largos fémures a modo de columnas principales hasta los pequeños y específicos huesecillos del oído (martillo, yunque y estribo) que nos permiten oír, cada uno debe encajar a la perfección con los demás huesos. Dicha unión se realiza por medio de otros tipos de tejidos, como el cartilaginoso y el muscular que forman los ligamentos y las articulaciones. De esta manera se conforman y articulan hombros, codos, muñecas, dedos de las manos y pies, así como caderas, rodillas y tobillos. Cuando los músculos que están unidos a los huesos por tendones (esqueléticos) se contraen, las posiciones de los huesos cambian, gracias a la rotación que permiten las distintas articulaciones. Esto es lo que nos permite movernos e interactuar con el ambiente.

La columna vertebral del ser humano está formada por 33 vértebras durante la niñez y solamente por 26 en el estado adulto. Esto se debe a que en la madurez las cinco vértebras de la región sacro-axial y las cuatro del coxis se fusionan formando únicamente dos vértebras: sacro y coxis. Cada una de tales vértebras presenta una forma irregular, pero simétrica que es idónea para que en ella se inserten músculos capaces de mover la columna y sobre todo poseen un gran orificio central que permite el paso de la médula espinal. Cada vértebra es distinta de sus inmediatas, pero tiene la forma exacta para encajar e interactuar con ellas. Son bien conocidos los problemas que se generan cuando estas no se acoplan bien o se rozan y pellizcan.

Estamos tan habituados a saber todo esto que no solemos reparar en el misterio que implica su formación en cada ser humano. ¿Dónde y cómo se dan las indicaciones precisas para formar la estructura de cada hueso? Cada hueso está constituido por muchas células óseas individuales e independientes, los osteocitos, rodeados por la matriz de colágeno. ¿Cómo sabe cada una de tales células individuales dónde debe colocarse y cuánto calcio tiene que segregar para contribuir a la perfecta formación del hueso al que pertenece? ¿Cómo pueden estas células conocer exactamente su función en cada momento, especialmente durante el desarrollo embrionario, en el cual las formas y los tamaños de los huesos están continuamente cambiando? ¿Quién coordina todo esto a nivel tridimensional? ¿Acaso posee cada célula ósea la información necesaria en su ADN o quizás esta reside en algún otro lugar? Si cada osteocito posee las instrucciones para su propio desarrollo y función, ¿dónde se encuentran los planos generales del hueso en conjunto? ¿Cómo sabe la célula las instrucciones del plan general? ¿Por qué no se confunden y se oponen entre sí de manera anárquica? De momento, no se conocen las respuestas a tales preguntas.

Todo esto suscita la siguiente cuestión. Si toda la inteligencia actual de los grandes especialistas en biología humana resulta incapaz de responder a estas cuestiones sobre los huesos, ¿por qué no se requeriría también una inteligencia similar o muy superior para haberlos diseñado originalmente? ¿Es sensato suponer que todo se debió al azar?

58

El misterio de la circulación

Sobre toda cosa guardada,
guarda tu corazón;
porque de *él* mana la vida.

Prov 4:23

No fue hasta el siglo IV a. C. que algunos sabios —como el médico griego Erasístrato y años después Galeno y también Vesalio— empezaron a creer que los ventrículos del corazón eran una especie de bomba que movía la sangre mediante los movimientos de sístole y diástole. De manera que cuando el autor de los Proverbios escribió tales palabras —varios siglos antes— probablemente no se estuviera refiriendo a la importancia biológica de este órgano fundamental. De hecho, para los hebreos, el corazón era el centro del entendimiento, la voluntad y el lugar donde se toman las decisiones. Más o menos como el cerebro para nosotros en la actualidad. Sin embargo, esta frase de los proverbios de Salomón, aunque quizás su autor no fuese consciente de ello, sigue además teniendo sentido fisiológico hoy, ya que el corazón continúa siendo el motor de la vida.

Tuvieron que pasar muchos años hasta que el médico y teólogo español Miguel Servet fuera quemado en la hoguera por orden de Calvino, en 1553, no por su descubrimiento acerca de la circulación pulmonar, sino sobre todo por sus creencias antitrinitarias. Posteriormente, en 1628, el Dr. William Harvey describió el corazón humano como una bomba dentro de un circuito cerrado y unidireccional, al que llamó sistema circulatorio.

Hoy sabemos que la sangre, movida por el corazón, es fundamental para llevar oxígeno a los aproximadamente 37 billones de células que posee el cuerpo humano. Este transporte se realiza mediante un inmenso conjunto de vasos sanguíneos de diferente diámetro que en total suponen más de 96 000 kilómetros de tuberías. De la misma manera que se necesita energía para bombear agua desde cualquier río o embalse hasta una casa, también se requiere cierta energía constante para mover la sangre a través de tan enorme red de vasos sanguíneos. Dicha energía la proporciona el corazón. De ahí que el antiguo autor del libro de Proverbios tuviera razón, al asegurar que de él mana la vida.

El corazón es una bomba muscular dividida en dos aurículas superiores y dos ventrículos inferiores. La aurícula izquierda recibe la sangre rica en oxígeno procedente de los pulmones y la envía al ventrículo izquierdo a través de la válvula tricúspide. El movimiento de contracción o sístole de este la envía al resto del cuerpo. Esta circulación se completa cuando la sangre pobre en oxígeno procedente del cuerpo penetra de nuevo en el corazón a través de la aurícula derecha (en el movimiento de relajación o diástole) y después de pasar por la válvula mitral al ventrículo derecho es enviada de nuevo a los pulmones a través de la aorta.

Las válvulas que hay entre aurículas y ventrículos, así como entre estos y sus correspondientes vasos de salida, son de una única dirección o de *no retorno* para que la sangre no vuelva nunca hacia atrás. Esta sangre que sale del corazón viaja por las arterias, arteriolas y capilares, en vasos cada vez de menor diámetro para permitir que el O_2 pase a los diferentes tejidos y el CO_2 de estos sea recogido, transportado por las vénulas y venas hasta ser expulsado en los pulmones. En estos, la sangre se volverá a cargar del oxígeno vital para seguir permitiendo sucesivamente el ciclo de la vida. De manera que el sistema cardiovascular es cerrado y está constituido por dos circuitos circulares. Para que la sangre recorra los dos, el corazón debe bombearla dos veces, una hacia los pulmones, con el fin de oxigenarla, y otra hacia el resto del cuerpo.

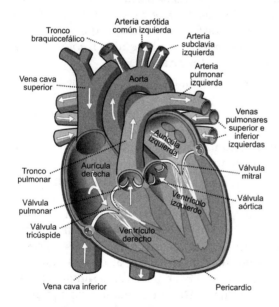

Esquema del corazón humano. (Wikipedia).

Es evidente que los requerimientos de oxígeno por parte de las células corporales varían en función de la actividad que estemos realizando. No se necesita lo mismo, por ejemplo, cuando permanecemos sentados leyendo que cuando corremos o realizamos cualquier otro ejercicio físico. Esto se soluciona simplemente variando la velocidad a la que el corazón bombea sangre. Si no fuera así, el cuerpo debería fabricar más sangre para continuar suministrando O_2 a las células y esto sería engorroso ya que requeriría mucho más tiempo. Recientemente se ha descubierto que esta capacidad de variar tan rápidamente el ritmo cardíaco en función de las necesidades de oxígeno se debe en parte a la estructura que poseen ambos ventrículos, ya que los dos están formados por una misma banda ventricular continua que se trenza y gira sobre sí misma en forma de helicoide.[82]

El corazón es un músculo singular y muy especializado que funciona de manera diferente al resto de los músculos. Si los demás músculos del cuerpo, generalmente adheridos a los huesos, se contraen después de recibir órdenes del cerebro por medio de nervios, el corazón solo lo hace porque posee un grupo de células en la aurícula derecha llamado *nódulo sinoauricular* que envía señales eléctricas a todo el corazón. Este nódulo es el responsable de la frecuencia cardíaca y es capaz de detectar las necesidades corporales de sangre en cada momento. Los sensores existentes en los músculos del cuerpo informan al cerebro acerca de su movimiento y requerimientos metabólicos. El sistema nervioso autónomo analiza toda esta información y envía señales al corazón en una centésima de segundo. Si estamos en reposo, se libera la hormona *acetilcolina* que, al ser detectada por el nódulo sinoauricular, contribuye a reducir el ritmo del corazón. Si, por el contrario, el organismo está activo, se libera otra neurohormona, la llamada *norepinefrina* que acelerará el ritmo cardíaco.

Cuando se analiza en conjunto, el sistema cardiovascular es una auténtica maravilla que funciona a la perfección. Sus múltiples y complejas partes se coordinan para controlar las diferentes necesidades celulares de flujo sanguíneo en cada momento. El corazón es la bomba que empieza a mover la sangre en el embrión, a partir de las tres semanas de gestación y continúa ininterrumpidamente hasta la muerte de la persona, ochenta o noventa años después. ¿Cómo pudo el azar ciego crear algo así? Apelar a los supuestos ensayos y errores casuales de la selección natural requiere tanta fe o más incluso que creer en el Dios Creador.

---

82 Sánchez, S. (10 de junio de 2020). "El corazón helicoidal: una nueva forma de ver la anatomía cardíaca", Vet Market, https://vetmarketportal.com.ar/nota/1142/el-corazon-helicoidal--una-nueva-forma-de-ver-la-anatomia-cardiaca/#:~:text=En%20la%20d%C3%A9cada%20del%2070,enrolla%20en%20una%20doble%20h%C3%A9lice.

Se trata de un sistema que es capaz de determinar la cantidad exacta de sangre que necesita cada tejido del cuerpo y en función del tipo de actividad que se esté realizando en ese momento. Después de dicho cálculo rápido, el sistema ajusta convenientemente la presión adecuada, el movimiento de las válvulas que dejan pasar la sangre, los músculos específicos que intervienen, también el sistema cardiovascular manda información a todo el organismo y la recibe en un tiempo récord, incluso antes de lo que cambian las necesidades fisiológicas. Todo esto sucede sin que nosotros seamos conscientes de ello o estemos pensando todo el día en equilibrar nuestra presión sanguínea. En fin, se trata de un sistema extraordinariamente complejo en el que cada una de sus partes químicas y físicas debe estar en su lugar correspondiente, bien conectada, sincronizada y funcionando correctamente para que todo el sistema sea eficaz y permita que cada persona pueda vivir hasta alcanzar la vejez. Si algo falla, sobreviene la enfermedad e incluso la muerte prematura.

Se trata, en definitiva, de un sistema que plantea un reto importante al misterio de su origen. ¿Cómo pudo llegar a formarse algo así?

59

La coagulación de la sangre

En la época de Darwin, los médicos no sabían todavía qué mecanismos bioquímicos actúan en el cuerpo para permitir la coagulación sanguínea y el consiguiente taponamiento de las heridas que nos salva la vida. Hoy sabemos que se trata de un proceso muy intrincado que depende de numerosas moléculas proteicas —alrededor de una veintena— que interactúan eficazmente entre sí. Cada una de tales proteínas es tan importante para obtener el resultado final —la detención de las hemorragias— que si solo una de ellas falta o se torna defectuosa, todo el sistema colapsa y la sangre no coagula en el momento adecuado. Con lo cual se pone en riesgo la vida de la persona o del animal, ya que estos podrían morir desangrados.

Pero, además, la sangre tiene que coagular en el momento y lugar adecuados. Si esto no fuera así, si esta coagulara en un lugar distinto o algo más tarde de lo necesario, el coágulo formado podría taponar la circulación en algún vaso sanguíneo y provocar un infarto o la parálisis de alguna parte del cuerpo. Por tanto, la coagulación tiene que ocurrir solo en la herida pues, de otro modo, todo el aparato circulatorio podría coagular, solidificándose y provocando la muerte inmediata del organismo. De manera que la coagulación sanguínea es un complejo mecanismo bioquímico que está minuciosamente controlado para funcionar únicamente cuando es necesario y en el lugar concreto.

Este mecanismo capaz de detener las hemorragias se denomina *hemostasia* —del griego: *haima* (sangre) y *estasis* (alto)— y consta de tres partes que actúan simultáneamente: la *vasoconstricción* de los músculos que rodean al vaso sanguíneo lesionado; la *agregación plaquetaria* que forma un tapón de plaquetas para evitar el sangrado y la *activación de los factores de coagulación* o formación de miles de hebras pegajosas de fibrina que envuelven al tapón de plaquetas, creando así una red que retiene el plasma y los glóbulos rojos. El coágulo de fibrina así formado tapa la rotura del vaso y detiene la hemorragia. Ahora bien, tal como se ha señalado, es fundamental que todo este mecanismo se active únicamente cuando sea necesario. ¿Cómo logra el cuerpo hacer todo esto? ¿Es capaz la biología evolutiva de explicar cómo pudo originarse un sistema tan complejo?

Al sistema de coagulación sanguínea se le llama también *en cascada* porque cada uno de sus componentes sirve para activar al siguiente. El primero activa al segundo, este al tercero, el tercero al cuarto y así sucesivamente hasta llegar a la veintena aproximada de factores que intervienen. El siguiente esquema representa dicha cascada de coagulación de la sangre, en el que las proteínas que aparecen en letra normal intervienen en la formación del coágulo, mientras que aquellas otras que figuran en cursiva se encargan de eliminar coágulos o impedir su formación.

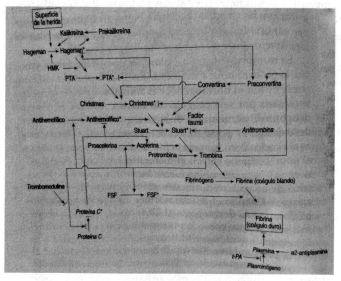

Esquema de la cascada de coagulación de la sangre (según Behe, 1999).

El profesor de bioquímica de la Universidad de Lehigh (Pensilvania), el Dr. Michael J. Behe, explica detalladamente la complejidad de la cascada de coagulación y escribe: «El sistema de coagulación encaja en la definición de complejidad irreductible. Es decir, es un sistema único compuesto de varias piezas interactuantes que contribuyen a la función básica, y donde la eliminación de cualquiera de las partes hace que el sistema deje de funcionar».[83] ¿Cómo pudo aparecer por evolución un sistema así?

El hígado produce una proteína llamada *fibrinógeno* que permanece soluble en el plasma sanguíneo. Las plaquetas poseen unos receptores para el fibrinógeno que cuando se activan permiten que miles de moléculas de fibrinógeno se les adhieran provocando la conversión de este en *fibrina*,

---

83   Behe, M. J. (1999). *La caja negra de Darwin*, Andrés Bello, Barcelona, p. 114.

una proteína fibrilar que forma redes tridimensionales entre las plaquetas para tapar las heridas. La fibrina es la responsable de que la costra de las heridas permanezca pegada a la piel, hasta que se forma una nueva capa de piel. A su vez, esta transformación del fibrinógeno en fibrina viene provocada por una enzima llamada *trombina*. Se llama *tiempo de trombina* a lo que tarda el plasma sanguíneo en formar un coágulo. Pero, si la trombina estuviera siempre presente en el torrente sanguíneo provocaría una coagulación generalizada que conduciría a la muerte. De ahí que la cascada de coagulación deba desactivarse antes de que la sangre del organismo se solidifique por completo.

En efecto, la coagulación se limita al lugar de la herida de diferentes maneras. Existe una proteína en el plasma llamada *antitrombina* que se une a la mayoría de las proteínas de coagulación y las inactiva. Hay también la denominada *proteína C* que destruye la acelerina y el factor antihemofílico, así como la proteína *trombomodulina* que se encarga de restarle capacidad a la trombina, así como otras proteínas que contribuyen a disolver los coágulos. Existen varias moléculas pensadas para restringir la coagulación al espacio y tiempo adecuados. Si algo de todo esto fallara, todo el sistema colapsaría con consecuencias nefastas. ¿Es posible que algo bioquímicamente tan complejo y sofisticado apareciera por evolución gradual, tal como propone el darwinismo?

Los biólogos evolutivos creen que mostrando cómo cada una de estas proteínas de coagulación, por separado, hubieran podido evolucionar de otras algo diferentes, por medio de un proceso natural, ya quedaría demostrado que toda la cascada se habría producido por casualidad según las leyes naturales. Se comparan los animales invertebrados con los vertebrados y se suponen cómo deberían haber sido los organismos intermedios y qué factores de coagulación deberían haber tenido. No obstante, hay que tener en cuenta que la circulación en los invertebrados posee una baja presión y requiere proteínas muy diferentes a las de los vertebrados, cuya presión es mayor. Muchos invertebrados sellan sus heridas con un simple gel, mientras que en los animales superiores se requieren sofisticadas proteínas como la fibrina. En realidad, nadie sabe cómo pudo evolucionar gradualmente un sistema circulatorio de alta presión a partir de otro de baja presión, al mismo tiempo que también evolucionaba la propia cascada de la coagulación.

Cuando se analizan todos los factores implicados que deben estar presentes para que el sistema funcione correctamente, dicha creencia parece realmente absurda. La cascada de la coagulación tuvo que estar operativa desde el principio para ser perfectamente funcional y esto sugiere más bien que detrás de ella hubo la guía de un agente inteligente.

60

El sorprendente aparato digestivo

Anteriormente se trató acerca de cómo el oxígeno vital penetra en los pulmones procedente del aire que se respira. En los alveolos, las moléculas de O_2 pasan a la sangre y a través de esta son transportadas a todas las células del cuerpo. Ahora bien, además de O_2 el organismo necesita otras muchas sustancias nutrientes, tales como glúcidos o hidratos de carbono, lípidos o grasas, proteínas y vitaminas. Asimismo, requiere agua, sodio, potasio, calcio, hierro, etc. Todas estas necesidades nutricionales proceden del alimento y se satisfacen precisamente por medio del aparato digestivo. En este tienen lugar numerosos procesos bioquímicos, como la fragmentación de las largas cadenas de glúcidos en cientos de miles de moléculas de glucosa.

Por ejemplo, el almidón procedente de trigo, arroz, maíz o patatas se rompe en muchas glucosas, que son las moléculas que se emplearán en la producción de ATP o adenosín trifosfato. A esta molécula se la llama la "moneda energética" de la célula porque almacena y transfiere energía en el interior de la misma. Los glúcidos están presentes también en las largas cadenas de ADN y ARN que transmiten la herencia de padres a hijos. Así como en numerosos tejidos corporales, como el conjuntivo, adiposo, cartilaginoso, óseo, linfoide y en la propia sangre. Por tanto, son imprescindibles para vida.

Las grasas o lípidos están formados también por complejas moléculas de ácidos grasos y glicerol necesarias para crear la estructura de las membranas celulares. Además, constituyen un importante almacén energético necesario sobre todo cuando el alimento escasea. Un gramo de grasa genera por término medio unas 9 kilocalorías de energía. La grasa aísla el cuerpo del frío y protege los órganos internos de los golpes, formando parte asimismo de hormonas que intervienen en el crecimiento, el desarrollo de los distintos órganos y el metabolismo general.

Por su parte, las proteínas son también moléculas de gran tamaño constituidas por largas cadenas de aminoácidos. Para que el tubo digestivo pueda asimilarlas bien, dichas cadenas procedentes de los alimentos tienen que trocearse en pequeñas moléculas de tres aminoácidos o menos. Posteriormente, el organismo elaborará miles de proteínas propias mediante tales trozos o tripéptidos. Unas acelerarán determinadas funciones químicas como las enzimas. Otras formarán parte del esqueleto de las células. Algunas, como las inmunoglobulinas, defenderán el cuerpo de invasores extraños. Los músculos poseen ciertas proteínas (actina y miosina) que les permiten moverse y, en fin, otras tienen también funciones de reserva y almacenamiento. La secuencia de aminoácidos de cada proteína viene determinada por la secuencia de nucleótidos del ADN. Esta pasa a las proteínas mediante el ARN mensajero y así las proteínas realizan la mayor parte de las funciones corporales.

Todos estos nutrientes procedentes de los alimentos son asimilados y transformados por el sistema gastrointestinal. Este sistema solo funciona cuando detecta alimento, mientras tanto permanece inactivo. En cuanto entra alimento en la boca, el sistema nervioso lo detecta y pone en marcha la secreción de saliva. Esta contiene enzimas, como la lipasa y amilasa, que rompen los enlaces químicos de las moléculas de las grasas y el almidón. A su vez, al masticar el alimento, este se desmenuza en trozos más pequeños que se mezclan con la saliva y forman el bolo alimenticio. Dicho bolo atravesará la faringe en el movimiento de la deglución. Este reflejo viene coordinado por unos cincuenta pares de músculos. A partir de ese momento, todas las acciones siguientes serán involuntarias. El cuerpo las realiza sin que nosotros nos demos cuenta de ello. Posteriormente, el bolo pasará de la faringe al esófago, evitando que penetre en la tráquea y vaya hacia los pulmones.

Eventualmente, en alguna de las aproximadamente mil veces que tragamos al día, puede ocurrir que nos atragantemos. Esto se debe a que en la faringe se cruza el aire de la respiración con el tránsito de alimento. Desde el evolucionismo, semejante cruce ha sido señalado por algunos como un ejemplo de mal diseño del cuerpo humano. En este sentido, se sugiere que en vez de dicho cruce podría haber dos tubos separados, uno para respirar y otro para el tránsito de alimento. Sin embargo, como veremos en el siguiente artículo, esto no es cierto. Si tuviéramos dos tubos, no podríamos hablar ni cantar como lo hacemos. La faringe humana sana permite la fonación y es un órgano que funciona a la perfección.

Más tarde, el bolo alimenticio pasa de la faringe al esófago. Todo está diseñado para que este no se desvíe hacia la tráquea y pueda llegar a los pulmones. Hay unos sensores nerviosos en la faringe que cuando detectan la presencia del bolo envían la información al cerebro para que sea este quien inicie el reflejo de la deglución. La faringe se comunica con la laringe a través de la glotis, que es una abertura cubierta por una especie de lengüeta llamada epiglotis. Su función es cerrar la glotis cuando pasa el alimento por la faringe, evitando así que el bolo alimenticio llegue a la laringe y obstruya el paso de aire o se desvíe hacia los pulmones.

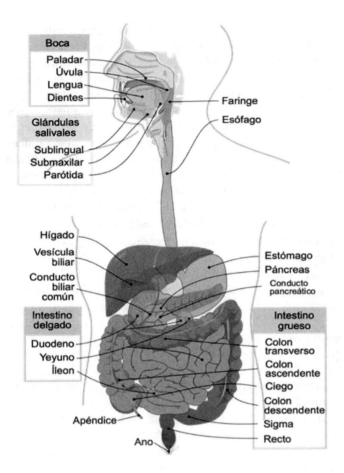

Esquema de las diferentes partes del aparato digestivo. (Wikipedia).

Una vez en el esófago, el bolo es desplazado hacia el estómago mediante contracciones musculares que producen ondas peristálticas. El ácido clorhídrico (HCl) generado en este último órgano permite que la pepsina descomponga las proteínas del alimento. Además, eleva la acidez estomacal y actúa como una barrera contra las infecciones, ya que elimina a la mayoría de las bacterias. Las paredes del estómago se mueven lentamente mezclando su contenido y acelerando la digestión del mismo. Después se vierte algo de este líquido al intestino delgado con el fin de que este también empiece a digerirlo.

Las paredes del estómago son gruesas y presentan una mucosidad resistente a los ácidos digestivos. Sin embargo, las paredes del intestino delgado son más finas, con el fin de permitir la absorción de los nutrientes, y por tanto carecen de tal resistencia. Esto podría hacerlas vulnerables al ácido clorhídrico. Para evitar este problema, el organismo neutraliza estos ácidos en cuanto salen del estómago, mediante bicarbonato de sodio. Esto tiene lugar en el duodeno y además también se bloquean las enzimas gástricas (pepsinas). El bicarbonato de sodio es secretado convenientemente por el páncreas. Es curioso que esto ocurra en el lugar y en el momento apropiados. Es decir que cuando surge un problema en el funcionamiento del sistema gastrointestinal, inmediatamente sobreviene una solución adecuada. Si esta solución genera un nuevo problema, pronto existe otra nueva solución y así sucesivamente se establece un encadenamiento de problemas y soluciones que sugieren la idea de un diseño de ingeniería para todo el sistema. Es difícil creer que todo esto se haya generado al azar.

El sistema gastrointestinal presenta, entre otros, dos subsistemas separados que se comunican perfectamente entre sí. Se trata del intestino y el páncreas. El primero manda hormonas en cuanto detecta moléculas de glucosa en su interior, mientras que el páncreas responde a dichas hormonas enviando enzimas inactivas al intestino, donde se activarán. El hecho de que ambos subsistemas trabajen conjuntamente permite preguntarse acerca de la cuestión evolutiva de cuál de los dos se generó primero. También es posible que ambos surgieran a la vez, tal como propone el Diseño inteligente. Lo que está claro es que el sistema gastrointestinal, con todas sus glándulas anexas, constituye un notable ejemplo de ingenio coordinado y perfectamente funcional. Todos sus componentes trabajan juntos como si se tratara de una compleja fábrica capaz de triturar, desmenuzar y absorber los nutrientes adecuados y eliminar pronto aquellas sustancias que pudieran ser tóxicas para el organismo. Además de la nutrición inmediata, el sistema gastrointestinal es capaz también de almacenar sustancias alimenticias para cuando el organismo las necesite. Son miles los mecanismos físicos y químicos que actúan sincronizados y con exquisita precisión para que podamos vivir. Algunos de tales mecanismos todavía no son bien comprendidos por los especialistas.

Un sistema así requiere de numerosas partes muy especializadas, bien organizadas y coordinadas entre sí con precisión para lograr una alimentación eficaz. Cada órgano muestra un diseño perfecto para acoplarse y ensamblarse con los demás, con el fin de actuar correctamente en el momento adecuado. Las ciencias médicas han puesto de manifiesto que prácticamente no hay nada simple en el funcionamiento del aparato digestivo. Cada nuevo descubrimiento indica que las cosas son más complejas e inteligentes de lo que se pensaba. Por tanto, esto plantea preguntas inevitables: ¿Cómo pudo llegar a aparecer un sistema así? ¿Es razonable pensar que un sistema tan sofisticado hubiera surgido por casualidad?

61

Los supuestos errores de nuestro cuerpo

En el año 2018, apareció un libro escrito por el médico forense Nathan Lents, cuyo título era *Human Errors: A Panorama of Our Glitches, from Pointless Bones to Broken Genes* (Errores humanos: un panorama de nuestros fallos, desde huesos sin sentido hasta genes rotos).[84] Su autor, partidario del evolucionismo y ateo convencido, pretende demostrar que nuestro cuerpo está repleto de órganos deficientes, que supuestamente ponen de manifiesto el azar y la casualidad con que las mutaciones y la selección natural nos habrían elaborado. Algo que —según su opinión— refutaría la creencia de que fuimos diseñados de manera inteligente. Lents se refiere en su obra a órganos como la faringe humana que, en ocasiones, permite que nos atragantemos, ya que el aire y el alimento deben pasar por el mismo sitio. También asegura que el punto ciego de la retina es un mal diseño porque en esa zona no se captan imágenes. Asimismo, dice que tenemos huesos que no sirven para nada; genes no funcionales en el ADN; rodillas débiles con meniscos desgastados en la vejez; problemas en la columna vertebral y, en fin, hasta en las glándulas sexuales masculinas encuentran defectos ya que están situadas fuera del cuerpo y son por tanto susceptibles de eventuales accidentes. ¿Tiene razón Nathan Lens? ¿Demuestran sus pretendidas imperfecciones que el cuerpo humano no fue diseñado inteligentemente?

En primer lugar, conviene analizar el argumento que se esconde detrás de toda la obra de este médico. Su idea fundamental es que, si Dios fuera un ser omnisciente y omnipotente que creó el mundo y al ser humano con sabiduría, el cosmos no tendría ningún defecto físico en su diseño. No obstante, como el universo y los seres vivos ofrecen abundantes evidencias de deficiencias o de funciones que en apariencia se podrían mejorar, se concluye que nada está diseñado inteligentemente. Ni las galaxias, ni los vegetales terrestres, ni los animales, ni tampoco el cuerpo humano. Todo esto solo sería el producto de la evolución ciega o sin propósito. Sin embargo, el hecho de que en nuestro mundo actual existan defectos, ¿es suficiente para negar su diseño por parte de un Creador sabio? Me parece que no.

84   Lents, N. H. (2018). *Human Errors: A Panorama of Our Glitches, from Pointless Bones to Broken Genes*, HMH Books, Boston.

Pienso que es una equivocación decir que ciertos diseños biológicos son defectuosos porque no se adecúan al ideal que nosotros podamos tener de la perfección. Al desconocer los objetivos reales del diseñador, no estamos en condiciones de valorar adecuadamente tales diseños. Quizás el Creador permitió ciertos defectos u órganos imperfectos porque tenía metas diferentes a las nuestras. Esto no podemos saberlo. Además, la mayor parte de tales errores fisiológicos humanos, cuando se analizan en profundidad, resulta que no son defectos, sino que sus verdaderas funciones todavía no habían sido bien comprendidas por la ciencia. A medida que la fisiología avanza, se descubren características sofisticadas que anteriormente habían pasado desapercibidas. Esto lo veremos seguidamente. Y, desde luego, la cosmovisión cristiana tampoco cree que la creación actual sea perfecta o carezca de defectos, ya que fue afectada por la Caída. Por lo tanto, ofrecer una lista de ejemplos de imperfecciones biológicas no contradice ni refuta en absoluto la cosmovisión cristiana.

Aparte de esta consideración, en los capítulos siguientes, analizaremos a fondo la faringe humana, así como algunos órganos de los sentidos, tales como el ojo y el oído, con el fin de evaluar si realmente manifiestan un mal diseño —tal como dice Lents— o, por el contrario, se trata de estructuras que cumplen perfectamente bien su función corporal. También veremos el sistema inmunitario y el aparato reproductor, señalando el complejo y exquisito diseño que evidencian cada uno de ellos. Sus pretendidas deficiencias, en realidad no lo son, sino que manifiestan una planificación muy sofisticada y superior a los proyectos realizados por los ingenieros humanos. Esto se puso de manifiesto, por ejemplo, cuando el ingeniero mecánico Stuart Burgess indicó en una conferencia de Westminster sobre ciencia y fe, dónde fallaba la teoría de Nathan Lents acerca de los errores humanos.[85] Burguess acabó su intervención afirmando que el libro de Lents debería titularse más bien *Los errores de Lents*, porque donde él solo ve errores anatómicos o huesos excesivos, como en la muñeca o el tobillo, de hecho un estudio más profundo descubre soluciones ingeniosas a diversos problemas de ingeniería y biomecánica. Soluciones muy superiores a las que hubieran podido aportar los mejores ingenios humanos.

---

85   Klinghoffer, D. (12 de septiembre de 2022). "Stuart Burgess Informs Evolutionist Nathan Lents on the Design Genius of the Ankle and Wrist", Evolution News and Science Today, https://evolutionnews.org/2022/09/stuart-burgess-informs-evotlutionist-nathan-lents-about-the-design-genius-of-the-ankle-and-wrist/

Los pequeños huesos de la muñeca

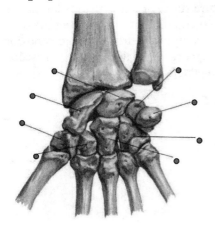

Lents afirma, por ejemplo, que en el pequeño espacio de la muñeca humana se acumulan demasiados huesos pequeños (ocho), por lo que es más complicada de lo que podría ser. Sin embargo, el ingeniero Burgess dice exactamente lo contrario. Esos ocho huesecillos del carpo son los que nos permiten girar la muñeca 360 grados y cada uno tiene su propio aspecto ya que se conecta con otros huesos, músculos y ligamentos del antebrazo y la mano. Estos huesos de la muñeca no están mal diseñados, sino que le aportan flexibilidad y permiten muchos movimientos diferentes a todos los tejidos blandos que constituyen las manos humanas. Por tanto, su diseño es sumamente inteligente, así como el del tobillo y los demás huesos del cuerpo. No hay nada superfluo en tales estructuras, sino que todo contribuye al perfecto funcionamiento de las extremidades.

La disposición de los senos paranasales

Otro supuesto error fisiológico al que se refiere Lents es el de la disposición de los senos nasales o paranasales. Se trata de un conjunto de ocho cavidades llenas de aire (cuatro a cada lado de la nariz) que se hallan en el interior de los huesos que constituyen el rostro. Están dentro de los frontales, esfenoides, etmoides, temporal y maxilar superior. Tales cavidades facilitan e influyen en la respiración, la fonación, el calentamiento del rostro, así como en el olfato. Lents asegura en su libro que los senos maxilares están mal diseñados porque tienen las aberturas cerca de la parte superior, en vez de poseerlas abajo, donde supuestamente facilitarían mejor el drenaje de la mucosidad por simple gravedad. Además, asegura que a ningún fontanero se le ocurriría colocar un grifo o un tubo de desagüe en la parte superior de un depósito, sino en la inferior, donde existe mayor presión. No obstante, Lents no tiene en cuenta que esa abertura superior del seno maxilar (llamada *ostium*) no es la única que existe en dicho seno, ni siquiera se trata de la principal vía de drenaje. Hay todo un complejo sistema de interconexión entre todos los senos paranasales que, en ocasiones llega a ser microscópico, que facilita la evacuación del moco generado.

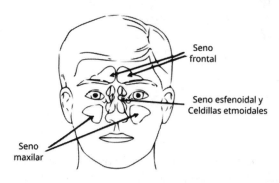

Dibujo de los senos nasales. (Wikipedia).

Precisamente el neurocirujano norteamericano Michael Egnor respondió al libro de Lents afirmando que, si el orificio de drenaje estuviera en la parte inferior, en efecto, la mucosidad se vaciaría más rápidamente, pero esto afectaría negativamente a la función fisiológica del moco. La principal misión de este es evitar que las mucosas se sequen. De esta manera, la mucosidad atrapa bacterias, hongos microscópicos, polen alérgeno, así como otros cuerpos nocivos extraños, que serán posteriormente eliminados por los anticuerpos del sistema inmunitario.[86] Por tanto, si los senos maxilares perdieran pronto el moco, estas importantes funciones quedarían alteradas. Los cilios existentes en el interior de dichas cavidades contribuyen a desplazar esta mucosidad hacia arriba, en contra de la gravedad, y así la obligan a permanecer más tiempo en el interior con el fin de que cumpla mejor su misión defensiva y lubricadora.[87]

Es evidente que, durante los resfriados, el exceso de moco líquido puede resultar incómodo, pero la relevancia de su utilidad y disposición

---

86   Egnor, M. (22 de mayo de 2018). "Nathan Lents: Science with the Parking Brake On", Evolution News and Science Today, https://evolutionnews.org/2018/05/nathan-lents-science-with-the-parking-brake-on/.

87   Mann, W. J. et al. (2011). "The Drainage System of the Paranasal Sinuses: A Review with Possible Implications for Balloon Catheter Dilation", American Journal of Rhinology and Allergy, Volume 25, Issue 4, https://doi.org/10.2500/ajra.2011.25.3647.

anatómica es innegable para el buen funcionamiento de las mucosas que tapizan internamente los senos paranasales. En cambio, si el orificio de drenaje estuviera en posición inferior —tal como sugiere Lents—, las mucosas se secarían pronto y dicho orificio se taponaría como consecuencia de la acumulación de residuos demasiado espesos. Por tanto, no se trata, ni mucho menos, de una estructura deficiente ya que los senos paranasales de la inmensa mayoría de las personas drenan sin problemas durante casi toda su vida, sin necesidad de atención médica. Además, lo hacen en cualquier posición de la cabeza, lo cual demuestra que la gravedad no es el mecanismo principal de drenaje. Y a esto, desde luego, no se le puede considerar como un mal diseño.

Supuestos genes no funcionales

Durante el siglo XX, los científicos pensaban que había dos clases de ADN en nuestras células. Uno bueno, con función conocida, que era muy importante para la vida puesto que contenía la información para producir las proteínas, y otro malo, aparentemente sin función. Tan malo que se le llamó *ADN basura* ya que, al no producir proteínas, se pensó que tampoco servía para nada más. Algunos decían que se trataba de trozos de ADN antiguo, que quizás habían tenido alguna función en nuestro pasado evolutivo, pero que en el presente ya no servían para nada. Esto es lo que manifiesta también Nathan Lents en su polémico libro.

Cuando se completó la secuenciación de genoma humano, en el año 2001, se descubrió que más del 98 % de nuestro ADN era supuestamente "basura" que no formaba proteínas. Solo el 2 % restante servía para fabricar todas nuestras proteínas. Esto era algo que resultaba notablemente sorprendente. Era como si en una pequeña fábrica de automóviles, que tuviera cien empleados, solo trabajaran dos personas montando los autos, mientras las noventa y ocho restantes, estuvieran sentadas mirando sin hacer nada. Hoy sabemos, no obstante, que, aunque el *ADN basura* no codifique proteínas hace, sin embargo, mil cosas diferentes y necesarias para el buen funcionamiento celular. Los 98 operarios no están inactivos. Es verdad que no montan coches, pero hacen otras muchas cosas para que la fábrica funcione bien. Cosas como, por ejemplo, obtener financiación, llevar la contabilidad, promocionar los autos, tramitar los salarios de los empleados, limpiar la fábrica y los aseos, vender los coches, etc. Pues bien, algo parecido a esto es lo que hace el *ADN basura* en nuestro genoma.

Continuamente se le están descubriendo nuevas funciones. No forma proteínas, pero tiene importantes funciones de regulación: impide que el ADN se deshilache y dañe; forma estructuras de anclaje en los cromosomas durante la división celular o ayuda a fabricar el ARN y regula la expresión de los genes (como si fueran interruptores), etc. También posee aspectos negativos; por ejemplo, algunos ADN basura son intrusos genéticos de virus que están dormidos, pero pueden despertar y producir cáncer (las células han desarrollado mecanismos para mantenerlos en silencio, pero con la madurez pueden romperse tales mecanismos) y algunas enfermedades genéticas están causadas por mutaciones en el ADN basura (como la distrofia miotónica y otras).

En fin, es curiosa esa actitud, demasiado común en biología, de pensar que si no se conoce algo es porque no hay nada que conocer. Hoy se ha descubierto que el mal llamado ADN basura juega un papel vital e inesperado en el control de la expresión génica. Muchos genetistas creen que es, ni más ni menos, que la fuente de la complejidad biológica humana. Si existe un Dios sabio que nos ha creado en base a un plan inteligente, lo lógico sería esperar que el 98 % de nuestro ADN sirviera para algo y que, de ninguna manera, fuera "basura genética". ¡Y esto es precisamente lo que se ha descubierto! Cada vez son más los genetistas que piensan que la singularidad biológica humana reside precisamente en nuestro ADN basura.

¿Tenemos débiles las rodillas?

También se ha señalado que las rodillas humanas no son perfectas y que no permiten ejercitar todos los movimientos posibles, por lo que son muy vulnerables a lesiones, como saben bien los futbolistas y otros deportistas. Sin embargo, se trata de una articulación que nos permite caminar, correr, saltar, agacharnos, permanecer en cuclillas, etc. Todo esto hace posible que podamos desenvolvernos en un amplio abanico de actividades físicas habituales. El diseño de la rodilla es muy complejo ya que está integrada por 21 músculos en total. En ella confluyen dos importantes huesos de la pierna, el fémur y la tibia. La rótula es un pequeño hueso redondeado que se articula con la porción anterior e inferior del fémur y es capaz de realizar movimientos de flexión y extensión. Los múltiples ligamentos que la rodean contribuyen a darle estabilidad, mientras que potentes músculos se insertan en sus proximidades haciendo posible el movimiento de toda la extremidad.

Es verdad que las rodillas pueden sufrir varias lesiones, sobre todo en los deportistas que suelen forzarlas en sus actividades. Sin embargo, en la mayoría de los casos, los movimientos propios del cuerpo no le causan problemas. También hay que tener en cuenta que, con el paso de los años, estas se desgastan y pueden generar dolencias como osteoporosis, artritis, etc. No obstante, esto no se puede atribuir a un mal diseño, sino a una degeneración del tejido óseo como consecuencia de la edad. Es evidente que todos los tejidos del cuerpo humano se degradan con el tiempo y que cuando sobrevienen ciertas enfermedades aparecen disfunciones en los diferentes órganos. Aquellas articulaciones que funcionaban perfectamente en una persona joven, a los veinte o treinta años, suelen dejar de hacerlo a los sesenta o setenta. ¿Acaso significa esto que la rodilla esté mal diseñada o no lo esté en absoluto? Además, hay que tener en cuenta que incluso un mal diseño no deja de ser diseño.

¿Demuestran los testículos que Dios no existe?

Nathan Lents está convencido de que los testículos de la mayoría de los mamíferos, incluido el ser humano, están también mal diseñados ya que —según su opinión— deberían estar dentro del cuerpo y no fuera del mismo. Al estar afuera, se exponen a múltiples accidentes o amputaciones que podrían dejar estéril al macho en cuestión. Él cree que, si existiera un Dios Creador omnisciente, no los hubiera diseñado así, sino que se las habría ingeniado para colocarlos en el interior del abdomen, tal como ocurre en los cetáceos (delfines, orcas y ballenas). ¿Por qué estos mamíferos acuáticos presentan un aparato reproductor completamente interno, mientras que el ser humano y la mayoría de los mamíferos terrestres lo tiene fuera del cuerpo? Esta disposición se debe a la temperatura adecuada a la que se forman los espermatozoides. En los mamíferos terrestres, los espermatozoides solo se producen a una temperatura ligeramente inferior a la existente en el interior del cuerpo, por lo que tienen que estar fuera del mismo, mientras que en los acuáticos dicha temperatura ya se da en el interior y, por tanto, no tienen necesidad de testículos externos. Aparte del hecho de que estos alterarían significativamente la necesaria forma hidrodinámica para el desplazamiento acuático.

A pesar de tal requerimiento, Lents argumenta así: ¿Acaso no podría Dios haber ideado un plan especial para modificar los parámetros de desarrollo de los espermatozoides, con el fin de que la temperatura ideal de formación fuera la misma que la del resto del cuerpo? Y, precipitadamente, concluye que semejante disposición externa de los testículos demuestra que no hay Dios y que solo somos el producto de una evolución ciega o sin propósito. ¡Curiosa manera de razonar! A nosotros nos parece que existe una cuestión mucho más pertinente, como: ¿Son realmente los testículos externos un ejemplo de mal diseño? Cuando se realiza un análisis a fondo y libre de preconcepciones ideológicas se observa que los testículos, a diferencia de otras glándulas del cuerpo, generan células que solo se utilizarán de manera intermitente. Durante la pubertad, entre los 11 y 15 años, los testículos comienzan a producir espermatozoides que no tendrán utilidad hasta varios años después, en el momento oportuno. Desde la perspectiva de un diseño original, tiene todo el sentido generar y conservar estas células sexuales fuera del cuerpo, donde la temperatura es inferior (como en una nevera o frigorífico), con el fin de que no gasten energía durante años ya que sus necesidades metabólicas están reducidas. Finalmente, durante el coito, los espermatozoides así conservados serán liberados a las vías genitales femeninas, se calentarán y nadarán enérgicamente, mediante un gasto importante de energía, hasta alcanzar su objetivo final, la fecundación del óvulo.

Nada de todo esto evidencia un mal diseño, sino más bien lo contrario. Es menester que tales gametos masculinos estén almacenados fuera del cuerpo para que se conserven en perfecto estado y acumulen la energía necesaria para la difícil carrera de obstáculos de la fecundación. La fisiología de la reproducción es un proceso elegante y complejo que, en contra de la opinión de Lents, evidencia inteligencia y previsión. Algo que solamente puede provenir de una mente omnisciente.

62

¿Está mal hecha la faringe humana?

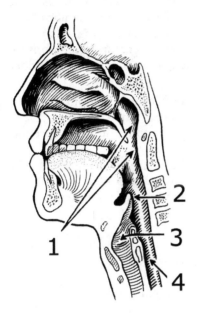

Dibujo que muestra un corte transversal del cuello, en el que puede apreciarse la faringe humana (1), la epiglotis (2), la laringe (3) y el esófago (4). (Wikipedia).

La faringe humana está situada en el cuello, delante de la columna vertebral. Es un tubo de unos trece centímetros de longitud que conecta la cavidad bucal y las fosas nasales con el esófago y la laringe. De ahí que por ese mismo tubo tengan que pasar necesariamente el alimento que se dirige al estómago y el aire que va a los pulmones. Esto hace que la faringe sea un órgano perteneciente a dos aparatos a la vez: el digestivo y el respiratorio. El cruce entre estas dos vías se realiza a través de la epiglotis, una válvula cartilaginosa y húmeda con forma de lengüeta que obstruye el tránsito del bolo alimenticio durante la deglución, con el fin de impedir que este se dirija al sistema respiratorio.

Aunque habitualmente la acción de tragar funciona bien, en ocasiones pueden producirse atragantamientos. Cualquier resto de comida mal masticada puede pasar accidentalmente a las vías respiratorias y obstruirlas, con lo cual —si no se soluciona a tiempo— la persona puede morir por asfixia. Es frecuente también que los niños de corta edad se atraganten con globos, canicas, piezas pequeñas de ciertos juguetes, chicles, etc.

Frente a todo esto, algunos dicen que la faringe constituye un ejemplo paradigmático de mal diseño y que, si realmente existiera un diseñador inteligente, no la habría hecho así, tan deficientemente planificada. En cambio, si el evolucionismo está en lo cierto, tales estructuras serían el producto lógico de las mutaciones al azar, la selección natural sin propósito y el desorden propio de prueba y error. Por lo que sería lógico que se evidenciaran tales deficiencias anatómicas.

En este sentido, el profesor español Jesús Mosterín escribió en su libro *Ciencia Viva*, las siguientes palabras: «El conducto que lleva el aire a los pulmones se cruza absurdamente en la garganta con el que lleva la comida al estómago, poniendo a los vertebrados en peligro de ahogarse. (…) La selección natural no actúa sobre todos los diseños posibles, sino solo sobre algunas variaciones aleatorias de unos pocos esquemas arcaicos».[88] De la misma manera —y quizás influido por el anterior—, el entonces joven biólogo Ernesto Carmena escribía hace casi dos décadas:

Hay muchos más ejemplos de chapuzas imperdonables. Nuestro tubo digestivo está absurdamente conectado con las vías respiratorias. Esto puede ser muy divertido para esos niños demoníacos que aprenden a beber leche y expulsarla por la nariz, pero también nos pone en serio peligro de atragantarnos y ahogarnos. ¿Por qué no dos tubos bien separaditos? (…) Una solución a base de *cañerías* totalmente independientes habría sido mucho más lógica.[89]

Más recientemente, el biólogo evolucionista norteamericano Nathan H. Lents ha manifestado que «si tuviéramos aberturas separadas para el aire y los alimentos, esto nunca sucedería (*la asfixia*). La deglución es un buen ejemplo de los límites de la evolución darwinista. La garganta humana es simplemente demasiado compleja para que una mutación aleatoria (el mecanismo básico de la evolución) deshaga sus funciones

---

88 Mosterín, J. (2001). *Ciencia viva*, Espasa Calpe, Madrid, pp. 202-203.
89 Carmena, E. (2006). *El creacionismo ¡vaya timo!*, Laetoli, Pamplona, pp. 136-137.

fundamentales. Tenemos que resignarnos al absurdo de tomar aire y comida por el mismo tubo».[90]

¿Están todos estos autores en lo cierto? ¿Evidencia realmente la faringe humana un mal diseño? Si fuimos hechos por un Creador sabio, ¿por qué no acertó a solucionar este problema? Hay mamíferos, como las enormes ballenas, que poseen dos conductos bien separados, uno para el aire y otro para el alimento, ¿cómo es que los humanos carecemos de ellos? ¿En qué estaba pensando el Creador?

Cuando se analiza detalladamente el acto de la deglución en el ser humano se descubre la complejidad del mismo y la incoherencia de las objeciones anteriores. En efecto, para tragar un bocado de alimento o un simple trago de agua se requieren unos 50 pares de músculos diferentes que están controlados por seis nervios distintos. La lengua mueve voluntariamente el bolo alimenticio hacia la faringe y esto desencadena el acto reflejo de la deglución, que es involuntario. En el momento en que la faringe detecta el bolo, le envía información al centro nervioso de la deglución —que se haya ubicado en el tronco encefálico— para que este desconecte inmediatamente la respiración y deje de pasar aire durante la deglución. Esta función refleja evita que el alimento se introduzca accidentalmente en las vías respiratorias. Al mismo tiempo, el tronco encefálico manda señales a los numerosos músculos para que se contraigan adecuadamente y empujen el bolo hacia el esófago, impidiendo que este suba hacia las fosas nasales. Todo esto sucede aproximadamente en un segundo y así se evita la sensación de asfixia.

El acto de la deglución puede ocurrir más de mil veces al día sin que se produzca ningún atragantamiento accidental. Lo cual indica la eficacia de todo el sistema. ¿Cómo pudo aparecer gradualmente un mecanismo así? ¿De dónde surgió la información necesaria para crear el centro de la deglución en el tronco encefálico, capaz de relacionar todos esos músculos y nervios con el fin de que sea posible tragar de forma segura, a pesar de que el alimento y el aire pasen por el mismo conducto?

El secreto de dicho cruce de conductos reside en la capacidad humana para hablar y cantar. Es necesario que se crucen ambos tubos para que podamos dialogar y comunicarnos verbalmente. Si tuviéramos dos conductos separados —como las ballenas— no podríamos hacerlo. Es verdad que estos cetáceos emiten sonidos bajo el agua, pero carecen de cuerdas vocales y, por tanto, no pueden articular palabras como nosotros. Los ruidos de la ecolocalización los generan dejando que el aire fluya por ciertas estructuras de la cabeza. Semejante producción de sonido es muy diferente a la que es propia del ser humano. De manera que el diseño especial de

90   Lents, N. H. (2018). *Human Errors: A Panorama of Our Glitches, from Pointless Bones to Broken Genes*, HMH Books, Boston, p. 19-20.

nuestros aparatos respiratorio y digestivo no es una chapuza absurda, sino que viene condicionado por la necesidad que tenemos de hablar, comunicarnos y transmitir información compleja. Incluso la forma de la lengua, los dientes, la garganta, las fosas nasales, la cavidad bucal y la faringe están perfectamente diseñados para emitir sonidos inteligibles que permitan la comunicación oral humana. Desde el evolucionismo materialista, se intenta pasar por alto esta cuestión y se ignora adrede el diseño evidente de todo el sistema, así como sus objetivos principales.

Por otro lado, tal como explican los científicos estadounidenses Steve Laufmann y Howard Glicksman en su extenso libro: «Si, como recomiendan los críticos, estuviéramos estructurados para usar la boca solo para tragar comida y agua, y no para respirar, excluyendo así el habla y el lenguaje tal como los conocemos, los conductos nasales necesitarían ser mucho más grandes para traer suficiente oxígeno durante los elevados niveles de actividad».[91] Además se necesitaría una anatomía completamente diferente a la que poseemos. Se requerirían dos bocas, una para comer y otra para respirar y hablar. Así mismo tendríamos dos lenguas, una para procesar el alimento y otra para comunicarnos; dos dentaduras completas, una para triturar la comida y otra para pronunciar correctamente determinadas consonantes; dos cavidades nasales unidas a las bocas, una para producir sonidos complejos y otra con los sensores olfativos necesarios para saborear bien el alimento, etc. Toda una reconfiguración completa del organismo que pone de manifiesto lo absurdo de la propuesta de los dos conductos.

Es verdad que los humanos a veces nos atragantamos y algunos incluso llegan a morir por asfixia, pero eso se debe en la mayoría de los casos al envejecimiento, al deterioro de los órganos y las funciones o a simple negligencia por no masticar o tragar adecuadamente la comida. No es sabio usar tales ejemplos para decir que la faringe está mal diseñada y que, por tanto, no debe existir un Dios Creador inteligente. Se trata de un mal argumento que pretende respaldar la evolución materialista no dirigida y negar la realidad de un Creador sabio y misericordioso. El esfuerzo de algunos por descubrir ciertos órganos o funciones supuestamente mal diseñadas pasa por alto la gran cantidad de buenos diseños existentes en la naturaleza. ¿Cómo es que cada especie animal o vegetal presenta tanto diseño perfecto o adecuado a su entorno? ¿Por qué la biosfera está repleta de ellos? No creo que el simple azar pueda explicarlo convincentemente.

---

91 Laufmann, S. & Glicksman, H. (2022). *Your Designed Body*, Discovery Institute Press, Seattle, p. 417-418.

63

¿Es el ojo un mal diseño?

Desde los días de Darwin, el ojo humano y de los demás vertebrados se ha venido considerando como una maravilla de complejidad y perfección biológica. Algo que la selección natural no parecía haberlo podido originar, mediante una lenta y progresiva transformación por mutaciones al azar, sino que sugería un diseño inteligente. En su famosísimo libro *El origen de las especies*, publicado en 1859, el naturalista inglés confiesa: «Parece absurdo de todo punto —lo confieso espontáneamente— suponer que el ojo, con todas sus inimitables disposiciones para acomodar el foco a diferentes distancias, para admitir cantidad variable de luz y para la corrección de las aberraciones esférica y cromática, pudo haberse formado por selección natural»[92] —a pesar de lo cual, intentó demostrar que, contra toda apariencia, los ojos animales sí se podrían haber formado mediante su famosa selección natural—. Para ello, pasó revista a los aparatos oculares que poseían los distintos grupos zoológicos e intentó elaborar una hipotética línea ascendente de complejidad que podría haber ocurrido a lo largo de las eras.

En su época, esto parecía razonable porque aún no se conocían los diferentes mecanismos bioquímicos que conforman los ojos de los organismos. Tal como dice Michael J. Behe, «para Darwin, la visión era una caja negra».[93] No obstante, en la actualidad se han descubierto los grandes abismos químicos y fisiológicos existentes, que hacen imposible la evolución entre unos y otros aparatos oculares. Ya no resulta convincente la explicación evolucionista que hizo Darwin en el siglo XIX, basada exclusivamente en la forma o anatomía de los ojos, sino que se requiere una demostración de los pasos intermedios entre los diferentes procesos bioquímicos. Y a esta necesaria explicación, que demostraría la veracidad de la teoría evolucionista, la ciencia no está en condiciones de darla porque cada especie presenta una fisiología de la visión particular y diferente.

Los ojos de los animales vertebrados poseen decenas de miles de componentes moleculares, algunos de los cuales todavía no se han descrito.

92 Darwin, C. (1980). *El origen de las especies*, EDAF, Madrid, p. 196.
93 Behe, M. J. (1999). *La caja negra de Darwin*, Andrés Bello, Barcelona, p. 37.

Por tanto, especular acerca de las hipotéticas mutaciones que pudieron darse para producirlos es absolutamente imposible. Son demasiadas las moléculas cuyo origen hay que explicar. Se puede debatir si la evolución darwinista pudo o no producir semejantes estructuras, pero esto es como las discusiones del siglo XIX acerca de si las células se podían o no generar espontáneamente a partir del barro. Se trata de un debate infructuoso porque no se conocen todos los componentes existentes.

Por otro lado, muchos autores evolucionistas y materialistas se han venido refiriendo insistentemente al ojo humano para señalar que es un ejemplo de mal diseño. Se dice que un Creador inteligente jamás habría hecho un ojo como el nuestro ya que algunas de sus células están dispuestas precisamente al revés de lo que deberían estar. De ahí se sigue que, por lo tanto, semejante diseño es más propio de la selección natural al azar que de un supuesto Dios Creador. En este sentido, Richard Dawkins se refiere a la disposición de las células que captan la luz, en el interior del ojo, y escribe:

> Cualquier ingeniero asumiría naturalmente que las fotocélulas apuntarían hacia la luz y que sus cables irían hacia atrás, hacia el cerebro. Se reiría ante cualquier sugerencia de que las fotocélulas podrían apuntar en dirección contraria a la luz, con sus cables partiendo del lado más cercano a la luz. Sin embargo, esto es exactamente lo que sucede en todas las retinas de los vertebrados.[94]

Desde entonces, varios biólogos evolucionistas más se han adherido a esta opinión sin darse cuenta de que los últimos descubrimientos científicos en fisiología ocular decían precisamente todo lo contrario.

Veamos un esquema gráfico de la estructura interna del ojo humano para poder entender a qué se refiere Dawkins y comprobar que, tanto él como sus correligionarios, están completamente equivocados.

94   Dawkins, R. (1986). *The Blind Watchmaker*, W.W. Norton, New York, p. 93.

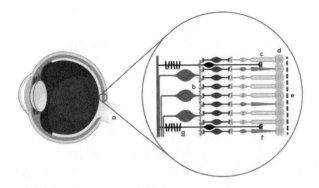

Dibujo en el que se aprecia la disposición de las células de la retina de un ojo humano. Las células sensibles a la luz, bastones y conos, que aparecen representadas por las letras c y f, están situadas en la parte trasera de la retina, mientras que las células nerviosas (b) que transmiten señales visuales al cerebro se localizan en la parte anterior de la retina y, por tanto, reciben directamente la luz entrante; (a) nervio óptico; (d) epitelio pigmentario de la retina; (e) capa de Ruysch o coriocapilar interna; (g) células de Müller o células nerviosas de la retina. En el caso del ojo de cefalópodos como los pulpos y las sepias, esta disposición está invertida. (Tomado de Wells, J., 2017, *Zombie Science,* Discovery Institute Press, Seattle, USA, p. 142).

Los conos y los bastones son células de la retina muy sensibles a la luz, que necesitan para su buen funcionamiento una gran cantidad de energía. En casi todas las especies de mamíferos, incluido por tanto el ser humano, estas células del ojo tienen una tasa metabólica muy superior a la del resto de los tejidos corporales. Esto significa que requieren un gran aporte de sangre cargada de nutrientes. Dicha sangre les llega mediante una espesa red de capilares llamada *capa de Ruysch o coriocapilar interna* (en la figura aparece con la letra "e") que está detrás de la retina. Los capilares, vénulas y arteriolas de esta capa están muy unidos entre sí y alimentan de oxígeno y otros nutrientes al epitelio pigmentario de la retina (letra "d" del dibujo).

Aparte de alimentar a las células sensibles a la luz, el epitelio pigmentario de la retina contiene un pigmento oscuro capaz de absorber la luz dispersa, lo cual mejora notablemente la eficacia óptica del ojo. Al mismo tiempo, dicho epitelio contribuye a eliminar las sustancias tóxicas que se producen en el proceso químico de detección de la luz. Y aquí reside precisamente la explicación de por qué el ojo humano no es un mal diseño, sino que está proyectado maravillosamente y no puede ser el producto de la selección natural aleatoria.

Como la sangre que circula por la capa de Ruysch es casi opaca y el epitelio pigmentario de la retina tampoco deja pasar la luz, si ambas capas estuvieran situadas en la parte delantera del ojo —como sugieren los biólogos evolutivos escépticos— no permitirían que la luz las atravesara y, por tanto, esta no estimularía los conos y bastones. La visión no sería posible. En cambio, la capa delantera formada por las células nerviosas que transmiten los estímulos lumínicos al cerebro ("b" en el dibujo) es prácticamente transparente y permite que la luz la atraviese y llegue hasta el fondo de la retina, haciendo posible el fenómeno de la visión. De manera que esta retina trasera de los vertebrados es el mejor diseño que cabría esperar, teniendo en cuenta el elevado suministro de energía que requieren las células sensibles a la luz y su continua renovación.

Dawkins se equivocó en su apreciación ya que no supo ver que el ojo humano es mucho más sofisticado de lo que parece a primera vista. La retina invertida es mejor diseño que lo que él y sus colegas evolucionistas proponían. Además, las investigaciones que confirmaban dicha excelencia del ojo vertebrado ya estaban disponibles dos años antes de que él publicara su polémico libro, *El relojero ciego*. No sabemos si las desconocía o simplemente las ignoró a propósito.[95] De la misma manera, muchos otros divulgadores han venido tomando acríticamente las equivocadas ideas de Dawkins con el fin de desacreditar la creencia en Dios.

En este sentido, se ha señalado también que el punto ciego de la retina es otro ejemplo de mal diseño. Como la retina invertida de los vertebrados requiere que la luz penetre por las fibras de los axones neuronales ("g" en la figura) y atraviese todas las capas de células para llegar a los fotorreceptores, esto provoca que el nervio óptico ("a" en la figura) salga del ojo por un hueco de la capa de los conos y bastones, generando una zona en cada ojo incapaz de detectar la luz. Muchos autores consideran que esto es una chapuza impropia de un Creador inteligente como el Dios de la Biblia.

Veamos por qué están completamente equivocados. En realidad, el punto ciego no es un problema grave para la visión porque el punto ciego del ojo izquierdo no está en el mismo lugar que el punto ciego del ojo derecho. Esto significa que, cuando ambos campos de visión se superponen en la visión normal, el punto ciego de un ojo queda cubierto por los fotorreceptores del otro ojo y viceversa. Con lo cual ningún humano o vertebrado

---

95 Wirth, A.; Cavallacci, G. & Genovesi-Ebert, F. (1984). "The Advantages of an Inverted Retina", Developments in Ophthalmology 9: pp. 20-28.

con ojos sanos se da cuenta de que tiene un punto ciego en cada ojo. Su visión es perfectamente normal.

¿Por qué se dice que ciertos invertebrados, como pulpos, sepias y calamares, tienen los ojos mejor diseñados que nosotros o el resto de vertebrados? Los órganos de la visión de estos animales acuáticos presentan una disposición invertida con respecto a la nuestra. Es decir, cuando la luz penetra en sus ojos, incide directamente sobre las células fotorreceptoras de la retina, que está situada en la parte delantera. Semejante disposición es considerada por los críticos del diseño como más lógica que la nuestra. Sin embargo, desde 1984 se sabe que los ojos de estos cefalópodos son en realidad inferiores desde el punto de vista fisiológico a los de los vertebrados (ver pie de página anterior). Esto se debe a que el procesamiento inicial de las imágenes ocurre en la retina por medio de células nerviosas que están situadas justo al lado de las células fotorreceptoras. De manera que los impulsos nerviosos tienen que viajar hasta el cerebro para acabar de ser procesados y esto hace más lento todo el proceso, produciendo también imágenes más borrosas. Por tanto, el ojo de los cefalópodos es inferior al nuestro ya que se trata simplemente de una retina pasiva que transmite información puntual, pero codificada de una manera menos sofisticada que en los animales vertebrados.

Los ojos de las personas siguen siendo un excelente ejemplo de diseño y perfección a pesar de los esfuerzos del materialismo por demostrar lo contrario. Un cambio progresivo desde un ser unicelular, capaz solo de detectar cambios de luz, hasta el sofisticado ojo humano, compuesto por millones de células que pueden reconocer cientos de colores, matices e intensidades, es algo que desafía la selección natural y el sentido común. Una transformación así, hubiera involucrado una cantidad incalculable de mutaciones llenas de propósito.

Cada uno de los aspectos anatómicos, bioquímicos y fisiológicos de los ojos sugiere diseño. La protección que les confieren las cuencas óseas que solo permiten que sea visible la sexta parte del globo ocular. La percepción de profundidad de campo que resulta posible porque los dos ojos están en el mismo plano. La esfericidad del globo que facilita su movimiento. La dilatación y contracción pupilar. Las glándulas lacrimales que lavan y oxigenan la córnea, capa transparente que carece de vasos sanguíneos que estorbarían la visión. Sabemos que hay tres clases de lágrimas: lubricantes, de la tristeza y de la felicidad. Estas dos últimas, las lágrimas emocionales, tienen un 21 % más de proteínas que contribuyen a reducir el estrés. Estas lágrimas son exclusivas de las personas. Solo los seres humanos poseemos lágrimas de tristeza o de felicidad. ¿Cómo pudieron crearse dichas lágrimas por selección natural?

A pesar de parpadear aproximadamente unas 20 000 veces al día, el cerebro nunca ve un parpadeo involuntario. Nunca se queda a oscuras. El blanco de los ojos (la esclerótica) es también exclusivo de los humanos e indica a los demás hacia donde miramos. La originalidad del iris puede usarse como huella dactilar. La retina está formada, en su parte trasera, por unos 7 millones de células en forma de cono que detectan los colores y por 125 millones de células en forma de bastón que permiten ver con poca luz; mientras que en su parte delantera presenta alrededor de 1,2 millones de células nerviosas que recogen millones de bits de información. En fin, la evidencia sugiere que el ojo es un órgano diseñado con propósito y no es para nada el producto de una casualidad materialista.

64

El oído distingue las palabras

Según el antiguo patriarca Job, el oído es capaz de distinguir perfectamente las palabras dichas por el ser humano (Job 12:11) porque fue diseñado por aquel en quien residen el poder y la sabiduría. Sin embargo, lo que Job no sabía es que, miles de años después de que él señalara dicha propiedad, la ciencia ha confirmado que el aparato auditivo humano es uno de esos órganos tan exquisitamente complejos, que todavía esconde secretos acerca de su funcionamiento, y que no parece haberse podido originar mediante una lenta transformación al azar, como propone la teoría evolutiva actualmente imperante.

La medicina y la anatomía humana están aportando pruebas a favor del Diseño inteligente del cuerpo humano. Probablemente esto se deba a que los médicos están más familiarizados que los biólogos evolucionistas con los múltiples problemas que se crean cuando tales órganos dejan de funcionar correctamente. También los tecnólogos saben lo que le ha costado al ser humano llegar a elaborar esos útiles aparatos conocidos como *transductores*. Un transductor en un dispositivo utilizado para obtener información del entorno y convertirla en señales o impulsos eléctricos. Por ejemplo, el micrófono es un transductor que convierte las ondas sonoras en energía eléctrica. Pues bien, el oído es como un sofisticadísimo transductor o sensor que hace lo mismo y envía dichos impulsos eléctricos al cerebro para que sea este quien los interprete adecuadamente. De manera que la audición es la sensación que se experimenta cuando las moléculas del aire o del agua (si es que se está buceando) vibran y generan ondas sonoras que penetran en los oídos.

Es evidente que este órgano del sentido de la audición tuvo que estar ya presente y operativo en los primeros seres humanos y en otras muchas especies animales. De otra manera, jamás hubieran podido sobrevivir en el medio, ni comunicarse entre ellos. Desde el evolucionismo, suele decirse que la anatomía comparada de los diversos sistemas auditivos de los animales permite suponer que el oído humano evolucionó a partir de las branquias de algunos peces. En este sentido, se afirma que los *espiráculos* (pequeños agujeros para respirar que hay detrás de cada ojo de algunas especies de peces) se fueron transformando poco a poco al azar en los oídos de tantos animales terrestres. Dejaron de servir para respirar en el agua y cambiaron su función por la de la audición en el aire.[96] Sin embargo, tal como demuestra el desarrollo de la tecnología humana en la construcción de transductores, como micrófonos, altavoces, cámaras digitales, pantallas de ordenador, etc., una explicación mucho más lógica es que los oídos requieren de un diseño inteligente previo y no solo de la eventualidad de las mutaciones.

Cualquier ligera modificación en la estructura o en los componentes de un oído sano y operativo termina en pérdida de audición o sordera. ¿Cómo pudo ir cambiando progresivamente un sistema así de delicado? ¿Cómo adquirió el cerebro la capacidad para convertir e interpretar bien las ondas sonoras procedentes del entorno? La realidad es que actualmente nadie sabe a ciencia cierta cómo se originó el oído y su capacidad de audición. Hacer conjeturas que no se pueden demostrar no es hacer ciencia. No obstante, veamos aquello que sí conocemos acerca del proceso de la audición.

El sonido se produce porque las moléculas del aire se mueven, produciendo ondas que se transmiten en todas las direcciones. Tales ondas de presión suelen viajar a unos 330 metros por segundo. Los oídos humanos son órganos complejos, exquisitamente calibrados, en los que cada una de sus partes está íntimamente relacionada con la contigua para percibir estas ondas sonoras y hacerlas llegar hasta la cóclea, que es donde se forman los impulsos nerviosos que llegarán al cerebro. Todo estudiante de secundaria ha oído hablar de las tres partes principales en que se puede dividir el órgano auditivo: oído externo, oído medio y oído interno.

El oído externo está constituido por la oreja o pabellón auricular, el conducto auditivo y el tímpano. La oreja es una estructura cartilaginosa, recubierta de piel, diseñada para captar las vibraciones sonoras y dirigirlas hacia el interior del oído. Es como una antena parabólica capaz de recoger las ondas sonoras y encaminarlas al tímpano. También permite saber desde qué dirección llega el sonido. Si las orejas no tuvieran los pliegues y la forma helicoidal en embudo que poseen, las ondas no llegarían tan bien y gran parte del sonido se perdería. Por tanto, la disposición y la forma de la oreja es la más adecuada para captar los sonidos. La cera o cerumen que se produce en el conducto auditivo sirve para lubrificarlo, protegerlo del polvo, los microbios y los insectos pequeños. Además, contiene sustancias químicas antibióticas capaces de combatir las posibles infecciones. No es conveniente hurgar dentro del canal auditivo para extraer la cera porque esto es algo que ocurre de forma natural. Las células de la capa que recubre

---

96   Gai, Z.; Zhu, M.; Ahlberg, P. E. & Donoghue, P. C. J. (2022). "The Evolution of the Spiracular Region From Jawless Fishes to Tetrapods". Front. Ecol. Evol. 10:887172. doi: 10.3389/fevo.2022.887172.

dicho canal se originan cerca del tímpano y lentamente van migrando hacia el exterior, arrastrando consigo el cerumen sobrante. Los posibles tapones de cera endurecida, que a la larga pueden disminuir la audición, deben ser siempre eliminados adecuadamente por el personal sanitario.

El tímpano es una membrana tensa como la de un tambor, en forma de cono, que recibe las ondas sonoras procedentes del exterior. Estas lo hacen vibrar en función de su intensidad, frecuencia y amplitud. El tímpano constituye el límite entre el oído externo y el oído medio, siendo su sensibilidad tan elevada que, aunque solo se desplace el diámetro de un átomo de hidrógeno, puede detectar sonidos. Por el contrario, también es capaz de oír ruidos estridentes de 140 decibelios o más. Todo esto requiere numerosas soluciones inteligentes de física, química, biología e ingeniería que no han podido darse al azar. Al tratarse de una delgada membrana de solo tres milímetros de grosor, puede romperse o desgarrarse debido a fuertes impactos, sonidos estridentes como disparos o explosiones, así como cambios bruscos de presión, como aquellos que se producen en el buceo, al descender demasiado rápidamente en el agua sin compensar la presión del oído medio. Algunos pueblos dedicados a la pesca submarina, como los *bajau* de Filipinas, se perforan los tímpanos a propósito para facilitar sus inmersiones y no tener así que compensar. El problema de dicha práctica es que cuando llegan a la madurez todos tienen problemas de audición.

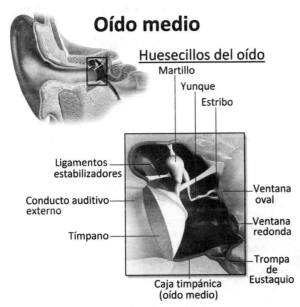

Oído medio

Huesecillos del oído

Martillo

Yunque

Estribo

Ligamentos estabilizadores

Conducto auditivo externo

Tímpano

Ventana oval

Ventana redonda

Trompa de Eustaquio

Caja timpánica (oído medio)

Dibujos que representan las distintas partes del oído medio. (Wikipedia).

La presión del aire dentro del oído medio debe ser igual a la que existe fuera, en el oído externo, para que el tímpano pueda vibrar adecuadamente al recibir las ondas sonoras. Sin embargo, dicha presión puede desequilibrarse ya que el aire tiende a ser absorbido por las células de los tejidos de dicha cavidad. Este efecto de vacío podría hacer que el tímpano se moviera con más dificultad y se generaran problemas en la audición. Con el fin de evitar esta dificultad, existe un tubo que conecta el oído medio con la faringe e iguala ambas presiones. Se trata de la conocida *trompa de Eustaquio,* llamada así en honor del anatomista y médico italiano del siglo XVI, Bartolomeo Eustachio. El ruido y la presión que se siente en los oídos cuando se viaja en avión y este desciende para aterrizar, se debe precisamente a este fenómeno.

En el oído medio residen los tres huesos más pequeños del cuerpo humano. Se trata del martillo, el yunque y el estribo, unidos entre sí y conectando el tímpano con la ventana oval. Su forma es característica y determina el nombre que reciben. Su función es transmitir lo más fielmente posible las vibraciones del tímpano a la ventana oval para que lleguen a la cóclea del oído interno y de esta al nervio auditivo. La cóclea está rellena de un fluido, que posee distintos niveles de potasio, sodio o cloro, y se parece por su parte inferior a la concha de un caracol, puesto que está arrollada helicoidalmente, mientras que la parte anterior presenta tres conductos semicirculares dispuestos en las tres direcciones del espacio (anterior, posterior y horizontal). En el centro de la cóclea o vestíbulo, se disponen la ventana oval (A), que es el lugar donde se conecta el estribo, y la ventana redonda (B) que vibra en fase opuesta a la oval. Esta diferente vibración hace que el fluido de la cóclea se mueva y pueda transmitir las ondas sonoras de presión hasta el órgano de Corti, en el que la energía mecánica de estas se convertirá en energía nerviosa.

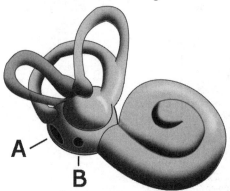

Dibujo de la cóclea en el que se señala la ventana oval (A) y la redonda (B). (Wikipedia).

En el interior del caracol de la cóclea, existen tres cavidades interrelacionadas y llenas de líquidos con diferente composición iónica (rampa vestibular, rampa media o conducto coclear y rampa timpánica), separadas por otras tantas membranas. En la rampa media está el singular órgano de Corti, auténtico micrófono del cuerpo que, mediante sus más de 20 000 células ciliadas hace posible que escuchemos los sonidos ya que los convierte en impulsos eléctricos.

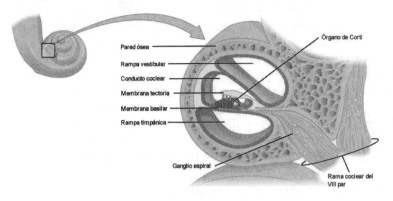

Estructura interna de la cóclea en la que se aprecia el órgano de Corti en el centro. (Wikipedia).

El órgano de Corti es el más importante del sentido auditivo y se llama así en honor al anatomista italiano Alfonso Corti, quien lo descubrió en el año 1851. Sus células ciliadas son capaces de detectar las distintas frecuencias de los sonidos que les llegan a través de las ondas del fluido. Este, al doblar las células, las despolariza y así se envían los impulsos a través del nervio auditivo al cerebro. Las frecuencias altas mueven sobre todo las células de un extremo del aparato de Golgi, mientras que las bajas lo hacen en las del otro extremo. En realidad, todavía no se comprende bien cómo el cerebro es capaz de interpretar tales impulsos nerviosos.

Otra dificultad física que está perfectamente calibrada en el oído y que hace posible la audición es el paso del sonido en el aire a los impulsos mecánicos en el tímpano y de este, a través de la cadena de huesecillos, al medio fluido del interior de la cóclea. Esto plantea otro problema de ingeniería que en el oído se resuelve de manera ejemplar. Las señales acústicas que llegan al tímpano son amplificadas por la peculiar forma de la cadena de huesecillos que constituye un sistema de palancas. Si estos tuvieran otro aspecto serían incapaces de traducir correctamente las ondas de presión del aire a las ondas de presión en el fluido coclear. Sin embargo, las ondas acústicas que arriban a la gran superficie del tímpano se concentran en la pequeña superficie del estribo con la ventana oval, generando una fuerza de vibración que es unas 15 veces superior a la que llega al tímpano. Esto nos permite escuchar hasta los susurros más leves. En ingeniería, a esta traducción se le denomina *transformación de impedancia*. No obstante, tal diferencia entre la densidad del aire y la del fluido de la cóclea supone otro problema para la hipótesis evolutiva gradualista ya que, si no hubiera existido desde el principio, habría contribuido a reducir la capacidad auditiva de nuestros antepasados y por tanto su supervivencia.

Finalmente, los conductos o canales semicirculares del oído interno constituyen un órgano del equilibrio que contribuye a mantener la posición del cuerpo según los tres planos del espacio. Gracias a ellos resulta posible mantener tanto el equilibrio dinámico (mientras andamos o corremos) como el estático (cuando estamos parados e inmóviles). Esto se logra mediante el movimiento de un líquido que contienen en su interior, llamado endolinfa. Este movimiento se transforma en señales eléctricas que son transmitidas a las terminaciones del nervio vestibulococlear y enviadas al encéfalo. Por último, será este quien comunique al cerebro la posición o las aceleraciones que experimenta el cuerpo.

Ante toda esta complejidad, la pregunta oportuna no es por qué a veces el oído se estropea y dejamos de oír bien, sino cómo es posible que funcione perfectamente, teniendo en cuenta la cantidad de piezas y fenómenos físicos que deben darse para su funcionamiento. ¿Cómo un órgano tan complejo pudo llegar a formarse y ser operativo por primera vez?

Los oídos son órganos formados por múltiples partes que deben estar perfectamente coordinadas entre sí para que podamos oír. Si una sola pieza se cambia de sitio, se deforma o estropea, afectará negativamente a otras estructuras. De manera que todas y cada una de estas partes deben estar bien afinadas para permitir el funcionamiento del todo. La interdependencia es imprescindible para el buen resultado final. El oído y la audición evidencian numerosos patrones de diseño y soluciones físicas propias de la ingeniería inteligente, igual que ocurre con otros sentidos, como el ojo, el olfato, el gusto, el tacto, el sentido del dolor, el equilibrio, etc. Por tanto, suponer que todos estos sistemas biológicos se originaron de forma natural y sin ningún diseño ingenioso previo es sumamente arriesgado. Máxime cuando se desconocen todavía varios aspectos de su funcionamiento y, con cada nuevo descubrimiento, aumenta poderosamente la impresión de una planificación original. Esto es también lo que creía el anciano Job.

65

Las células que nos salvan la vida

El cuerpo humano sano está perfectamente equilibrado para renovar continuamente las aproximadamente 30 billones de células que posee, a excepción de las neuronas, células nerviosas que no se renuevan y que suelen durar casi toda la vida. Esta renovación se realiza mediante los nutrientes que consumimos habitualmente. Los diferentes alimentos nos proporcionan carbono, oxígeno, hidrógeno, nitrógeno, fósforo, azufre, calcio, sodio, potasio, magnesio, cloro, etc. Es decir, los componentes básicos de las moléculas de los seres vivos que constituyen todas las estructuras celulares. Además, para alimentar a tantísimas células, el cuerpo descompone el alimento en pequeñas partículas que circularán por la sangre hasta llegar a cada una de ellas.

Este excelente banquete somático, del que participan millones de comensales microscópicos, es muy apetitoso y deseado también por otros seres que pueden resultar peligrosos. Se trata de ciertos virus y bacterias sin escrúpulos que están dispuestos a penetrar en el cuerpo y destruir las células para alimentarse de ellas o utilizar sus moléculas con el fin de multiplicarse. Es verdad que no todos los virus y bacterias son nocivos para la salud humana. Por ejemplo, muchas especies de bacterias viven en nuestro intestino y nos ayudan a descomponer los alimentos. Aproximadamente, unos 100 billones pertenecientes a casi mil especies distintas que, en total, suponen un peso de uno a dos kilos. No obstante, algunos virus y microorganismos (bacterias, hongos y protozoos) sí que pueden infectar el cuerpo, enfermarlo e incluso provocarle la muerte.

El virus del Covid-19 mató, entre 2020 y 2021, a casi 15 millones de personas en todo el mundo. La hepatitis A es una inflamación del hígado provocada asimismo por un virus. Tanto la gripe como los resfriados comunes son también originados por virus. La meningitis o inflamación de los tejidos que rodean al cerebro y la médula espinal puede ser ocasionada por cuatro tipos distintos de bacterias. Y, en fin, también es una bacteria la que causa la difteria, infectando la garganta y las vías respiratorias superiores. Son muchos los microbios susceptibles de generar enfermedades graves. ¿Cómo puede el cuerpo protegerse de todos estos seres microscópicos indeseables que tienen poder para matarlo?

Nuestro cuerpo posee fundamentalmente tres mecanismos defensivos: la piel, el sistema inmunitario innato y el adquirido o adaptativo. Si no fuera por ellos, pronto seríamos colonizados por tales microorganismos y sucumbiríamos a sus ataques.

1. La defensa de la piel

El tejido epitelial que constituye la piel del cuerpo también reviste internamente todos los conductos del aparato respiratorio (boca, garganta, tráquea y pulmones), así como de los aparatos digestivo, reproductor y excretor. El pH de la piel es ligeramente ácido y esto tiene una doble función: permite la proliferación de microorganismos beneficiosos para la piel y, a la vez, impide el desarrollo de aquellos otros que pueden ser perjudiciales. Sin embargo, a pesar de esta primera barrera, algunos virus y microbios consiguen traspasarla y penetrar en el interior del cuerpo. Es entonces cuando intervienen los otros dos mecanismos defensivos, el sistema inmunitario innato y el adquirido que suelen trabajar de manera conjunta.

2. Sistema inmunitario innato

Se trata de un conjunto de órganos, células y proteínas con los que nace la persona y que trabajan conjuntamente para proteger el cuerpo de invasores externos, tales como bacterias, hongos, virus y toxinas. Actúa de forma inmediata ya que sus estructuras defensivas están ya formadas en cada persona desde el nacimiento. Cuando dicho sistema detecta una molécula o un organismo extraño, entra en acción inmediatamente. Sus células (fagocitos) rodean al invasor y lo destruyen.

3. Sistema inmunitario adquirido

A pesar de la gran defensa que supone el sistema inmunitario innato, algunos agentes patógenos logran burlarlo y consiguen proliferar en el cuerpo. Es entonces cuando entra en acción la tercera y última barrera defensiva. El sistema inmunitario adquirido colabora con el innato para producir anticuerpos específicos que neutralizarán a cualquier posible invasor. Después de que el organismo haya estado expuesto a determinado agente peligroso, los llamados linfocitos B tardarán unos días en desarrollar los necesarios anticuerpos específicos que se acoplarán a ese invasor para acabar neutralizándolo y solucionando el problema. Esta capacidad de adaptación celular a las peculiaridades de cada invasor o antígeno, con el fin de elaborar armas químicas precisas capaces de destruirlo, supone toda una planificación concienzuda y muy meticulosa. Difícilmente tales estructuras podrían haberse originado por casualidad.

El sistema inmunitario adquirido va cambiando a lo largo de la vida de la persona y se desarrolla o "aprende" a medida que el organismo se expone a nuevos microbios. De ahí que, cuando se viaja a otros continentes, con ambientes muy diferentes y microorganismos distintos, cualquier herida leve pueda infectarse pronto, ya que el sistema inmunitario no los reconoce ni está preparado para neutralizarlos. Las vacunas sirven precisamente para entrenar al sistema inmunitario y motivarlo a generar anticuerpos que nos protejan de enfermedades peligrosas. Nadie puede vivir mucho tiempo si alguna de estas tres barreras del sistema inmunológico está estropeada o ha dejado de funcionar correctamente.

Cómo trabaja el sistema inmunitario innato

Todavía no se comprende bien cómo es capaz este sistema de distinguir las células, virus o bacterias no peligrosas de aquellas otras que sí lo son. Sin embargo, este misterioso mecanismo nos viene salvando la vida desde que aparecimos sobre la Tierra. Por ello, tenemos que estar muy agradecidos a nuestro cuerpo, que es suficientemente sabio como para hacerlo bien, aunque todavía no lo entendamos. Si en algún momento dicho sistema se confundiera y empezara a atacar nuestras propias células, podría matarnos en poco tiempo. Por tanto, es de vital importancia que el sistema inmunológico innato se active únicamente en el momento y lugar adecuado. Tiene que identificar exactamente, entre millones de posibles patógenos, qué clase de enemigo ha conseguido penetrar en el cuerpo. La ciencia no ha logrado todavía explicar cómo el sistema innato puede distinguir, por ejemplo, entre una bacteria beneficiosa para nuestro intestino y otra peligrosa capaz de provocarnos una enfermedad.

Lo que sí se sabe es que las células del sistema inmunitario innato identifican a las demás, sean buenas o malas para el organismo, por medio de unos sensores que poseen en su membrana. Estos sensores o receptores de las membranas se unen a proteínas u otras sustancias químicas de la superficie de las demás células. Dicha unión es compleja ya que para que se produzca no solo se requiere una forma adecuada, sino también una determinada compatibilidad química y eléctrica. Es como introducir una llave muy sofisticada en una cerradura también sofisticadísima.

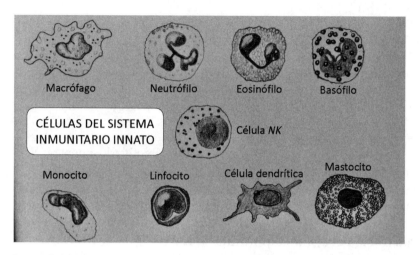

Las células del sistema inmunitario innato, fundamentalmente leucocitos o glóbulos blancos de la sangre, junto con determinadas proteínas, constituyen una compleja red que nos protege de la infección. Todas estas células se originan en la médula espinal, a partir de células madre sanguíneas. Una de estas células madre puede transformarse en glóbulo rojo (eritrocito), plaqueta o leucocito del tipo eosinófilo, basófilo o neutrófilo. Pero también puede evolucionar en otro sentido, pasar por varias etapas y dar lugar a los diferentes tipos de linfocitos (que también son glóbulos blancos).

Los *macrófagos* son glóbulos blancos de la sangre que rodean a los microorganismos invasores y los destruyen. Posteriormente expulsan sus restos del cuerpo y estimulan la acción de otras células del sistema inmunitario. Los *neutrófilos* —también glóbulos blancos— son una de las primeras células en reaccionar ante la presencia de virus o bacterias. Los destruyen y expulsan del cuerpo, pero para ello son capaces de inmolarse. El pus blanco de los granos es precisamente la acumulación de los restos de neutrófilos e invasores destruidos. Los *eosinófilos* (llamados así por teñirse con el colorante eosina) son asimismo glóbulos blancos que se vuelven activos ante las infecciones, reacciones alérgicas u otras afecciones. Por su parte, otro tipo de glóbulos blancos, los llamados *basófilos* (se tiñen fácilmente con colorante básico como la hematoxilina) son poco abundantes en la sangre, pero son los responsables del inicio de la respuesta alérgica. Liberan sobre todo histamina vasodilatadora en la sangre, lo cual provoca una respuesta inflamatoria. Todas estas células sanguíneas se forman en la médula ósea, pero se hallan dispersas por los diversos tejidos del cuerpo.

Los *monocitos* son pequeños glóbulos blancos que al salir de la médula ósea se desplazan por la sangre para convertirse finalmente en macrófagos o en *células dendríticas*. Estas tienen forma estrellada y su función consiste en capturar antígenos o compuestos extraños, procesarlos y presentar muestras neutralizadas de ellos a los *linfocitos T* para que estos generen respuestas inmunes específicas. Por su parte, los mastocitos son glóbulos blancos que se encuentran en los tejidos conjuntivos, bajo la piel, próximos a los vasos sanguíneos y linfáticos, en los nervios, en los pulmones y el intestino. Contienen sustancias como la histamina, la heparina, las citocinas y los factores de crecimiento. Cuando detectan ciertas bacterias, liberan dichas sustancias y producen reacciones alérgicas: ensanchan los vasos sanguíneos, generan enrojecimiento y picazón con el fin de expulsar al microorganismo invasor.

Finalmente, las *células NK* (del inglés *Natural Killer,* o asesina natural) son también glóbulos blancos del tipo linfocitos. Pero, a diferencia de los linfocitos T y B pertenecientes al sistema inmunitario adquirido, las células NK forman parte de sistema inmunitario innato. Atacan a una gran variedad de patógenos y proveen protección contra numerosas infecciones virales y bacterianas. También ayudan a descubrir y limitar el desarrollo de algunos cánceres.

Cada una de estas células suele disponer de unos mil tipos distintos de receptores en su membrana, cuyo fin es detectar y unirse a otras tantas proteínas extrañas de la superficie de los microbios invasores. Cuando cualquiera de tales detectores identifica algo peligroso, inmediatamente se activan los mecanismos defensivos de la célula inmunitaria que acabarán con el intruso. Generalmente, la célula inmunitaria reconoce al invasor por la disposición de unos pocos aminoácidos de una larga molécula de proteína. A este reducido grupo de aminoácidos de la célula invasora se lo denomina *antígeno* y en base a él se generan los *anticuerpos* que lo combatirán.

Por tanto, todos estos leucocitos del sistema inmunitario innato son como microscópicos robots que trabajan de manera precisa y extraordinaria. Viajan por el torrente sanguíneo, pero pueden salir de él cuando descubren alguna partícula extraña. Van a por ella, la atrapan y desmontan su estructura celular o molecular. Los restos así obtenidos son reciclados para que puedan ser usados en las propias células del cuerpo. Después, colocan algunos de estos restos del microbio muerto sobre su propia membrana celular para mostrarlos a las células del sistema inmunitario adquirido. Este aprenderá a reconocerlos y estará así preparado para destruirlos cuando se encuentre con ellos. ¿Cómo es posible que tan sofisticados nanorrobots celulares se hayan podido originar al azar mediante selección natural? Esto es algo indemostrable que sobrepasa la capacidad explicativa de la teoría evolutiva. Estamos ante una evidencia más de ingeniería inteligente y diseño, propios de una mente poderosa y sabia. Es toda una coordinación global del cuerpo que se aplica inmediatamente en los lugares concretos que lo requieren.

Podemos sobrevivir gracias a la gran cantidad de glóbulos blancos que posee nuestra sangre. Disponemos aproximadamente de unos 1500 millones de neutrófilos por litro que actúan en la defensa de todo el organismo. Pero como estas células no se pueden multiplicar, como lo hacen los microbios invasores, y además su vida media es tan solo de unas pocas horas, la médula ósea debe generar cerca de cien mil millones cada día. Es decir, un millón de neutrófilos por segundo, tanto si se está luchando contra alguna infección peligrosa como si no. Sin embargo, si se produce dicha infección, ciertas células del sistema inmunitario envían señales a la médula ósea para que aumente la producción de neutrófilos. Es un sistema muy bien coordinado que se autorregula y funciona a la perfección en las personas sanas.

No obstante, cuando se padece algún tumor que debe ser tratado mediante quimioterapia, esta puede inhibir o disminuir la actividad de la médula ósea. Lo cual hace que mengüe la concentración de neutrófilos en la sangre y que, por tanto, el sistema inmunológico innato no funcione adecuadamente. Tales pacientes suelen sufrir infecciones que pueden ser graves, de ahí la necesidad de que sean medicados por los especialistas.

El sistema inmunológico innato requiere también de determinadas proteínas que suelen acudir a los tejidos afectados cuando su produce una inflamación de los mismos. Se trata del llamado *sistema de complemento* ya que contribuye a complementar la función defensiva de las células. Consta de una treintena de proteínas que actúan en cascada y, por tanto, recuerdan al mecanismo de la coagulación sanguínea. Estas proteínas se producen sobre todo en el hígado y pasan posteriormente a la sangre, permaneciendo allí de forma inactiva. Para activarlas se requiere toda una compleja vía química constituida por casi una cuarentena de pasos intermedios. Cualquier pequeña anomalía en una sola de estas reacciones químicas tendría consecuencias negativas para la defensa inmunológica del cuerpo. Además, el sistema de complemento actúa única y exclusivamente allí donde se requiere y en el momento más adecuado. Todo esto indica la exquisitez y finura con que funciona el sistema defensivo del cuerpo humano.

Sistema inmunitario adquirido

A pesar de la eficacia y elegancia con que trabaja el sistema inmunitario innato, algunos virus y microbios consiguen burlarlo y penetran en las células para destruirlas y propagarse por todo el cuerpo. Entonces es cuando interviene la tercera y última barrera defensiva: el sistema inmunitario adquirido. Su respuesta es más lenta, pero mucho más especializada. Puede tardar algunos días en estar a punto para combatir a los invasores porque nunca antes se ha encontrado con ellos y no los reconoce, pero, cuando lo hace, su eficacia es total. Si, tal como se ha mencionado anteriormente, un glóbulo blanco del sistema inmunitario innato posee alrededor de mil receptores diferentes en su membrana y, por tanto, es capaz de detectar a mil tipos de patógenos distintos, un glóbulo blanco del sistema inmunitario adquirido, en cambio, tiene cien veces más receptores en su membrana (unos 100 000 aproximadamente) pero todos son iguales y solo pueden detectar a uno o a unos pocos tipos de patógenos. ¿Cuál es la ventaja de tener tantísimos receptores iguales?

El sistema inmunitario adquirido forma continuamente una gran cantidad de células, cada una de las cuales tiene un receptor diferente en su membrana. Como de ese receptor posee alrededor de cien mil copias en su superficie celular, prácticamente ningún patógeno puede escapar. Aunque no se conocen todavía los detalles concretos acerca de cómo lo logra, se cree que este sistema adquirido es capaz de detectar más de un billón de antígenos diferentes, que pueden ser peligrosos para el ser humano. Además, después de dicha detección e identificación, es capaz de recordar al antígeno y estar preparado para responder rápidamente ante otra futura infección.

Las principales células del sistema inmunitario adquirido son también glóbulos blancos, conocidos como *linfocitos T* y *linfocitos B*. Ambos se originan en la médula ósea, pero los linfocitos T maduran en el timo (glándula inmune situada entre el esternón y el corazón), mientras que los B lo hacen en la propia médula de los huesos. Los T se enfrentan sobre todo a las infecciones que tienen lugar dentro de las células, pero los B actúan ante aquellos invasores que pululan fuera de las células, en los líquidos intersticiales o en la sangre. Cuando estas células han madurado, circulan por la sangre y por el sistema linfático en busca de posibles patógenos peligrosos. Tanto los linfocitos T como los B suelen concentrarse en los ganglios linfáticos, el bazo, las amígdalas, el apéndice vermiforme, etc. y, al detectar una bacteria o un virus invasor, actúan como si fueran la inteligencia militar de un ejército. Inmediatamente lo inmovilizan y destruyen por medio de complejos y sofisticados mecanismos bioquímicos, muchos de los cuales todavía no se comprenden bien, pero que la investigación humana sigue descubriendo, llena de admiración ante tanta sofisticación y planificación.

Frente a cualquier agente agresor que ya haya penetrado en una célula del cuerpo habiéndola infectado, los linfocitos T liberan unas moléculas tóxicas llamadas *granzimas* que perforan la membrana de dichas células, como si fueran auténticos taladros eléctricos. Una vez en su interior, ordenan a la célula infectada que se suicide, con el fin de que no propague la infección a sus hermanas sanas. A este proceso se lo llama técnicamente *apoptosis* y es la ejecución de todo un programa celular interno de autodestrucción. Las células enfermas mueren para salvar al resto de sus congéneres. Nada de lo que contienen en su interior se escapa. Ningún virus o bacteria perjudicial puede salir porque la membrana se cierra herméticamente y lo impide, con lo cual se aísla perfectamente el mal. Se trata de un mecanismo previsor de protección del cuerpo que salva muchas vidas humanas cada día. ¿Cómo habría podido originar la selección natural sin propósito ni previsión de futuro un mecanismo tan sofisticado para cuando hiciera falta?

Tal como se indicó, los linfocitos T cumplen perfectamente su misión defensiva en el interior de las células, sin embargo, existen numerosos patógenos que no atacan a las células, sino que se dedican a nutrirse de los productos existentes fuera de ellas. Muchas bacterias y hongos perjudiciales viven como parásitos en estos espacios intercelulares. La linfa se encarga poco a poco de transportar estos invasores hacia los ganglios linfáticos, mientras que la sangre los concentra en el bazo. Precisamente en estos lugares es donde actúan los linfocitos B de manera muy parecida a como lo hacen los T. Reconocen a los antígenos peligrosos, intercambian señales complejas con los linfocitos T y motivan a estos a que liberen granzimas y las estimulen para que se multipliquen y generen miles de células B clonadas idénticas.

Hay dos tipos de linfocitos B: los llamados *B-1* o *células plasmáticas*, que producen *anticuerpos* sin la ayuda de los linfocitos T, y los *B-2* o *células memoria*, que son los convencionales. Los anticuerpos son proteínas muy especializadas (también se les llama inmunoglobulinas o gammaglobulinas) que hacen posible que el sistema inmunitario adquirido colabore con el innato en la guerra contra los invasores. Tienen forma de Y, pero constan de cuatro cadenas de aminoácidos unidas entre sí.

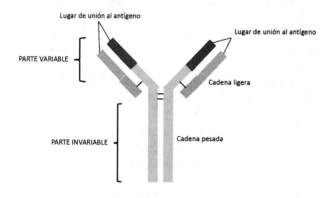

Estructura básica de un anticuerpo.

La eficacia de los anticuerpos reside fundamentalmente en su estructura. Están formados por cuatro cadenas polipeptídicas unidas entre sí mediante puentes disulfuro. Dos de tales cadenas son largas y pesadas, puesto que presentan mayor número de aminoácidos, mientras que las otras dos son cortas y ligeras. Tanto las cadenas ligeras como las pesadas poseen una región variable en la cual la secuencia de aminoácidos es específica en cada anticuerpo y otra sección constante que es siempre igual en todos los anticuerpos. Estos viajan por la sangre y pueden llegar a todos los rincones del organismo. Cuando detectan un antígeno específico se unen a su membrana, con lo cual lo señalan para que las células del sistema inmunitario innato se unan también a él y lo destruyan. Por tanto, aquellos patógenos que lograron sobrevivir a la segunda barrera de las células del sistema innato, ahora serán atrapados y eliminados por ellas.

El sistema inmunitario humano es como una orquesta perfectamente armónica e interconectada. La primera frontera defensiva la constituyen —tal como se indicó— los tejidos epiteliales del cuerpo. Si los invasores consiguen atravesarla, se encontrarán primero con el sistema inmunitario innato y después con el sistema inmunitario adquirido que defenderán el cuerpo de la mayoría de los ataques. Todos estos mecanismos bioquímicos y celulares detectan la presencia de microbios, evalúan si estos suponen un peligro para el organismo, los contrastan con la memoria interna que poseen, generan respuestas apropiadas para neutralizarlos en los lugares concretos donde los descubren y, finalmente, después de destruirlos, reciclan sus restos aprovechables para las células del propio cuerpo. Todo esto logran hacerlo en un tiempo récord, en minutos, horas o días, ya que los antígenos proliferan muy rápidamente.

Todavía se están descubriendo detalles sorprendentes sobre esta asombrosa inmunidad humana. Aún se desconoce el número total de componentes necesarios para que todo el sistema funcione bien. Sin embargo, lo que ya sabemos nos lleva a la siguiente cuestión: ¿Cómo podría un proceso evolutivo gradual generar algo tan sofisticado? ¿Cómo podría formarse, por acumulación de errores en el ADN, un mecanismo capaz de proteger al cuerpo de microbios desconocidos y de posibles enfermedades futuras? Cualquier organismo de cualquier especie biológica habría sucumbido a los microbios patógenos antes de que evolucionara su propia protección inmunitaria. En mi opinión, se requiere una mente sumamente inteligente que lo haya previsto y planificado todo.

66

¿Cómo funciona el sexo?

Estamos tan acostumbrados a mirarnos en el espejo, a observar el cuerpo humano, a saber, a grandes rasgos cómo realizamos la mayoría de las funciones vitales, cómo actúan el aparato digestivo, el respiratorio y la circulación de la sangre, o cómo vienen los bebés al mundo, que todo nos parece normal y lógico. Sin embargo, pocas veces nos paramos a pensar que nuestro cuerpo aporta cada día soluciones muy eficaces a miles de problemas complejos y diferentes. Soluciones que requieren de órganos, glándulas, aparatos y sistemas distintos, pero perfectamente interconectados. Si resulta difícil que el cuerpo funcione bien, muchísimo más difícil es crear un cuerpo en nueve meses a partir de dos células microscópicas. Los desafíos bioquímicos, fisiológicos, biomecánicos o de bioingeniería son tantos y tan increíblemente complicados como para desalentar a cualquier comité científico que pretendiera formar un homínido a lo Frankenstein.

Nadie ha logrado todavía crear vida en el laboratorio, no digamos ya fabricar artificialmente a un ser humano. No obstante, cada día nacen en el mundo más de 370 000 bebés, del mismo modo que lo han venido haciendo desde siempre. Es decir, de manera natural. ¿Cómo logra la naturaleza semejante proeza? ¿Dónde reside su pretendida sabiduría? ¿Se debe acaso a ella misma o quizás le viene dada por algo o alguien externo al mundo natural?

Tal como estableció el médico polaco Rudolf Virchow en 1858, hoy constatamos que toda célula procede siempre de otra célula preexistente por división de esta. Jamás se observa que la vida empiece a partir de algo que no esté vivo. Cuando una célula del cuerpo se divide en otras dos células hijas, estas heredan de la primera el mismo programa biológico que las hace vivir y multiplicarse. Sin embargo, la información y los programas que se requieren para que el cuerpo humano funcione bien no son los mismos que aquellos otros que se necesitan para construirlo por primera vez en el útero materno.

Es verdad que la mayoría de los organismos unicelulares carecen de sexo y por tanto se reproducen asexualmente. Un solo individuo es capaz de hacer copias de sí mismo. También lo hacen así algunos pluricelulares como las medusas, anémonas, corales, esponjas o estrellas de mar, entre otros muchos. Fabrican clones genéticamente idénticos de ellos mismos y esto les resulta eficaz para su modo de vida, así como su dispersión en el medio. Sin embargo, tanto en el reino animal como en el vegetal no hay nada mejor que la reproducción sexual entre machos y hembras. La inmensa mayoría de los seres formados por muchas células, tejidos, glándulas y órganos (los llamados metazoos) presentan dicha reproducción sexual porque resulta mucho más enriquecedora desde el punto de vista genético.

La fecundación de todos estos seres, así como la humana, se lleva a cabo a partir de la fusión de dos pequeñas células llamadas gametos. Los gametos masculinos (espermatozoides) arriban al femenino (óvulo) en el interior de un río de esperma que fluye hacia el ovario por las vías genitales de la hembra. El primero en llegar será quien fecunde al óvulo, si es que este está en el momento adecuado de maduración, mientras que todos los demás se quedarán fuera bloqueados por una capa que les impide la entrada. ¿Por qué el óvulo solamente puede ser fecundado por un espermatozoide?

Básicamente por dos razones, la primera es por la acción inmediata de esta capa translúcida de glicoproteínas (llamada *zona pelúcida*) que recubre al ovocito de todos los mamíferos, en cuanto llega el primer gameto masculino, impidiendo así la entrada de los demás. Mientras que la segunda es por razones genéticas. En efecto, si a pesar de todo dos espermatozoides o más lograran fecundar a la vez al mismo óvulo, este sería inviable y moriría pronto. Tal fenómeno (conocido como *polispermia*) generaría un embrión cuyas células tendrían más de 46 cromosomas en sus núcleos, lo cual es incompatible con el desarrollo embrionario normal.

Es bien conocido que tanto las mujeres como los hombres poseemos 46 cromosomas en el interior del núcleo de cada una de nuestras células. Por supuesto, aquellas que carecen de núcleo, como los glóbulos rojos o eritrocitos de la sangre, no tienen cromosomas. Pero en las demás, de estos 46 cromosomas, 23 provienen del óvulo materno y los otros 23 del espermatozoide paterno. No obstante, si por un error de dicha polispermia, dos espermatozoides diferentes consiguieran fecundar a un mismo óvulo, este presentaría 69 cromosomas (23 + 23 + 23) y pronto sería abortado de manera natural. Precisamente, la zona pelúcida existe para evitar dicho inconveniente.

De estos 23 pares de cromosomas que poseen los núcleos celulares, 22 son conocidos como cromosomas somáticos o *autosomas*, mientras que el par restante son los cromosomas sexuales o *heterocromosomas*. Los cromosomas están constituidos fundamentalmente por ácido desoxirribonucleico (ADN) y poseen la información biológica para producir todas las enzimas y proteínas del cuerpo que son imprescindibles para vida. Existen dos cromosomas sexuales diferentes: el X y el Y. Las hembras presentan en sus núcleos el par XX, mientras que los varones son XY. Tales letras mayúsculas tienen cierto parecido físico con la forma de estos cromosomas. El X es mucho más grande que el cromosoma exclusivamente masculino Y.

En el momento de la fecundación, cuando la minúscula cabeza del espermatozoide logra penetrar en el óvulo, los núcleos de ambos gametos empiezan a fusionarse. El femenino aporta sus 22 autosomas más el cromosoma sexual X. Por su parte, el gameto masculino aporta también sus 22 autosomas y un cromosoma sexual que puede ser el X o bien el Y, ya que existen espermatozoides X y espermatozoides Y. Como la proporción de ambos en el semen suele ser del 50 %, la probabilidad de que nazcan niñas (XX) o niños (XY) es también del 50 %. Este mecanismo sexual es tan eficaz que ha venido perpetuando las especies hasta el día de hoy. Permite que los genes masculinos y femeninos se combinen adecuadamente y generen toda una diversidad de nuevas vidas que son genéticamente distintas a las de sus progenitores. En el mundo hay ya más de ocho mil millones de personas, pero no existen dos que sean genéticamente idénticas. Incluso los hermanos gemelos difieren entre sí. Cada cigoto es un nuevo ser, único y diferente a sus padres y que por tanto merece un respeto especial.

Al principio somos embriones indiferenciados

La ciencia ha descubierto que todos los embriones humanos están programados para transformarse en hembras por defecto. En cambio, para llegar a ser varones se necesita la acción de toda una serie de moléculas específicas que activen la masculinidad.[97] Este proceso es tan complejo que, en determinadas ocasiones, no se desarrolla bien y entonces suelen nacer individuos estériles que pueden tener aspecto de mujeres o de hombres. Lo normal es que, durante las primeras semanas de gestación, el embrión no esté sexualmente diferenciado, sino que desarrolle tejidos susceptibles de convertirse en genitales internos masculinos o bien femeninos. A los masculinos se les llama *conductos de Wolff*, en honor al médico alemán que fundó la embriología, mientras que los tejidos femeninos reciben el nombre de *conductos de Müller*, por ser dicho fisiólogo —también alemán— quién los describió por primera vez.

---

97 Laufmann, S. & Glicksman, H. (2022). *Your Designed Body*, Discovery Institute Press, Seattle, WA, p. 265.

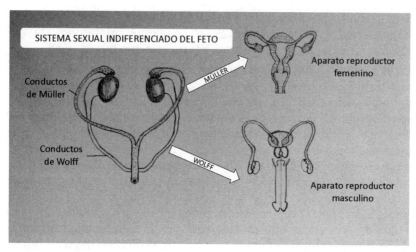

Sistema sexual indiferenciado del feto

En el embrión indiferenciado, las gónadas aún no se definen como testículos o como ovarios, pero pronto se convertirán en dichas respectivas glándulas sexuales, gracias a la acción del *gen Sry* presente en el cromosoma Y de los varones. Este gen es como un maestro que ordena a sus alumnos (otros genes involucrados en el proceso de determinación sexual) que empiecen a fabricar testículos. De ahí que se le denomine *factor determinante de testículo (TFD)*. Durante dicho proceso fetal, se genera la *hormona antimülleriana (AMH)* que actúa degenerando los conductos de Müller y, por tanto, impidiendo el desarrollo de las trompas de Falopio y del útero femeninos. En su lugar, los conductos de Wolff darán lugar al aparato reproductor masculino. Por el contrario, en el desarrollo del feto femenino, al no existir esta hormona antimülleriana, los conductos de Müller se desarrollan normalmente, originando el útero, las trompas de Falopio y el resto del aparato reproductor femenino.

De manera que solo los varones poseen el gen *Sry* y el factor TDF, por lo que solo ellos pueden fabricar esta hormona antimülleriana tan especial y determinante en la distinción sexual. Sin embargo, todo no acaba aquí. Aún se requieren muchos procesos bioquímicos intermedios para desarrollar por completo todos los órganos genitales masculinos. Cuando se desarrollan los testículos, aparece toda una cascada de enzimas que convierten el colesterol en la hormona masculina *testosterona*. Esta llega a los receptores que poseen las células de los conductos de Wolff en sus membranas y les ordena que se transformen en órganos masculinos como los epidídimos, conductos deferentes y vesículas seminales.

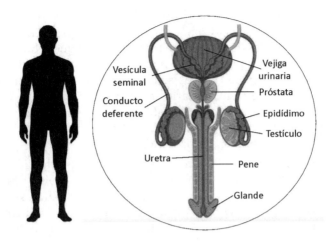

Aparato reproductor masculino.

Si, por el contrario, esta cascada enzimática que elabora testosterona fallara en alguna reacción y dicha hormona masculina fuera insuficiente o no lograra activar bien los receptores de membrana de los conductos de Wolff, estos degenerarían y el propio cuerpo del embrión los eliminaría provocándoles la mencionada apoptosis o muerte celular. Entonces los conductos de Müller, que no requieren de ninguna hormona sexual para prosperar, se desarrollarían automáticamente por defecto hasta convertirse en las trompas de Falopio, el útero y la parte superior de la vagina femenina.

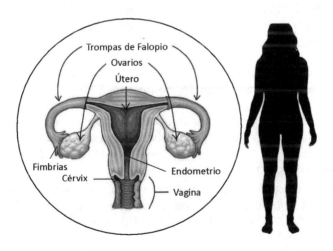

Aparato reproductor femenino.

Todo esto genera una serie de interrogantes sobre el origen del sexo cuya respuesta todavía ignoramos. ¿Cómo saben las células del embrión cuándo deben matar a las células de los conductos de Wolff y a qué células concretas deben inducir a la apoptosis? ¿Qué tipo de señales les comunica que se suiciden? ¿Dónde se generan dichas señales? La muerte programada de dichas células, en el origen embrionario del sexo, sigue siendo un misterio. No obstante, lo que sí se sabe es que si alguno de estos componentes moleculares mencionados (gen *Sry*, TDF, AMH, testosterona, etc.) dejara de existir, la reproducción humana sería imposible.

Todos estos mecanismos bioquímicos ligados a la reproducción constituyen un sistema irreductible cuya finalidad es generar varones y hembras fértiles. Si tan solo se eliminara uno de estos pasos intermedios, se generarían individuos incapaces de reproducirse adecuadamente. Sin embargo, cuando todos los componentes están juntos y se relacionan de forma coherente en las cantidades adecuadas, el resultado es la formación de seres humanos masculinos y femeninos capaces de producir descendencia fértil. ¿Cómo podría haberse generado gradualmente algo así, teniendo en cuenta que todo el mecanismo completo era necesario para formar a la siguiente generación?

Cuando el sexo se altera: hombres XX y mujeres XY

Es sabido que las mujeres poseen sus dos cromosomas sexuales iguales (XX), mientras que en los hombres son diferentes (XY). Sin embargo, esto puede cambiar en algunas personas. Hay varones cuyo genotipo es XX y hembras que son XY. ¿Cómo puede suceder algo así? Generalmente es debido a errores en el mecanismo de la diferenciación sexual de los embriones. El llamado síndrome de Le Chapelle es una anomalía que afecta a uno de cada veinte mil hombres. Estos varones son XX en vez de XY porque el gen *Sry*, que como vimos pertenece al cromosoma Y paterno, se les ha translocado y ha pasado al brazo corto del cromosoma X también paterno, que es el que ellos han heredado. Por eso, aunque desarrollan testículos, estos evidencian una importante atrofia ya que los cromosomas X carecen de la región del cromosoma Y que regula la diferenciación posterior de las *células de Sertoli*, que son las formadoras de las espermatogonias del testículo. Por lo tanto, no se producen espermatozoides.

Además, tales varones estériles presentan caracteres sexuales secundarios ambiguos o feminizados. A veces, este síndrome de Le Chapelle se confunde con el *síndrome de Klinefelter* (varones XXY), pero un estudio citogenético evidencia inmediatamente la diferencia. El tratamiento médico de tales síndromes suele empezar con la administración progresiva de testosterona, con el fin de que se desarrollen los órganos sexuales secundarios.

Por lo que respecta a las *mujeres XY*, se trata del *síndrome de insensibilidad a los andrógenos (SIA)* o *síndrome de Morris*. En tales personas, aunque son genéticamente varones, el cuerpo se desarrolla con apariencia femenina porque las hormonas encargadas de desarrollar los caracteres masculinos (los andrógenos) no son reconocidas por las células ya que sus receptores de membrana están estropeados. Esto se debe a una mutación recesiva (*Xq11-12*) ligada al cromosoma X que se transmite de la madre al hijo. Se estima que el SIA completo suele darse en uno por cada 20 000 a 64 000 recién nacidos varones. Cuando nace un bebé con semejante síndrome genético parece una niña normal, pero sus células poseen los cromosomas sexuales de un varón (XY). Afortunadamente, en la inmensa mayoría de los casos el cuerpo humano actúa con normalidad y tales síndromes debidos a mutaciones genéticas o translocaciones son muy minoritarios.

Pubertad y maduración sexual

Aproximadamente una década después del nacimiento, niñas y niños empiezan a experimentar cambios hormonales importantes en su cuerpo. Inician el complejo proceso fisiológico de la pubertad que llevará a alcanzar la madurez sexual. En las niñas, tiene lugar entre los 10 y 14 años, mientras que en los niños entre los 12 y 16 años. Se trata de una sofisticada interrelación bioquímica que tiene lugar entre órganos y glándulas alejados entre sí, pero capaces de influirse mutuamente, con el fin de preparar a las personas para la reproducción y convertirlas en padres o madres. Todavía no se comprende bien qué es lo que desencadena este proceso o qué clase de reloj biológico determina el inicio exacto del mismo. Lo que sí se entiende es cómo ocurre y qué órganos y moléculas participan en él.

La pubertad empieza cuando las gónadas (ovarios y testículos) comienzan a producir hormonas sexuales. Pero para que ello ocurra, dichas gónadas deben recibir el estímulo adecuado de dos pequeñas regiones situadas justo debajo del cerebro. Se trata del *hipotálamo* y de la *glándula pituitaria*. El primero es un área que, además de controlar la temperatura corporal, el hambre y la sed, le manda a la pituitaria mensajes hormonales o eléctricos para que esta libere a su vez determinadas hormonas, tales como la *hormona estimulante de los folículos* (*FSH*, por sus siglas en inglés) y la *hormona luteinizante* (*LH*) que afectan a los ovarios, estimulándolos a producir estrógenos y óvulos. En el caso de los varones, estas mismas hormonas afectan a los testículos y les motivan a producir testosterona y esperma. Tanto el hipotálamo como la pituitaria controlan los niveles de estas hormonas en la sangre y los aumentan o disminuyen para que en cada momento exista la cantidad adecuada. Tal como decimos, aún no se comprende bien qué es lo que desencadena la pubertad; sin embargo, una de sus consecuencias palpables es que durante la misma aumentan significativamente los niveles de gonadotropinas y hormonas sexuales.

En el caso de los varones, cuando aumenta la producción de estas dos hormonas (FSH y LH), los testículos empiezan a producir esperma y más testosterona. Esto hace que aumente el vello por todo el cuerpo, especialmente en las axilas y el pubis. Las cuerdas vocales se agrandan y la voz se vuelve más grave. Los genitales externos aumentan de tamaño, así como el interés por el sexo opuesto. En el momento en que a la presencia de estas dos hormonas se suma también la hormona del crecimiento (GH, por sus siglas en inglés, *growth* hormone) se desarrolla también el esqueleto y la musculatura. Todos estos cambios corporales transforman lentamente al niño en hombre.

De la misma manera, en las niñas, el incremento de estas mismas hormonas (FSH y LH) ordena a los ovarios que produzcan más estrógenos y hagan madurar el primer óvulo. Empieza entonces el crecimiento del vello en el pubis y las axilas, así como el desarrollo de los senos o glándulas mamarias con el fin de alimentar a los futuros hijos. Asimismo, los genitales externos aumentan de tamaño, mientras que el útero y la vagina inician la segregación de mucosidad. La producción de hormona del crecimiento contribuye también a que crezca todo el sistema musculoesquelético femenino. Por último, la capacidad de ovular queda regulada normalmente a la producción de un óvulo cada 28 días, que será depositado alternativamente en cada trompa de Falopio. Después de dicha ovulación, los ovarios producen la hormona del embarazo o *progesterona* que estimula al revestimiento interno del útero (endometrio) a volverse más espeso y generar más mucosidad, en preparación de un posible embarazo.

Si se tienen relaciones sexuales después de la ovulación, los espermatozoides del semen masculino nadan hacia el útero y las trompas de Falopio hasta encontrarse con el óvulo descendente. Cuando un espermatozoide llega y se une adecuadamente al óvulo, se produce la fecundación y el resultado es la formación de una célula extraordinaria: un cigoto que originará un nuevo ser humano. El embrión recién formado se dirige hacia el endometrio uterino e inmediatamente le comunica su propia existencia al cuerpo de la madre para que este detenga la menstruación, ya que esta podría acabar con su vida.

No obstante, si no se produce la fecundación y por tanto no hay embarazo, la concentración de hormonas disminuye bruscamente y el revestimiento del útero se desprende dando lugar a la regla o menstruación. La primera vez que esto ocurre marca el inicio de la fertilidad femenina que durará aproximadamente entre tres y cuatro décadas. Todos estos cambios hormonales y físicos convergen para convertir el cuerpo de una niña en el de una mujer fértil, capaz de gestar y dar a luz el milagro de una nueva persona. Una criatura única y distinta de todas las demás.

Al examinar detenidamente todos los procesos bioquímicos y fisiológicos que requiere la reproducción humana, se descubre que la menor perturbación o error conduce a la infertilidad o el fracaso reproductivo. Para que todo funcione bien, cada molécula u hormona debe estar en su sitio en el momento adecuado y siguiendo un orden preestablecido. Todo funciona como un sofisticado reloj biológico formado por piezas químicas como el factor TDF; las enzimas productoras de testosterona en los varones; los receptores de andrógenos; la dihidrotestosterona como un subproducto de la testosterona gracias a la enzima 5-alfa-reductasa; la hormona antimülleriana (AMH), así como sus receptores específicos; la hormona liberadora de gonadotropina (GnRH) que actúa sobre la hipófisis para que esta elabore y libere la hormona luteinizante (LH) y la hormona foliculoestimulante (FSH), lo cual hará que los testículos produzcan testosterona; los estrógenos y su receptor; la progesterona y el suyo, así como otras muchas señales proteicas no mencionadas por amor a la brevedad.

No serviría de nada tener la mayoría de tales componentes si solo faltara alguno o estuviera defectuoso y por tanto no pudiera cumplir con su función específica. En dicho caso, todo el proceso se paralizaría y la especie no se habría podido perpetuar. ¿Cómo lograría una lenta y gradual evolución crear un sistema tan irreductiblemente complejo como este? Un mecanismo bioquímico meticulosamente orquestado, que se desarrolla poco a poco durante décadas, con una finalidad concreta. ¿De dónde surgió la información necesaria para semejante ajuste fino biológico? Incluso aunque semejante improbabilidad se hubiera logrado en un único individuo, ¿qué probabilidad hay de que también se hubiera dado en el sexo opuesto, con moléculas y hormonas diferentes? ¿Cómo podría reproducirse un macho sin hembra o una hembra sin macho? Este es uno de los grandes problemas de la biología evolutiva, que obliga a muchos científicos a confiar en la milagrosa sabiduría de la naturaleza. En realidad, dicho acto de fe no difiere tanto de la creencia teísta en el Dios Creador de la Biblia.

67

¿Es el hombre una mujer degradada?

Como es bien sabido por la genética, cada célula humana tiene 23 parejas de cromosomas. En las mujeres, una de tales parejas está formada por dos cromosomas sexuales *X*, mientras que los hombres poseen la pareja *XY*. Este segundo cromosoma masculino *Y* es bastante más pequeño que el *X*. Solo mide aproximadamente la tercera parte que este y tiene muchos menos genes. De ahí que generalmente se creyera que el *Y* procedía de una degeneración progresiva del cromosoma *X*. Es decir que, simplificando mucho las cosas, los varones serían como una degradación de las hembras.

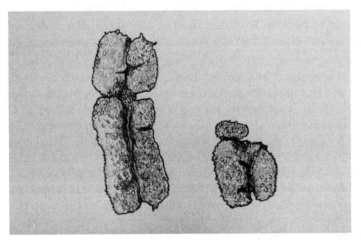

Pareja de cromosomas sexuales humanos (*X* el grande, *Y* el pequeño).

Recientemente los medios de comunicación se han hecho eco de la secuenciación del cromosoma *Y* masculino. Un equipo de unos cien investigadores ha terminado de leer la totalidad de dicho menospreciado cromosoma y ha publicado un par de artículos en la revista *Nature*,[98][99] en los que explican

98   Hallast, P. et al. (2023). "Assembly of 43 Human Y Chromosomes Reveals Extensive Complexity and Variation", Nature. https://doi.org/10.1038/s41586-023-06425-6.
99   Rhie, A. et al. (2023). "The Complete Sequence of a Human Y Chromosome", Nature. https://doi.org/10.1038/s41586-023-06457-y.

las novedades encontradas. Lo que han hallado ha sido sorprendente porque rompe con lo que anteriormente se pensaba. Hasta hace pocos años, se creía que este cromosoma —exclusivo de los machos— carecía de interés para la ciencia porque supuestamente estaba lleno de repeticiones inútiles, no contenía ningún gen interesante y además parecía estar degenerando. Incluso, al comparar este cromosoma Y con el cromosoma sexual femenino X, que es mucho mayor, se sugería —tal como decimos— la idea de que los varones eran como hembras degradadas.

Hace un par de décadas, algunos medios se atrevían incluso a asegurar que la biología demostraba que la Biblia estaba equivocada porque Eva no habría surgido de Adán, sino al revés. Supuestamente habría sido el cromosoma Y masculino el que habría salido de "la costilla femenina", o del cromosoma sexual X de la mujer.[100] En fin, que el pequeño cromosoma masculino Y llegó a ser tan maltratado en el pasado como el famoso "ADN basura", que —como es sabido— posteriormente se comprobó lo desacertado de dicho término. Por desgracia, este menosprecio genético se ha repetido en varias ocasiones, como consecuencia de la cosmovisión evolucionista que impera en la ciencia, hasta que nuevos descubrimientos han venido a demostrar la elevada complejidad que subyace detrás de cada gen.

En efecto, resulta que el pequeño cromosoma Y es mucho más sofisticado de lo que se creía hasta ahora, ya que contiene muchas copias de genes funcionales que lo defienden de la extinción e influyen en la fertilidad masculina, en la producción de esperma, en el riesgo de padecer cáncer, así como en la formación de extensas regiones especulares de ADN muy organizadas. Estas regiones lo convierten en una especie de "museo de los espejos genómicos". Se trata de un mecanismo asombroso que contribuye a protegerlo y a mantener su información y funcionalidad en perfecto estado. Ni mucho menos está degenerando —como antes se creía— sino que presenta un complejo mecanismo para duplicar sus genes, pero en sentido inverso, igual que la imagen en un espejo.

Los investigadores han descubierto todo un conjunto de repeticiones invertidas o *palíndromos* capaces de crear copias de seguridad de los genes, por si aparecen mutaciones perjudiciales en alguno. Esta estructura en espejo permite a su vez la formación de bucles en el ADN que pueden intercambiar su posición cuando este se divide. De tal manera que los genes se mezclan y las copias mutadas o defectuosas se eliminan. Lo más interesante de estos palíndromos genéticos es que pueden leerse tanto en

---

100 Boto, A. (18 de junio de 2003). "El lado masculino del genoma al descubierto", El Mundo. https://www.elmundo.es/elmundosalud/2003/06/18/biociencia/1055954578.html.

un sentido como en el inverso y en ambos siguen siendo funcionales. ¿Qué es un palíndromo?

En gramática, un palíndromo es una palabra o una frase que puede leerse tanto de izquierda a derecha como de derecha a izquierda y en ambos sentidos posee el mismo significado. Por ejemplo, el término "reconocer" es un palíndromo. También lo es la frase: «Dábale arroz a la zorra el abad». El problema de los palíndromos es que cuanto más largos son, más difícil resulta crearlos. Pues bien, uno de los palíndromos genéticos del cromosoma Y tiene casi tres millones de letras (o bases nitrogenadas) de longitud. ¿Cómo puede siquiera pensarse que tales estructuras se formaran al azar, sin una causa inteligente que las creara?

La genética ha demostrado que el cromosoma sexual Y de los varones no está en vías de extinción, como antes se creía, sino que posee un elegante diseño genético que le permite perpetuarse con la misma eficacia que lo hace el cromosoma X. Yo creo que esto habla claramente de previsión y diseño inteligente, de planificación previa y no de mutaciones aleatorias o sin propósito.

68
El origen de los niños

Todo el mundo sabe que los niños ya no vienen de París. Hasta a los párvulos se les explica hoy que papá coloca una semillita en el vientre de mamá y a los nueve meses nace un hermanito. Sin embargo, el origen biológico y fisiológico de dicho proceso se inicia mucho antes de lo que habitualmente se piensa. Para que un hombre y una mujer puedan convertirse en padre y madre se requiere que sus cuerpos empiecen a fabricar células sexuales sanas muchos años antes. El proceso se inicia en la pubertad, en cuanto dejan de ser niños. Alcanzada ya la madurez y durante el acto sexual, el pene masculino eyacula millones de espermatozoides en el interior de la vagina femenina, cerca de la abertura cervical del útero. Cada espermatozoide está provisto de un flagelo que le permite nadar en la mucosidad uterina y ascender por la trompa de Falopio.

En el caso de que alguno de los ovarios de la mujer haya producido un óvulo viable, el primer espermatozoide sano que llegue a él, perforará su capa externa y se fusionará con el núcleo del óvulo. Entonces lo fecundará y se originará el cigoto, célula cuyo núcleo contiene 46 cromosomas (23 procedentes de la madre y 23 del padre). Dicha célula solo durará unas 24 horas, ya que después se dividirá en dos células idénticas, cada una de las cuales se volverá a dividir en dos más, después en cuatro, ocho, dieciséis, treinta y dos, etc., siempre en múltiplos de dos y en su desarrollo embrionario pasará por las fases de mórula, blástula y gástrula hasta implantarse en el epitelio uterino. Desde el momento de la fecundación, el cigoto se empieza a desplazar lentamente hasta la pared que reviste el útero (endometrio) y anida allí. A partir de dicha implantación del embrión, empieza la gestación propiamente dicha que durará alrededor de nueve meses, desde el momento de la fecundación.

Al finalizar los dos primeros meses de embarazo, el embrión pasa a llamarse *feto*. A partir de este momento, aumenta el número de células, estas empiezan a especializarse originando tejidos y órganos. No obstante, estos diferentes nombres (cigoto, embrión y feto) son una convención adoptada por los especialistas para distinguir las etapas sucesivas del desarrollo. En realidad, se trata de un proceso continuo y sin intervalos significativos. Todo comienza con una sola célula, pero lentamente van apareciendo más y cada vez más complejas hasta formar por completo, después de nueve meses, a un bebé humano. Este proceso que va desde la fecundación al parto requiere una cantidad increíble de detalles que deben coincidir milagrosamente para dar lugar a una nueva persona, que será genéticamente diferente de cualquier otra, de los más de ocho mil millones que existen en el mundo. Veremos por qué es tan sensato considerar a cada criatura humana como un verdadero milagro.

El sexo masculino

Toda la fisiología sexual del varón está programada a la perfección para producir suficientes espermatozoides óptimos y hacer que estos arriben al lugar adecuado de las vías genitales femeninas. El principal propósito de esto es evidentemente la reproducción. Por supuesto que tal actividad sexual cumple también con otras funciones secundarias, como puede ser la sensación placentera que proporciona el orgasmo o la importancia de dicha relación para la convivencia y comunión conyugal.

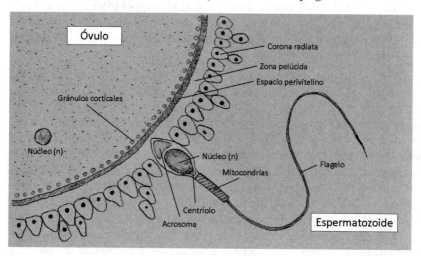

Dibujo que representa el instante de la fecundación, en el que un espermatozoide inicia la perforación de la corona radiata que envuelve al óvulo. Cuando la cabeza del espermatozoide consiga atravesar el espacio perivitelino y penetre en el citoplasma del óvulo, los núcleos de ambas células se fusionarán y se formará el cigoto, cuyo núcleo tendrá 46 cromosomas (23 de la madre y 23 del padre).

Todo comienza cuando una pequeña glándula del tamaño de un guisante, situada bajo el cerebro (la glándula pituitaria o hipófisis), produce dos hormonas diferentes que viajarán hasta los testículos y les ordenarán que produzcan testosterona y esperma. Se trata de las hormonas hipofisarias LH (hormona luteinizante) y FSH (hormona folículo estimulante). Cuando tales hormonas contactan con los receptores adecuados de las células de los testículos, estos empiezan a producir espermatozoides maduros. Cada espermatozoide suele tardar alrededor de tres meses en alcanzar su madurez o estado óptimo para poder fecundar al óvulo. Unos cien millones de espermatozoides llegan cada día a dicho estado de madurez, lo cual significa que en los testículos hay aproximadamente, unos ocho mil millones de células espermáticas inmaduras o espermatocitos.

Con el fin de que se origine el semen adecuado para la fecundación, es necesario que los espermatozoides se mezclen con líquidos nutritivos, generados en las vesículas seminales y la próstata. Dicho semen debe contener entre 15 y 200 millones de espermatozoides por mililitro para poder ser fecundante. Un volumen de semen de aproximadamente media cucharadita de café es suficiente para tener una fertilidad apropiada. Además de la cantidad de espermatozoides presentes en el semen es igualmente importante la forma y la capacidad de movimiento de estos. Si su morfología no es la adecuada o se mueven más lentamente de lo normal, serán incapaces de arribar al óvulo y fecundarlo.

El extremo final de la cabeza del espermatozoide (acrosoma) posee el aspecto de un cuchillo y contiene unas enzimas especiales que son capaces de romper las proteínas de la membrana del óvulo. Como la misión fundamental del espermatozoide es conducir la información genética del padre al interior del óvulo materno, está perfectamente diseñado para ello. La gran movilidad que necesita para nadar por las vías genitales femeninas se la proporciona su largo flagelo. Este le permite alcanzar una velocidad de 3 milímetros por minuto. La energía que se requiere para ello (en forma de ATP) la obtiene de las numerosas mitocondrias que tiene en su cuello. Se trata de una célula muy singular, altamente diferenciada y con capacidades únicas que incluyen no solo su peculiar forma, sino también su naturaleza química, diseño ergonómico para desplazarse en un medio viscoso, motores moleculares que le aportan energía y movilidad, capacidad para detectar las señales químicas del óvulo y dirigirse indefectiblemente hacia él, así como su contenido genético capaz de transmitir toda la información del padre. En fin, una estructura biológica microscópica con un claro propósito que difícilmente se habría podido producir por casualidad. En el caso de que no se produjera la fecundación, los espermatozoides morirían en unas 24 horas.

El semen requiere también de un órgano perfectamente adaptado a la forma de la vagina, capaz de aumentar de tamaño en el momento oportuno, para poder eyacularlo lo más internamente posible. El pene normal cumple esta necesidad ya que está muy vascularizado y funciona mediante el aumento de la presión de la sangre dentro de los cuerpos cavernosos que rodean la uretra. La erección del pene depende de múltiples factores psicológicos, endocrinológicos, nerviosos y musculares, relacionados entre sí. La presión intracavernosa suele así alcanzar aproximadamente los 100 mm Hg (milímetros de mercurio) durante dicha erección. Cuando los nervios parasimpáticos de esta zona entran en acción por dichos factores, activan el flujo sanguíneo desde las arterias próximas a las venas y, a la vez, reducen la salida de la sangre en sentido inverso. Esto contribuye a aumentar la presión y provocar la erección o aumento de tamaño del pene. Si la estimulación prosigue, otros nervios simpáticos provocan la eyaculación del semen, con el consiguiente orgasmo masculino o sensación placentera. Poco después de la eyaculación se produce la flacidez del pene, debida a la salida de sangre de los cuerpos cavernosos.

De la misma manera, también en el orgasmo femenino se producen cambios psicológicos, neurológicos, fisiológicos, vasculares y hormonales que contribuyen a aportar sangre a los genitales, elevar el útero, lubricar la vagina, aumentar el tamaño de la vulva y hacer que el clítoris entre en erección. La conjunción de tales estímulos provoca el orgasmo con la consiguiente sensación placentera. Al ser estimulado, el clítoris envía señales de placer al cerebro que desembocan en el orgasmo. Se liberan distintos neurotransmisores y hormonas, como la dopamina, oxitocina y vasopresina que tienen muchos beneficios para la salud, como reducir la ansiedad y mejorar la calidad del sueño. De ahí la monstruosidad hacia la salud de las mujeres que supone la práctica de la ablación del clítoris que, por desgracia, se practica en ciertas culturas. El orgasmo humano es un sistema de recompensa natural bien ideado tanto para la promoción de la reproducción como para la comunicación íntima de la pareja.

No obstante, todo este mecanismo fisiológico requiere una gran cantidad de componentes físicos, químicos, biológicos y psicológicos que deben estar perfectamente sincronizados en el momento adecuado y en el lugar oportuno. Solo la correcta coordinación de las partes garantiza el éxito de la función reproductiva final. Aunque la ciencia comprenda cómo funciona la sexualidad humana, su origen sigue siendo un misterio, así como esa curiosa disposición que nos inclina casi siempre hacia ella. ¿Por qué anhelamos lo sexual? ¿Qué produce en nosotros ese deseo de abrazar al otro y fundirse en un abrazo amoroso? ¿Cuál es el significado profundo de tal deseo? ¿Acaso solo el placer o el solo amor? ¿Qué poder misterioso hay detrás de semejante relación, que está en la base de la reproducción y la diversidad de la vida en la Tierra? ¿A quién estamos obedeciendo inconscientemente cuando nos amamos así?

El sexo femenino

De manera parecida a como ocurre en el varón con la producción de espermatozoides, el cuerpo de la mujer sana está perfectamente preparado para fabricar un óvulo cada mes. La ovulación consiste en la elaboración de dicha célula especial alternativamente por parte de ambos ovarios. Dicho óvulo será desplazado después hacia la trompa de Falopio correspondiente. También se facilitará el acceso de los espermatozoides para que se produzca la fecundación. Además, en el caso de que esta se haya realizado, el cuerpo femenino alimentará al embrión implantado en el útero durante los nueve meses de la gestación.

En el momento de la pubertad, la hipófisis de las niñas empieza también a fabricar hormona folículo estimulante (FSH) y hormona luteinizante (LH). No obstante, estas viajan hasta los ovarios y les dicen que empiecen a producir estrógenos para hacer óvulos maduros. Aún no se comprende bien cómo ocurren tales cambios en la retroalimentación hormonal durante la pubertad, pero lo que resulta evidente es que la liberación de dichas hormonas es crucial para la formación de los óvulos.

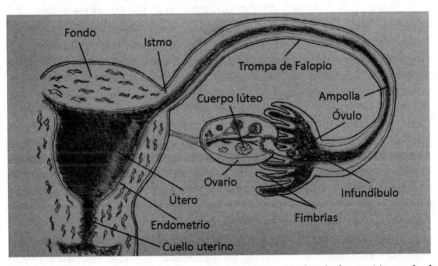

Dibujo del aparato reproductor femenino, en el que se indica la formación gradual del óvulo en el ovario y cómo este es estimulado por las fimbrias para desplazarse por la trompa de Falopio, en dirección al útero.

Cuando el ovario libera un óvulo, las fimbrias existentes en el inicio de la trompa de Falopio —que son parecidas a los dedos de las manos— se mueven lentamente, estimuladas por los elevados niveles de estrógenos, y lo atraen hacia el infundíbulo. A la vez, en el interior de la trompa, se va generando más mucosidad y unos minúsculos pelitos o cilios que van desplazando progresivamente al óvulo en dirección al útero. De la misma manera, el aumento de los estrógenos hace que las células del cuello uterino empiecen a segregar una mucosidad líquida, que facilitará el desplazamiento ascendente de los espermatozoides.

Después de haber producido y liberado al óvulo en las fimbrias, los tejidos ováricos que lo envolvían se convierten en el llamado *cuerpo lúteo* o *cuerpo amarillo*. Esta estructura empieza a producir la hormona *progesterona* en cantidades importantes. Se trata de la conocida hormona del embarazo ya que viaja hasta los receptores de membrana de las células que revisten las paredes del útero y les indica que aumenten el suministro de sangre y desarrollen glándulas adecuadas para albergar y alimentar al embrión, que está bajando por la trompa de Falopio. El propio embrión produce otra hormona (llamada *gonadotropina coriónica humana*, hCG) que mantiene vivas a las células del cuerpo lúteo para que sigan produciendo progesterona y estrógenos. Esto continuará así durante unas diez semanas más, hasta que se forme la placenta y esta comience a elaborar dichas hormonas. Si no se hubiera producido la fecundación, tanto el óvulo como las células del cuerpo lúteo y el revestimiento del útero degenerarían y morirían, dando lugar a la menstruación o regla femenina.

Todo este proceso es tan complejo y sofisticado que, si algo falla, la reproducción resulta imposible, como saben bien las parejas que no pueden tener hijos o que les ha costado bastante tenerlos. La reproducción humana es muy sensible a las perturbaciones orgánicas y cualquier mínima alteración puede paralizar todo el proceso. Las células implicadas, así como los tejidos y órganos deben funcionar bien. Los testículos tienen que generar suficientes espermatozoides sanos. El pene debe asimismo entrar en erección para poder depositar el semen en el lugar adecuado de la vagina femenina. Los ovarios de la hembra tienen que producir óvulos maduros sanos y viables. Mientras que los tejidos del útero deben adecuarse correctamente para acoger al embrión y alimentarlo durante su desarrollo.

La eficiencia y singularidad de los aparatos reproductores del ser humano son realmente asombrosas. La reproducción sexual implica que tres individuos diferentes se coordinen en el espacio y el tiempo. Padre, madre e hijos ponen en contacto las células de sus cuerpos, en algún momento de sus existencias, para que la vida humana prosiga sobre la tierra. Sin esta solidaridad biológica intergeneracional no sería posible la perpetuación de la especie. Semejante relación requiere la actividad de cientos de moléculas, enzimas, hormonas, programas, controles, señales, tejidos y órganos diferentes concretos y altamente especializados. Es prodigioso que todas estas partes, pertenecientes a tres organismos distintos, constituyan un único sistema interrelacionado como si se tratara de un solo organismo. Es impresionante que semejante sistema funcione a la perfección en cada generación o que falle muy raramente.

La reproducción humana constituye un claro ejemplo de interdependencia irreductiblemente compleja entre personas que no puede explicarse mediante el concurso de las solas leyes naturales. Se requiere algo más. Alguna inteligencia que trascienda los límites de la propia naturaleza. Yo creo en el Dios de la Biblia y estoy convencido de que él es el responsable último de todo.

Biología de la homosexualidad

Opinar hoy acerca de este tema es como meterse en un campo de minas. Hay que conocer bien el terreno para no pisar ninguna y esto solamente puede lograrse mediante el difícil ejercicio de la objetividad científica. ¿Qué dice actualmente la ciencia —libre de prejuicios e intereses ideológicos— sobre tal asunto? ¿Hay base biológica para la homosexualidad?

Desde hace ya muchos años, se sabe que, durante el desarrollo embrionario, se determina el sexo de la persona en función de su particular constitución genética. Casi cada uno de los trillones de células que constituyen nuestro cuerpo (los glóbulos rojos no, porque no tienen núcleo, que es donde residen los cromosomas) posee en su doble dotación cromosómica (23 de la madre más 23 del padre) dos cromosomas, a los que ya antiguamente se los denominó *cromosomas sexuales*. Como ya se ha mencionado, en las hembras son iguales (XX), mientras que en los varones son diferentes (XY). De manera que, cuando nace un bebé, sus cromosomas sexuales indican claramente cuál es su sexo. Cualquier célula nucleada del cuerpo así lo certifica. Existen, por supuesto, ciertas anomalías cromosómicas, como los síndromes de Turner (X0), Klinefelter (XXY), 47(XYY), 47(XXX), 48(XXXX) o 49(XXXXX), pero sin relevancia para el tema que nos ocupa porque no generan homosexualidad.

El cromosoma masculino Y posee un gen que es el responsable de iniciar el desarrollo de los testículos. Al conseguir estos la madurez, empiezan a producir la hormona *testosterona* que, entre otras cosas, contribuye a masculinizar el cuerpo humano. No solamente los órganos sexuales masculinos, primarios y secundarios, sino también el cerebro e incluso el comportamiento. La testosterona potencia todo lo masculino y, al mismo tiempo, suprime los caracteres femeninos. Por el contrario, en los embriones femeninos, al no existir este cromosoma Y ni su acción hormonal, se forman los ovarios que producirán otras hormonas distintas (sobre todo *estrógenos*) que contribuirán a feminizar tanto el cuerpo como el cerebro y la conducta.

No obstante, la sexualización del cerebro humano es un proceso mucho más complejo ya que depende de un delicado equilibrio entre diversos genes y hormonas. Unos y otras elaboran redes de neuronas específicas, en cuya formación intervienen también determinados factores del ambiente en que se desarrollan los embriones. Y, todo esto es lo que contribuye, normalmente después, a que una persona se sienta atraída instintivamente por congéneres del otro sexo. Pero, ¿qué ocurre cuando se altera este delicado equilibrio genético y hormonal?

Ha podido comprobarse que ciertas modificaciones de tal equilibrio pueden hacer, por ejemplo, que un individuo con caracteres sexuales masculinos pueda sentirse sexualmente atraído por otros hombres. Y lo mismo ocurre en el caso de las mujeres. El ambiente juega también un papel determinante. Se ha documentado que en épocas en las que se produce un fuerte estrés social ha aumentado el porcentaje de nacimientos de hombres homosexuales, ya que dicho estrés altera la cantidad de testosterona, y eso tiene efectos sobre el desarrollo de las redes neurales del cerebro, en el momento en que empieza la sexualización.[101] El estrés que sufre la madre gestante puede alterar el equilibrio hormonal en el feto y como consecuencia repercutir en su orientación sexual.

De la misma manera, también hay pruebas de la existencia de un gen que estaría directamente implicado tanto en la homosexualidad como en la heterosexualidad. ¿Cómo puede ser esto? Se trata de un gen que presenta una variante capaz de predisponer a la homosexualidad, en el caso de los hombres, pero a las mujeres las haría más fértiles. Esto respondería a la cuestión de por qué la homosexualidad no ha sido eliminada por la selección natural. Al aumentar la fertilidad femenina, dicho gen tendría un efecto positivo sobre la especie humana.

Más recientemente, se ha vuelto a señalar la existencia de genes en el cromosoma 8 y en el cromosoma sexual X —el antiguamente debatido Xq28—, que podrían influir también en la orientación sexual masculina.[102]

En fin, si el origen biológico de la homosexualidad se debe, como decimos, a una alteración del equilibro genético y hormonal durante el desarrollo embrionario, causado por ciertas influencias negativas del medioambiente, algunos se preguntan, ¿será posible erradicar la homosexualidad en el futuro, cuando resulte factible detectarla durante la gestación? La polémica está servida porque la genética se sigue moviendo a mayor velocidad que la ética.

---

101 Bueno, D. (2012). *100 controvèrsias de la biología*, Cossetània, Valls, p. 85.
102 Sanders, A. R. et al. (2014). "Genome-Wide Scan Demonstrates Significant Linkage for Male Sexual Orientation", Phychological Medicine, Cambridge University Press, pp. 1-10.

70

El mito darwinista de los órganos vestigiales

En su obra principal, *El origen de las especies*, Darwin se refirió a los órganos rudimentarios que presentan tantas especies de animales y plantas, como aquellos «que llevan el sello claro de la inutilidad». A propósito de tales órganos, escribió: «Los órganos útiles, por muy poco desarrollados que estén, (...) no deben considerarse como rudimentarios. (...) Los órganos rudimentarios, por el contrario, o son inútiles por completo, (...) o casi inútiles».[103] El naturalista inglés se refería a estructuras que aparentemente no parecen servir para nada, tales como las alas de las aves no voladoras (avestruces, emús, casuarios, etc.), que no las emplean para volar, las mamas de los mamíferos macho o los dientes de la mandíbula superior de los terneros antes de nacer. En su opinión, estos y otros órganos sin función demostraban que su teoría de la evolución era cierta y, en cambio, suponían un inconveniente para la doctrina de la creación. ¿Por qué iba Dios a crear órganos inútiles?

El apartado de su libro, en el que trata acerca de los órganos rudimentarios, lo termina con la siguiente frase:

> Según la teoría de la descendencia con modificación, podemos llegar a la conclusión de que la existencia de órganos en estado rudimentario imperfecto e inútil, o completamente abortado, lejos de presentar una extraña dificultad, como sin duda la presentan en la antigua doctrina de la creación, podía hasta haber sido prevista de acuerdo con las teorías que aquí se exponen.[104]

Curiosamente, Darwin pensaba que la degeneración que evidenciaban tales órganos apoyaba su teoría evolucionista, mientras que refutaba la creación de las especies por parte de un Dios Creador. Sin embargo, degenerar negativamente no es lo mismo que evolucionar positivamente y lo que requiere la "descendencia con modificación" es precisamente lo segundo, no lo primero. El darwinismo necesita la generación de estructuras nuevas y no la desaparición de las que ya existen.

---

103 Darwin, C. (1980). *El origen de las especies*, EDAF, Madrid, p. 449.
104 Ibid., p. 453.

El apéndice vermiforme humano

Una de tales estructuras vestigiales, que Darwin consideró inútiles, fue el apéndice vermiforme humano. Acerca de él escribió:

> En lo que se refiere al tubo digestivo no he hallado en él más que un solo caso rudimentario, a saber, el apéndice vermiforme (…) del intestino, que (…) suele ser extremadamente largo en muchos mamíferos herbívoros inferiores. (…) (*Pero en el hombre*) No solamente es inútil del todo, sino que puede también en ciertos casos producir la muerte.[105]

El naturalista inglés supuso que el apéndice vermiforme de las personas era un resto inútil degenerado, a lo largo de la evolución, a partir del largo intestino de los herbívoros. A ellos les habría resultado útil para deshacer y digerir las largas cadenas de celulosa vegetal, pero a nosotros supuestamente ya no nos serviría para nada. ¿Estaba Darwin en lo cierto? Hoy es posible señalar su error ya que el apéndice humano es una estructura útil, funcional y activa, tal como se ha descubierto recientemente.

En efecto, el apéndice vermiforme (también llamado cecal o vermicular) contiene bacterias que contribuyen a facilitar la actividad del colon y además posee funciones inmunológicas[106] que ayudan a combatir las infecciones. Algunos investigadores creen que actúa de manera especial en el desarrollo embrionario, ya que se han encontrado células endocrinas en los apéndices de fetos de once semanas, que intervienen en el control de los mecanismos biológicos relacionados con la homeostasis o el mantenimiento del equilibrio biológico interno.[107] Por ejemplo, cuando sufrimos enfermedades infecciosas, como la disentería o el cólera, que alteran el sistema digestivo y provocan diarreas, buena parte de nuestra flora intestinal beneficiosa se elimina. Es entonces cuando el apéndice vermiforme libera las bacterias "buenas" que tiene almacenadas, restableciendo así la actividad normal del sistema digestivo. Por lo tanto, no se trata de un órgano vestigial que solo tuvo utilidad en nuestro supuesto pasado herbívoro —como aseguraba el darwinismo—, sino que es una reserva natural de bacterias

---

105 Darwin, C. (1973). *El origen del hombre*, Tomo I, Petronio, Barcelona, p. 29. Texto entre paréntesis añadido.

106 Smith, H. F.; Parker, W.; Kotzé, S. H. & Laurin, M. (2017). "Morphological Evolution of the Mammalian Cecum and Cecal Appendix", Comptes Rendus Palevol, Volume 16, Issue 1, January-February, pp. 39-57. https://doi.org/10.1016/j.crpv.2016.06.001.

107 Parker, W. et al. (2007). "Biofilms in the Large Bowel Suggest an Apparent Function of the Human Vermiform Appendix", Journal of Theoretical Biology, Volume 249, Issue 4, 21 December, pp. 826-831. https://doi.org/10.1016/j.jtbi.2007.08.032.

beneficiosas para el intestino humano ya que resultan muy útiles a la hora de restaurar la flora intestinal.

Pues bien, a pesar de que esto ya se conoce desde hace dos décadas, todavía sigue apareciendo el apéndice humano como ejemplo demostrativo del darwinismo. Uno de los principales libros de texto de biología que se usan en las universidades españolas continúa incluyendo al apéndice en la lista de vestigios sin función y además concluye con estas frases: «La existencia de vestigios es incoherente con la teoría de la creación especial, que mantiene que un ser sobrenatural diseñó de forma perfecta las especies, cuyas características son inmutables. En su lugar, los vestigios son la prueba de que las características de las especies han ido cambiando con el tiempo».[108] ¿Quién mantiene hoy que las especies fueron creadas inmutables? El fijismo de antaño ya no es defendido por nadie. ¿Acaso no pudo Dios crear organismos con la capacidad de cambiar en el tiempo? ¡No es extraño que, gracias a mensajes antiteístas como este, diseminados por los libros de texto de ciencia, se incremente el ateísmo entre los estudiantes!

Otro conocido biólogo evolucionista de convicción atea, que todavía defiende el argumento de los órganos vestigiales, es el estadounidense Jerry A. Coyne. En su libro *Por qué la teoría de la evolución es verdadera*, escribe: «Nuestro apéndice es simplemente una reliquia de un órgano de enorme importancia para nuestros antepasados herbívoros, pero que ya carece de valor para nosotros».[109] Sin embargo, después de esta declaración que parece reconocer la idea original de Darwin acerca de que los órganos rudimentarios son inútiles o carentes de funcionalidad, pasa inmediatamente a admitir todo lo contrario. Es decir, que el apéndice puede tener utilidad inmunitaria: «El apéndice contiene retazos de tejido que podrían funcionar como parte del sistema inmunitario. Se ha sugerido también que sirve de refugio para las bacterias beneficiosas del intestino cuando una infección las elimina del resto del sistema digestivo». La incoherencia de su postura para seguir manteniendo el argumento evolucionista de los órganos vestigiales le lleva a cambiar la definición original de estos. Si para Darwin las estructuras vestigiales eran completamente inútiles, para él pueden seguir teniendo alguna utilidad. ¡Todo es lícito menos contradecir la teoría general del señor Darwin!

Si se aceptara esta nueva definición de órgano vestigial que propone Coyne para que significara "cambio de función", en vez de "falta de función", entonces —siguiendo el planteamiento evolucionista— el brazo humano sería también vestigial puesto que habría evolucionado a partir de la

---

108 Freeman, S. (2009). *Biología*, Pearson Educación, Madrid, p. 486.
109 Coyne, J. A. (2010). *Por qué la teoría de la evolución es verdadera*, Crítica, Barcelona, p. 92.

pata de un mamífero cuadrúpedo. ¿Cuántos órganos podrían ser considerados por tanto como vestigiales? Sin embargo, no es esto lo que habitualmente se entiende por órgano rudimentario o vestigial.

No obstante, en mi opinión, el argumento de que los órganos vestigiales constituyen una evidencia de la evolución no es válido. Se trata en realidad de estructuras homólogas, es decir, órganos parecidos en su aspecto, posición y desarrollo, pero que poseen funciones diferentes. Darwin se fijó también en los huesos pélvicos de las ballenas y los propuso como estructuras rudimentarias sin función. Sin embargo, en el año 2014, un equipo científico descubrió que tales huesos desempeñan un papel esencial durante la reproducción de estos cetáceos. Los músculos del pene de los machos se unen directamente a la pelvis, proporcionándoles un mayor control de sus órganos reproductivos. Esto significa que tienen una importante utilidad y, por tanto, no son vestigios de supuestos antecesores terrestres de las ballenas.[110]

El avance de la medicina reduce el número de órganos vestigiales

En 1925, durante el famoso Juicio de Scopes o del Mono, un zoólogo de la Universidad de Chicago llamado Horatio Hackett Newman, dijo en el banquillo de los testigos que, según el anatomista alemán del siglo XIX Robert Wiedersheim, hay en el cuerpo humano «no menos de 180 estructuras vestigiales, suficientes para hacer al hombre un verdadero museo andante de antigüedades».[111] Sin embargo, a medida que la ciencia ha ido desvelando los misterios de nuestro cuerpo, tales vestigios se han ido reduciendo notablemente. En la actualidad, ya solo se habla de una veintena y existe una gran polémica entre los científicos sobre los órganos que aparecen en dicha lista.[112] Es temerario decir que un determinado órgano, del complejo cuerpo humano o de cualquier animal, carece de utilidad porque en ese momento no se tenga evidencia de ella. En cirugía, por ejemplo, hubo una época en la que el 40 % de las apendicetomías que se practicaban eran innecesarias. Algo parecido ocurrió con la moda de extirpar las amígdalas a los niños.[113]

110 Dean, M. D. et al. (2014). "Sexual Selection Targets Cetacean Pelvic Bones", International Journal of Organic Evolution, Volumen 68, N. 11, pp. 3296-3306. https://doi.org/10.1111/evo.12516.

111 Darrow, C. (1990). *The World's Most Famous Court Trial*, Dayton, TN: Bryan College.

112 Ruiz, C. (2021). "Lista de órganos vestigiales en el ser humano", Profebioygeo, https://profebioygeo.es/wp-content/uploads/2021/06/3_Lista-de-órganos-vestigiales-en-el-ser-humano.pdf

113 Torres Valadez, F. (2004). "El problema ético de la cirugía innecesaria", Facmed, http://www.facmed.unam.mx/eventos/seam2k1/2004/ponencia_oct_2k4.htm

La primera dificultad que plantean los llamados órganos vestigiales tiene que ver ante todo con su propia existencia. ¿Por qué deberían persistir en nuestro cuerpo unos órganos que carecen de utilidad? A esta cuestión se enfrentó ya el propio Darwin y reconoció que no tenía la respuesta. Al final del capítulo XIV de *El origen de las especies* escribe:

> Queda, sin embargo, esta dificultad: después que un órgano ha cesado de ser utilizado y, en consecuencia, se ha reducido mucho, ¿cómo puede reducirse aún más de tamaño, hasta que no quede el más leve vestigio, y cómo, finalmente, puede borrarse por completo? Es casi imposible que el desuso pueda seguir produciendo ningún efecto más una vez que el órgano ha dejado de funcionar. Esto requiere alguna explicación adicional, que no puedo dar.[114]

¿Por qué conservaría la selección natural, durante millones de años, órganos que no sirven para nada? ¿Acaso no supondría esto un gasto energético absurdo? Darwin no supo responder.

El razonamiento circular que se realiza a propósito de tales supuestos vestigios inútiles es flagrante. Primero se afirma que estos órganos son el resultado de una evolución degenerativa y después se dice que su existencia es evidencia de la evolución. Sin embargo, hay otras posibles explicaciones para los órganos rudimentarios o vestigiales. Es evidente que en el cuerpo humano y en el de los animales existen estructuras y órganos que son vestigios de nuestro propio desarrollo embrionario y no de la evolución. Por ejemplo, los órganos reproductores masculinos y femeninos son prácticamente indistinguibles en los embriones hasta después de la sexta semana de gestación. Luego, tales órganos se desarrollan a partir de los mismos tejidos y siguiendo las instrucciones de los cromosomas sexuales (XX en las hembras y XY en los machos), así como de las diferentes hormonas implicadas. Los embriones machos y hembras empiezan de esta manera a diferenciarse morfológicamente. Sin embargo, cada sexo conserva estructuras vestigiales del otro sexo, como el tejido mamario y los pezones de los varones.

Los pezones masculinos

Lo que resulta sorprendente es que todavía aparezcan los pezones masculinos y el tejido mamario en las listas evolucionistas de órganos vestigiales. ¿Es que se pretende que en alguna etapa de la evolución los machos amamantaron a sus crías? Es evidente que esto jamás pudo ser así. Luego

---

114 Darwin, C. (1980). *El origen de las especies*, EDAF, Madrid, p. 452.

entonces, si no fue la evolución, ¿cómo explicar el origen de tales rudimentos? La respuesta viene del desarrollo embrionario, no de la supuesta filogénesis evolutiva. Tal como se ha señalado, las glándulas mamarias empiezan su desarrollo tanto en el embrión masculino como en el femenino, a partir de las seis semanas de la gestación. En el momento del parto, varones y hembras presentan por igual los rudimentos de glándulas mamarias, así como de los pezones. Los bebés de ambos sexos pueden incluso segregar un líquido blanquecino que es conocido como "galactorrea" del recién nacido y que se debe a que sus glándulas mamarias son estimuladas por los estrógenos que han recibido de la madre. Este fenómeno suele durar un par de semanas y disminuye hasta desaparecer, a medida que el cuerpo del bebé va reduciendo el nivel de hormonas maternas.

Por tanto, los pezones y las glándulas mamarias de los varones son efectivamente restos embrionarios, carentes de función en los adultos, pero que sirven al bebé para eliminar el exceso de hormonas maternales. No son indicio de ningún hipotético proceso evolutivo del pasado, sino del desarrollo embrionario de cada persona. Desde esta perspectiva, también se podría decir que los pechos y pezones de las mujeres adultas podrían ser considerados como órganos embrionarios porque, de hecho, no alcanzan su máximo desarrollo y funcionalidad hasta el momento de amamantar al bebé.

El coxis humano

Jerry A. Coyne escribe en su libro, anteriormente mencionado: «Tenemos una cola vestigial, el cóccix, el extremo triangular de nuestra columna vertebral, formado por varias vértebras fusionadas, que cuelga de la pelvis. Es todo lo que queda de la larga y útil cola de nuestros antepasados».[115] Tal es la interpretación evolucionista del coxis, el resto rudimentario de la cola de nuestros supuestos antepasados, los monos arborícolas. No obstante, ¿es esta la única interpretación posible? ¿Es el coxis realmente un órgano vestigial inútil? A nosotros nos parece que la respuesta a ambas preguntas es negativa. Veamos por qué.

El coxis o rabadilla es un pequeño hueso de forma triangular que está constituido generalmente por cuatro vértebras (a veces solo tres o incluso cinco) fusionadas entre sí. Se encuentra situado al final de la columna vertebral. El vértice del coxis es redondeado y constituye el punto de inserción de importantes músculos y ligamentos del suelo de la pelvis. Durante mucho tiempo se creyó que semejante estructura no tenía ninguna utilidad y,

---

115 Coyne, J. A. (2010). *Por qué la teoría de la evolución es verdadera*, Crítica, Barcelona, p. 93.

por tanto, se incluyó en la lista de los supuestos órganos vestigiales inútiles del cuerpo humano. Sin embargo, actualmente se sabe que el coxis tiene una gran importancia anatómica y funcional ya que en él se insertan tendones, ligamentos y múltiples músculos (como el glúteo mayor, elevador del ano, esfínter externo del ano y el coccígeo) que dan soporte a las estructuras adyacentes correspondientes.[116] Este reducido hueso soporta parte del peso de nuestro cuerpo cuando estamos sentados. Como está unido al diafragma pélvico, proporciona soporte a los órganos de la cavidad abdominal y pélvica, tales como la vejiga urinaria, el útero femenino, la próstata masculina, el recto y el ano. Si no fuera por el sustento que les proporciona el coxis, estos órganos se herniarían fácilmente. Así pues, se trata de una estructura ósea de gran utilidad y no de un vestigio inútil de nuestro supuesto pasado simiesco.

Es cierto que, en casos de accidente o traumatismos del coxis, a algunas personas se les ha extirpado quirúrgicamente y, a pesar de las lógicas molestias, pueden vivir sin él. Pero esto no significa que carezca de utilidad. También es posible vivir sin un riñón, un pulmón, la vesícula biliar, la próstata, un brazo o una pierna, pero esto no implica que tales órganos sean inútiles. Si una persona se fractura o disloca accidentalmente el coxis, esto suele resultar muy doloroso y, en esos casos, el traumatólogo puede aconsejar una extirpación de este o coccigectomía. Sin embargo, nada de esto demuestra que el coxis sea un órgano vestigial o que carezca de importantes funciones. La perspectiva evolucionista, acerca de los supuestos órganos vestigiales, puede constituir un obstáculo para el avance científico ya que presupone erróneamente que ciertos órganos carecen de función. Sin embargo, desde la creencia en el diseño inteligente se considera que todos los órganos del cuerpo son útiles y contribuyen al buen funcionamiento del organismo. Es evidente que este puede continuar funcionando sin ciertas partes, pero su eficiencia será entonces menor.

La piel de gallina

Muchos evolucionistas consideran también nuestra "piel de gallina" como algo vestigial carente de función. Por ejemplo, Coyne dice: «Otros músculos vestigiales se hacen notar en invierno, o cuando nos horripila una película de terror: son los músculos erectores o *arrector pili*, los diminutos músculos que se fijan a la base de cada pelo del cuerpo. (…) La piel de gallina y los músculos que la provocan no realizan ninguna función útil, al

---

116 Dr. Chris. (2023). "Sacrum and Coccyx (Tailbone) of the Spine Anatomy and Pictures", HealthHype.com. https://www.healthhype.com/sacrum-and-coccyx-tailbone-of-the-spine-anatomy-and-pictures.html

menos en los humanos».[117] Aquí también Coyne y quienes opinan como él están equivocados, ya que el vello humano, así como los músculos que lo mueven son completamente funcionales, igual que los de los demás mamíferos. Se trata de una respuesta natural del cuerpo, conocida también como piloerección, que puede producirse como consecuencia de diversas causas. Una de ellas es el frío. Las bajas temperaturas hacen que se contraigan los músculos piloerectores con el fin de generar una capa de aislamiento térmica que atrapa aire caliente entre los pequeños pelos del vello. Otras causas pueden ser las emociones intensas como el miedo o las sorpresas, que desencadenan la liberación de hormonas como la adrenalina, capaz de provocar la contracción de estos músculos erectores. En ocasiones, al escuchar una música que nos resulta muy grata o ante una escena artística conmovedora, el cerebro libera endorfinas y dopamina que activan también la respuesta de los músculos piloerectores.

Nuestro cuerpo está completamente cubierto de pelo, excepto en las palmas de manos y pies, como en los demás mamíferos. La única diferencia es que en el ser humano los pelos son más pequeños y constituyen el fino vello corporal, a excepción de la cabeza, barba en los varones, axilas y vello púbico. Sin embargo, la densidad de pelo por centímetro cuadrado es la misma en el hombre que en la mayoría de los primates. Tenemos, aproximadamente, unos cinco millones de folículos pilosos en nuestra piel y cada uno de ellos está rodeado por músculos erectores del pelo que, cuando se contraen, provocan la conocida piel de gallina.

La gran diferencia funcional existente entre el abundante pelo de los primates y otros mamíferos, como perros y gatos, en comparación con el aparente poco pelo humano, se debe a que las personas podemos regular en parte nuestra temperatura corporal sudando, mientras que los demás mamíferos no sudan a través de la piel. Algunos jadean como los perros y eliminan agua a través de la lengua. Otros irradian calor por las orejas, los labios o las almohadillas de las patas.

Una importante función del vello humano es la sensorial. En efecto, cada folículo piloso del hombre o de la mujer está conectado a nervios sensoriales y constituye un mecanorreceptor. Es decir, cada pelo es como un diminuto sensor que al moverse por acción de algún estímulo físico o emocional envía una señal a nuestro cerebro. Desde luego, esto no puede considerarse como algo vestigial o rudimentario. Otra función es la capacidad de restaurar la epidermis cuando esta ha sufrido roturas o daños ya que cada folículo piloso posee la capacidad de regenerar células epidérmicas que renuevan la piel. En resumen: la piel de gallina no es tampoco un rasgo

---

117 Coyne, J. A. (2010). *Por qué la teoría de la evolución es verdadera*, Crítica, Barcelona, p. 93.

vestigial inútil para el ser humano —como propone el evolucionismo—, sino que posee varias funciones precisas y necesarias.

Finalmente, solo queda señalar que la cuestión evolucionista para la que Darwin carecía de respuesta, a propósito de los órganos vestigiales o rudimentarios, continúa todavía hoy sin solución. ¿Cómo es posible combinar una selección natural omnipotente que elimina todas las imperfecciones y órganos inservibles a lo largo de las eras, con unos seres humanos que supuestamente son una especie de museo ambulante de antigüedades inútiles? Tal es la paradoja de los supuestos órganos vestigiales.

71

¿Está nuestra identidad biológica en el ADN?

Recientemente la editorial londinense Basic Books ha publicado un libro titulado *The Master Builder* (La maestra constructora) del biólogo español Alfonso Martínez Arias, profesor en la Universidad Pompeu Fabra de Barcelona. Dicha *maestra constructora* es la célula. Su autor afirma esta nueva idea científica revolucionaria. Cree que los genes no definen la singularidad del ser humano ni del resto de los seres vivos —como hasta ahora se había creído—, sino que serían las células las que, sobre todo en las primeras etapas del desarrollo embrionario, determinan y construyen toda nuestra arquitectura corporal. Ellas controlarían los momentos adecuados del desarrollo, así como el espacio tridimensional en el que situar los distintos tejidos y órganos del cuerpo.

Desde luego, esta nueva concepción biológica supone un golpe mortal a la antigua hipótesis del gen egoísta, propuesta por el polémico divulgador inglés Richard Dawkins. Según este biólogo, era la molécula de ADN la que utilizaba a las especies como meros recipientes para transmitirse de generación en generación y perpetuarse así indefinidamente. Por tanto, los seres vivos no seríamos más que el producto del egoísmo de nuestros genes. Sin embargo, casi medio siglo después, Martínez Arias viene a decir todo lo contrario. Nada de egoísmo genético, sino entendimiento, colaboración y solidaridad celular. La vida no se fundamenta en la codicia individualista de los genes, sino en la fraternidad y el compañerismo de las células.

De manera que la secuencia de ADN de un individuo no es un manual de instrucciones hermético donde estén escritas todas las singularidades del cuerpo, sino, más bien, una especie de caja de herramientas y materiales que usarán convenientemente las distintas células corporales. Las auténticas arquitectas de la vida son las células, no los genes. Ellas deciden cosas como colocar el corazón a la izquierda del pecho, desarrollar cinco dedos en cada mano o «dónde exactamente debe terminar el pie de una persona o la trompa de un elefante».[118]

---

118 Ansede, M. (8 de mayo de 2024). "La fusión de dos hermanas en una única mujer sugiere que la identidad del ser humano no está en su ADN", EL PAÍS.

¿Cómo llegó el científico Martínez Arias a tales conclusiones? Al parecer, se inspiró en las quimeras humanas. Hay algunas personas —por fortuna muy pocas— que en vez de uno poseen dos genomas o conjunto de cromosomas. Este fue el caso de Karen Keegan, una mujer de Boston que a los 52 años sufrió una grave disfunción renal. El médico le aconsejó un trasplante de riñón. Como tenía tres hijos, se les hicieron pruebas genéticas para averiguar cuál de los tres presentaba mayor compatibilidad con ella y entonces se descubrió que dos de ellos no podían ser sus hijos puesto que presentaban un ADN muy diferente al suyo.

El problema era que Karen tenía dos genomas diferentes, dependiendo de las células que se analizasen. ¿Cómo pudo ocurrir esto? En su concepción, dos óvulos fueron fecundados por dos espermatozoides y, en vez de desarrollarse para formar dos hermanas, se fusionaron en una sola persona: Karen Keegan. El doctor Martínez Arias cree que esta mujer quimérica es la demostración palpable de que el ADN no define la identidad de una persona, sino que esta es mucho más compleja y depende de la actividad celular. Todavía hay muchas cuestiones por determinar, ya que el desarrollo embrionario continúa siendo un misterio. ¿Cómo es posible que cada célula embrionaria sepa con tanta precisión lo que debe hacer? ¿Por qué unos genomas parecidos generan seres tan diferentes como moscas, ranas, caballos o personas? ¿A qué se debe que un mismo ADN produzca órganos tan distintos como el ojo o el corazón en un mismo individuo?

El investigador cree que una fase decisiva del desarrollo de los embriones es la llamada *gastrulación*, que tiene lugar unos 14 días después de la fecundación. Se refiere a ella como «una danza celular con una coreografía perfecta» ya que unas 400 células aproximadamente inician un baile misterioso que dura alrededor de seis días y finaliza con el primer boceto del individuo. Las constructoras de dicho boceto son las células, que se comunican entre sí mediante señales químicas. No parecen seguir ningún plano del genoma para hacer lo que hacen, sino que se autoorganizan mediante algún mecanismo desconocido. Cada una de estas 400 células posee en su núcleo el mismo ADN; sin embargo, cada célula lee solo lo que le conviene en el momento adecuado ya que se especializa en el trabajo que le corresponde. De ahí que una neurona del cerebro no se parezca en nada a un glóbulo blanco de la sangre, a pesar de tener ambas el mismo ADN y descender del mismo óvulo fecundado.

El hecho de colaborar o trabajar todas las células juntas, de saber interpretar bien las señales de las demás, así como las que les llegan del entorno y de acertar a elegir en cada momento qué genes hay que utilizar sugiere poderosamente la idea de que no todo está escrito en el ADN y que los genes no son nuestra identidad exclusiva, sino que esta depende de las células.

¿Qué repercusiones tiene este nuevo descubrimiento? ¿Pierde acaso individualidad el embrión si es quimérico o el producto de la fusión de dos embriones distintos, como en el caso de Karen Keegan y otros? Aunque el embrión final sea la fusión de dos embriones hermanos, sigue comportándose como un solo organismo y por tanto hay que considerarlo como tal. Su dignidad y valor humano no decrece por haberse transformado accidentalmente en una quimera. No son dos personas en una, sino dos genomas diferentes fusionados en una única persona. Además, en la mayoría de los casos es imposible saberlo hasta que no se realiza un análisis genético adecuado. También desde el punto de vista espiritual debe considerarse como un alma única, estimada como todas las demás por el Creador.

Otro aspecto es el que afecta a la perspectiva transformista. Si nuestra identidad depende más de las células que del ADN, se altera asimismo la idea de que la similitud entre los genomas de las especies biológicas constituiría una buena manera de determinar sus relaciones de parentesco evolutivo. Tal como se ha visto, un ADN parecido entre dos especies —por ejemplo, el humano y el de los chimpancés— no implicaría necesariamente que estuvieran relacionadas filogenéticamente ya que la acción posterior de las células de cada especie sería el aspecto determinante. Los hipotéticos árboles genealógicos basados en el ADN entre especies empezarían a tambalearse y sus hojas se caerían al suelo como en los vendavales de otoño. A esto habría que añadir además la acción epigenética del medioambiente sobre los diversos genomas de los seres vivos, que, de la misma manera, activarían o paralizarían la expresión de los distintos genes.

En fin, este nuevo descubrimiento sobre la importante actividad celular en el desarrollo embrionario, además de plantear nuevos interrogantes, viene a confirmar una vez más ese misterioso diseño que envuelve todo el mundo natural, se mire donde se mire. Una cosa parece estar cada vez más clara: la compleja información del ADN y de las células de los seres vivos no puede provenir del azar ciego, sino que requiere una causa inteligente que lo haya pensado todo con una finalidad concreta. La naturaleza inanimada es incapaz de crear tanta sabiduría y sofisticación biológica. Solo un Creador inmaterial como el Dios de la Biblia es capaz de hacerlo.

72

El cuerpo humano no se ha generado al azar

Se está tan familiarizado con el aspecto externo que presenta el cuerpo humano, así como con las posibles curaciones médicas de las afecciones que suele padecer, que generalmente no se repara en la tremenda complejidad que supone su correcto funcionamiento. Sin embargo, cuando se analiza este, hallamos coherencia, interdependencia entre las diversas partes y órganos, así como una perfecta sintonía y sincronización fisiológica. Se mire donde se mire, tanto a nivel macroscópico como microscópico y molecular, se descubren soluciones inteligentes a múltiples problemas que permiten poner a prueba cualquier teoría que pretenda explicar el origen del cuerpo humano. Hasta ahora, desde la biología evolutiva, se ha venido suponiendo que somos el producto de causas puramente materiales y no intencionales. Según el darwinismo, nuestro cuerpo sería el resultado de un proceso evolutivo ciego y gradual que, mediante una acumulación de accidentes en el ADN, fue superando todos los obstáculos ambientales hasta llegar a formarnos tal como hoy somos. Sin embargo, existe otra posibilidad que hasta el presente no se ha tenido suficientemente en cuenta. Se trata de que nuestro ser sea el resultado de un proceso inteligente de planificación y diseño. A la luz de todo lo descrito en esta obra, ¿cuál de estas dos explicaciones se adecúa mejor a la realidad observada?

Los ingenieros de sistemas saben que cuando se realizan pequeños cambios en un sistema, por mínimos que sean, estos suelen afectar a otras partes del mismo sistema de forma importante y en ocasiones desalentadora. Sin embargo, los biólogos evolutivos suelen plantear hipótesis sobre pequeños cambios graduales en los sistemas biológicos, a lo largo de su historia evolutiva, saltándose estos difíciles detalles de la ingeniería bioquímica real, que son imprescindibles para que todo el sistema funcione. De esta manera, se tiende generalmente a subestimar la complejidad de tales cambios por mínimos que estos parezcan. Al actuar así, no se tiene en cuenta el enorme problema que supone cualquier proceso evolutivo gradual no dirigido, que fuera capaz de construir los diversos sistemas biológicos, manteniendo siempre su coherencia y función, ya que el organismo debe estar siempre vivo.

Para que cualquier sistema biológico, interconectado con otros, funcione bien es necesario que numerosas piezas o estructuras bioquímicas se unan a la vez. Tales piezas suelen ser muy especializadas en cuanto a su forma ya que deben encajar perfectamente para trabajar juntas de forma orquestada. Por ejemplo, esta es la razón por la que las industrias que fabrican teléfonos móviles o celulares empleen a miles de ingenieros para que diseñen las complejas piezas que constituyen tales artefactos. Estas piezas no surgen jamás por sí solas a partir de las propiedades de la física y la química, sino que requieren un diseño inteligente previo. Cuanto mayor sea el número de piezas interdependientes de un sistema, mayor será también el esfuerzo necesario para diseñarlas, acoplarlas y afinarlas con el fin de que el sistema funcione correctamente. Los ingenieros de sistemas saben que cuando se ha logrado construir un sistema interdependiente con éxito y este funciona bien resulta muy difícil cambiarlo o transformarlo en otro diferente que siga siendo coherente en su función. Cualquier cambio en un sistema que funcione bien y del que dependen otros, muy probablemente afectará a los demás y perjudicará de manera importante su ajuste fino. Quizás esta sea la razón por la que en el registro fósil no aparezcan los miles de formas intermedias entre los diferentes planes corporales de los animales a las que se refería Darwin.

El cuerpo humano tiene que estar completamente aislado del exterior, así como sus órganos, tejidos y células, para poder funcionar correctamente. Ni siquiera el alimento que deglutimos puede flotar de manera aleatoria en el tubo digestivo. Con el fin de almacenar, recuperar, traducir y gestionar la información bioquímica que ingresa en el cuerpo, este requiere no solo decenas de miles de enzimas específicas y otras proteínas diferentes, sino también programas que deciden, instrucciones concretas, secuenciación de procesos, interruptores bioquímicos, puntos de ajuste, así como contadores y temporizadores. Con el fin de coordinar y controlar todos estos sistemas, el cuerpo es capaz de utilizar y distinguir miles de señales químicas, eléctricas o una combinación de ambas. Pero, además, cada una de tales señales debe activarse en el momento oportuno y en el lugar concreto, transmitirse a cierta distancia, recibirse e interpretarse para provocar la respuesta adecuada. Algunas de las sustancias químicas que se desplazan por el interior de nuestro cuerpo son tóxicas para el mismo, por lo que deben ser aisladas convenientemente para evitar posibles envenenamientos durante su transporte.

La mayoría de las moléculas que ingresan en el cuerpo con los alimentos son desmontadas en sus componentes básicos para poder ser absorbidas en el intestino. Posteriormente estos componentes se volverán a ensamblar dándoles la forma de otras moléculas diferentes, enzimas y proteínas específicas que el cuerpo necesita. Este trabajo se conoce como los procesos catabólicos y anabólicos del metabolismo, en los que están involucradas muchas enzimas y proteínas específicas. Gracias a la energía aportada por el alimento, el cuerpo es capaz de regular docenas de parámetros críticos como la presión de la sangre y otros fluidos, la gestión y distribución de la temperatura corporal, así como el reciclaje y la gestión de residuos o productos metabólicos peligrosos. Puede también moverse y realizar múltiples tareas físicas, que van desde levantar importantes pesos hasta leves movimientos ultrafinos.

La coordinación entre sistemas diferentes es asimismo muy precisa y oportuna. Por ejemplo, entre los sistemas cardiovascular y respiratorio se realiza un ajuste fino y rápido del suministro de oxígeno. Cuando una persona deja de caminar y empieza a correr, su sistema respiratorio le hace respirar más rápido y, a la vez, el corazón bombea más de prisa para satisfacer su mayor requerimiento de oxígeno. De la misma manera, el cuerpo es capaz de coordinar instantáneamente miles de procesos complejos, tales como mover en segundos todos los músculos implicados en la deglución, pero también puede actuar durante largos períodos de tiempo, gestionando por ejemplo el ciclo de la vida durante muchas décadas. Puede defenderse de los patógenos microscópicos y destruirlos por medio del sistema inmunitario y gracias a su aparato reproductor puede también realizar copias de sí mismo. Se trata de una infinidad de tareas y capacidades corporales necesarias para que la especie humana subsista y se desarrolle, que evidencian coherencia e interdependencia en cada nivel, desde lo microscópico al todo corporal. Algo tan sofisticado, complejo y preciso que resulta muy superior a todo sistema que el hombre haya podido realizar.

¿Cómo logra nuestro cuerpo realizar tan elevada cantidad de tareas sorprendentes y precisas? ¿Ha llegado a ello por casualidad o ha requerido la sabiduría de alguna mente especial? Hay comportamientos de algunas células que nos dejan perplejos. Por ejemplo, los glóbulos rojos de la sangre están programados para expulsar su núcleo después de haber producido suficiente hemoglobina, la famosa proteína que transporta oxígeno a todas las células del cuerpo. En ese momento, la célula sanguínea ya no requiere el ADN de su núcleo y sencillamente se desprende de él. Se produce una enucleación. Esto es algo muy singular ya que ninguna otra célula del cuerpo suele hacer lo mismo. Si dicha enucleación no se diera en los glóbulos rojos, estos serían demasiado grandes para pasar por el interior de los capilares sanguíneos y, en consecuencia, la sangre no podría circular y la persona moriría por falta de oxigenación celular. Pero, si esta misma enucleación ocurriera en cualquier otro tipo de célula corporal, esta sería incapaz de realizar sus funciones vitales. ¿Cómo puede tomar una célula la decisión de enuclearse y morir prematuramente o inmolarse en beneficio de todo el cuerpo? ¿Quién la programó para ello?

Los miles de problemas que el cuerpo humano soluciona cada día para seguir vivo requieren miles de ingeniosas soluciones. Estas soluciones necesitan toda una maquinaria molecular altamente específica, así como células especializadas, tejidos, órganos y sistemas completos. Se trata de miles de estructuras biológicas trabajando a la vez en millones de rincones por todo el cuerpo y las soluciones que entre todas aportan continuamente suelen presentar siempre las mismas cuatro características:[119]

1. *Especialización:* Se requieren partes adecuadas y especializadas para formar el todo funcional.

2. *Organización:* Dichas partes tienen que estar en los lugares adecuados, bien ordenadas e interconectadas para hacer posible el funcionamiento del todo.

3. *Integración:* Las partes deben poseer exactamente el aspecto adecuado que les permita trabajar juntas.

4. *Coordinación:* Las partes deben estar coordinadas de tal manera que cada una pueda realizar su función o funciones respectivas en el momento adecuado.

Cuando se dan estas cuatro características juntas en el cuerpo, se dice que el sistema en cuestión es coherente e interdependiente. ¿Cómo es posible sostener que todo esto se haya llegado a generar como consecuencia de mutaciones aleatorias y selección natural? Nuestra experiencia es que los problemas difíciles requieren siempre soluciones imaginativas que solo pueden venir de mentes inteligentes.

---

119 Laufmann, S. & Glicksman, H. (2022). *Your Designed Body*, Discovery Institute Press, Seattle.

Conclusión

Actualmente existen dos hipótesis o maneras de concebir el origen del universo: el concepto de *naturaleza* y el de *creación*. Si el cosmos fuera simple naturaleza implicaría que se habría creado a sí mismo de forma natural y sin ninguna causa original externa a él. Esta es la hipótesis que defienden el naturalismo y el materialismo. De manera que, como estas ideologías suponen que Dios no existe, ya que la ciencia humana no tiene acceso a él, la materia se habría creado sola y habría evolucionado hasta generarlo todo.

Por el contrario, el concepto de creación significa que el mundo natural fue creado por una causa original externa a él. Esta otra hipótesis es la que sostienen el creacionismo y el diseño inteligente, que proponen la necesidad de una mente sabia sobrenatural que habría creado el mundo. En ocasiones se dice que los científicos defienden la hipótesis de naturaleza, mientras que a la de creación solo la proponen los religiosos. Sin embargo, esto no es así, tal como se desprende de las diferentes concepciones que sustentan los científicos. Veamos las opiniones al respecto de dos conocidos hombres de ciencia, uno ateo o agnóstico y otro creyente.

Stephen W. Hawking, el famoso físico teórico de la Universidad de Cambridge, escribió: «En tanto en cuanto el universo tuviera un principio podríamos suponer que tuvo un Creador. Pero si el universo es realmente autocontenido, si no tiene ninguna frontera o borde, no tendría ni principio ni final: simplemente sería. ¿Qué lugar queda, entonces, para un Creador?».[120] Sin embargo, otro conocido científico de la misma Universidad de Cambridge, el doctor John Polkinghorne, físico matemático y teólogo, escribió: «Podría decirse que el universo es un mundo saturado de signos de inteligencia y, como teísta, yo pienso que es verdaderamente la inteligencia de Dios la que se nos revela de este mundo. Creo que la ciencia es posible porque el universo es una creación y nosotros somos criaturas hechas a imagen de nuestro Creador».[121]

¿Quién tiene razón? Estos dos hombres de ciencia representan las dos opiniones diferentes que existen al respecto. ¿Cómo podemos saber cuál de

---

120 Hawking, S. W. (1988). *Historia del tiempo*, Crítica, Barcelona, p. 187.
121 Polkinghorne, J. (2014). "Física y metafísica desde una perspectiva trinitaria". En Soler Gil, F. J. (Ed.), *Dios y las cosmologías modernas*, BAC, Madrid, p. 209.

las dos es la verdadera? ¿Qué nos dicen los datos científicos descubiertos hasta el presente? Si se realiza un análisis del origen del universo, según el propio método científico y con las evidencias que hoy poseemos, ¿a qué conclusión se puede llegar? Como es sabido, el método de la ciencia se basa fundamentalmente en formular preguntas, hacer hipótesis para intentar responderlas y observar el mundo con el fin de determinar cuál de dichas hipótesis es la que más se aproxima a la realidad. En el tema que nos ocupa, la pregunta es: ¿cómo se originó el universo? Frente a ella existen dos posibles respuestas. Según el materialismo fue el azar, mientras que según el creacionismo fue la inteligencia. Al observa el mundo, ¿cuál de estas dos hipótesis resulta más satisfactoria y correcta, a la luz de los hechos científicos?

La ciencia afirma que el universo es materia y energía que se transforma en el espacio y el tiempo, obedeciendo leyes y constantes universales. La física y la cosmología han descubierto tres cosas fundamentales del universo, entre otras muchas. A saber, que se está expandiendo, que posee leyes muy precisas como las de la termodinámica y que evidencia un ajuste fino de las constantes universales. Veamos en qué consiste cada una de ellas.

1. La expansión del universo

El análisis de la luz que nos llega de las estrellas más alejadas ha permitido comprobar que estas no están inmóviles en el espacio, sino que se mueven y se alejan de nosotros a una velocidad que aumenta progresivamente. Nada está quieto en el cosmos. Si se retrocede en el tiempo, lógicamente dicha expansión se iría haciendo cada vez más pequeña hasta llegar a un punto inicial. Esta compresión total del universo es la que dio pie a la famosa teoría del Big Bang, que afirma que todo el cosmos comenzó como un solo punto y luego se expandió hasta crecer tanto como lo es ahora.

Por lo tanto, dicha teoría implica que el universo tuvo un principio y como todo lo que principia tiene una causa, el cosmos debió también tener una causa que lo iniciara. Esto viene a reforzar el conocido argumento cosmológico. Sin embargo, ni la teoría del Big Bang, ni el argumento cosmológico gustan a todo el mundo, debido precisamente a su apelación a una causa inicial. La necesidad de dicha causa se parece mucho al relato bíblico de la creación por parte de Dios y este desagrado existencial es el que suele estar detrás de tantos relatos de ciertos científicos no creyentes que siguen buscando con ahínco alguna otra hipótesis o prueba que demuestre que el universo no tuvo principio, que sea eterno y por tanto no requiera una causa original. Existen muchos intentos en este sentido, pero lo cierto es que ninguno viene refrendado por los hechos observables.

En este sentido, en un programa para la televisión en los Estados Unidos, el astrofísico estadounidense Neil deGrasse Tyson le preguntó directamente a Stephen Hawking: «¿Qué hubo antes del Big Bang?», y Hawking respondió: «Preguntarse qué había antes del Big Bang es como preguntarse qué hay al norte del polo norte». En realidad, lo que quería decir es que nada de lo que pudo existir antes del comienzo del universo, tal cual lo conocemos, tiene algo que ver con lo que vino después. De manera que eso no puede estar contemplado en ninguna teoría que formulemos para explicar nuestras observaciones. Para Hawking, en el momento del Big Bang, el universo era una singularidad, es decir, un momento en el que todas las leyes de la física conocidas actualmente no se podían aplicar.

Por su parte, John Maddox (1925–2009), físico y director durante años de la prestigiosa revista científica *Nature*, escribió:

> Otra dificultad es que el Big Bang, (...) parece exento de la regla de David Hume que afirma que todo efecto tiene una causa. Una manera de eximir al Big Bang es invocar causas sobrenaturales: "Dios diseñó y creó el universo", por ejemplo. (...) La verdad es que por el momento resulta imposible resolver estas cuestiones. (...) Por eso, la respuesta más prudente a la pregunta "¿cómo empezó a existir el universo?" es "todavía no lo sabemos".[122]

De manera que la causa del universo se rechaza por motivos ideológicos, no científicos. Sin embargo, la ciencia y la lógica siguen afirmando que todo lo que empieza a existir requiere una causa. La cuestión es cómo debería ser esa causa. Según la expansión del Big Bang, lo que causó el universo no puede ser material porque todavía no existían la materia ni la energía; tampoco puede ser espacial porque aún no había espacio; no puede ser temporal porque no existía el tiempo y no debía estar sometida a ninguna ley física o constante universal porque estas aún no se daban. Por tanto, la expansión del universo que hoy acepta la ciencia conduce a la necesidad de un origen para el mismo y a una causa ajena a él.

2. Las leyes de la termodinámica

La termodinámica (*thermo* = calor; *dynamis* = fuerza) es la rama de la física que describe los efectos de los cambios de temperatura, presión y volumen de un sistema físico a nivel macroscópico. La primera ley o principio de la termodinámica es la ley de la conservación de la energía. Esta ley afirma

---

122 Maddox, J. (1999). *Lo que queda por descubrir*, Debate, Madrid, p. 64-65.

que actualmente la energía total del universo se mantiene constante, que no se crea ni se destruye, solo se transforma. Y con la materia ocurriría lo mismo. La segunda ley o principio de la termodinámica dice que la cantidad de desorden del universo tiende a aumentar en el tiempo. A esta cantidad o grado de desorden se la llama *entropía*.

El calor es una forma de energía que se transmite a través de los diferentes cuerpos materiales. Todo el universo funciona mediante esta transferencia de calor. Por ejemplo, en el sistema solar, el calor proviene del Sol y el combustible que lo genera es el hidrógeno. Los cosmólogos creen que, en su interior, el Sol alcanza unos 14 millones de grados centígrados. La masa o energía total del universo es siempre la misma, ya que se trata de una constante que no varía. Ni se pierde ni se gana. Se cree que no existe nada natural en el cosmos capaz de crear o destruir materia o energía. Ni siquiera los agujeros negros pueden hacerlo. Estos son capaces de compactar mucho la materia, pero no la eliminan. Se dice que, si se comprimiera la Tierra al tamaño de una canica, se obtendría un agujero negro. Pues bien, la ciencia considera hoy que toda la masa y toda la energía del cosmos se crearon al principio durante el Big Bang.

Se llega así al gran interrogante que tiene planteado la cosmología actual. Si resulta que nada natural conocido puede crear materia o energía y que toda la materia y energía que existen en el cosmos aparecieron durante el Big Bang, la pregunta es obvia: ¿Cuál fue la causa? ¿De dónde surgieron la materia y energía del universo? ¿Cuál es la mejor respuesta que se puede dar actualmente? Según el materialismo, estas cuestiones no tienen respuesta y, por tanto, sería absurdo planteárselas. Nadie sabe cómo a partir de la nada absoluta pudo surgir todo lo que observamos. Existen numerosas hipótesis, pero ninguna se puede verificar. No obstante, según el creacionismo y el diseño inteligente, la causa pudo ser un Dios trascendente como el que nos relata la Biblia.

Por otro lado, según la ley de la entropía o grado de desorden, cuanto más desordenado o desorganizado está un sistema menos trabajo puede hacer. La entropía de un sistema aislado siempre aumenta con el tiempo. Esto significa que tanto la materia como la energía del universo están desorganizándose constantemente. Las personas envejecemos, las casas nuevas se estropean con el tiempo y, en fin, tal como augura la Biblia, «la tierra se envejecerá como ropa de vestir» (Is 51:6). El hecho de que el desorden siempre aumente con el tiempo indica que debe haber habido un comienzo ordenado porque el universo es como una batería que se va agotando lentamente. Por tanto, la termodinámica también es consistente con la idea de un Dios que creó un mundo ordenado.

3. El ajuste de las constantes universales

Actualmente se conocen unas 25 constantes físicas que aparecen en las fórmulas que describen el universo. Las tres más importantes son la constante de la gravitación (G), la velocidad de la luz (c) y la constante de Planck (h), que es la que gobierna el mundo submicroscópico de las partículas subatómicas. La gravedad es la fuerza de atracción que existe entre las masas de los cuerpos físicos. Desde Newton se sabe que dicha fuerza es igual al producto de las masas de los cuerpos que se atraen, dividido por el cuadrado de la distancia que los separa y multiplicado por la constante gravitatoria G.

Todavía no se sabe si esta constante gravitatoria vale lo mismo en la Tierra, en el Sol o en cualquier otra galaxia del universo. No se sabe si es constante en el espacio o el tiempo. Lo que sí sabemos es que en la Tierra su valor es de $6,67392 \times 10^{-11}$ m^3/s^{2}kg y que, si esta constante fuera una cienmilésima más pequeña ($6,67391 \times 10^{-11}$ m^3/s^{2}kg), no se habrían podido formar los planetas, ni las estrellas, ni tampoco las galaxias. Y, por el contrario, si esta G fuera una cienmilésima más grande ($6,67393 \times 10^{-11}$ m^3/s^{2}kg), las estrellas se consumirían muy rápidamente y la vida no habría tenido tiempo para desarrollarse en nuestro planeta. Este es un claro ejemplo del finísimo ajuste que hay en las constantes físicas. Lo mismo ocurre con las demás. Algunos científicos han admitido que es como si alguien hubiera ajustado inteligentemente dichos números, pues parecen deliberadamente pensados para hacer posible la vida en la Tierra, el desarrollo de la humanidad y el surgimiento del conocimiento científico del mundo.

4. La Tierra en el universo

Las constantes universales hacen posible que nuestro sistema solar esté ajustado para permitir la vida en el planeta azul. Al comparar la Tierra con los demás cuerpos que orbitan alrededor del Sol, se observa que la atmósfera terrestre posee la proporción de gases adecuada que hacen posible nuestra existencia. Sin embargo, los demás carecen de ella o tienen una atmósfera que resulta incompatible con la vida. La de Júpiter, por ejemplo, está constituida sobre todo por hidrógeno, helio y amoníaco, mientras que la atmósfera de Neptuno es maloliente ya que posee hidrógeno y metano. Las nubes de Venus están formadas por gotitas de ácido sulfúrico que corroen cualquier instrumento artificial que se envía a él. No obstante, en el planeta azul pudo prosperar la vida porque su atmósfera era precisamente la adecuada.

La Tierra tiene la masa exacta para retener su atmósfera. Si esta masa fuera mayor, la atmósfera colapsaría sobre su superficie y solo tendría un grosor de unos pocos centímetros, pero si la masa de la Tierra fuera menor de lo que es, la atmósfera se habría evaporado en el espacio. De manera que la atmósfera hace posible el ciclo del agua en la naturaleza y todos los beneficios para la biosfera que ello supone. Su transparencia permite que los rayos solares hagan posible la fotosíntesis y que la temperatura media en la superficie terrestre sea de 14 grados centígrados. Sin embargo, en la Luna la temperatura oscila entre los 214 grados de día y los 184 bajo cero de noche. Algo absolutamente incompatible con la vida. Pero la atmósfera nos protege también del peligro de los meteoritos ya que cada año destruye unas cien toneladas de detritus proveniente del espacio, que se quema antes de llegar a la superficie terrestre. Sin embargo, nuestro satélite, al carecer de atmósfera, está repleto de cráteres debidos al impacto de meteoritos que cayeron sobre ella en el pasado por carecer de atmósfera.

El campo magnético terrestre nos protege de los vientos solares y de los rayos cósmicos de otros soles que son perjudiciales para los seres vivos. Las bellas auroras boreales son un evidente testimonio de dicha protección. La distancia entre la Tierra y el Sol (casi unos 150 millones de kilómetros) es la exacta para permitir la vida ya que sitúa nuestro planeta dentro de la zona conocida como zona habitable circunestelar. Se trata de la región que hay alrededor de una estrella —en nuestro caso, el Sol— cuya temperatura es la adecuada para la existencia de agua líquida y de vida. Venus, sin embargo, está dentro de una zona demasiado caliente, mientras que Júpiter se halla en otra demasiado fría. Al mismo tiempo, los demás planetas del sistema solar son como escudos que protegen la Tierra del peligroso impacto de ciertos cuerpos celestes. En efecto, la gravedad de Júpiter, Saturno y Urano, al atraer cometas sobre ellos, protege la Tierra, mientras que la acción de la gravedad de Marte y Venus, al atraer asteroides sobre ellos mismos, nos defiende de posibles catástrofes para la vida. Sin embargo, durante el pasado remoto, cuando las órbitas de estos planetas y sus masas respectivas eran diferentes, tales cuerpos podían llegar a la Tierra con mayor facilidad que hoy.

Tal como es sabido, la fuerza gravitatoria de la Luna sobre la Tierra contribuye en un 70 % a las mareas terrestres y estas colaboran para generar las corrientes marinas, que a su vez son fundamentales para regular el clima terrestre. Si hubiera muchas lunas, como pasa por ejemplo en Júpiter, la vida en la Tierra sería imposible, debido a la gran inestabilidad gravitatoria que estas generarían. Júpiter tiene 69 lunas; Urano, 27; Neptuno, 13; Marte, 2; Mercurio y Venus, ninguna; sin embargo, el planeta azul solamente posee una, que le da la estabilidad necesaria para poder albergar vida. Además, el movimiento de la Luna alrededor de la Tierra estabiliza el eje de rotación de esta y mantiene su inclinación fija en 23,4 grados respecto al plano de su órbita. Esta inclinación es la responsable de que existan las estaciones y los diferentes climas terrestres. Aunque nuestro satélite pudiera haber surgido del impacto de un hipotético planeta primitivo que chocara con la Tierra —tal como proponen algunas hipótesis actuales—, lo cierto es que tanto el planeta azul como su satélite parecen diseñados sabiamente para mantener la vida de la biosfera terrestre. Son demasiadas casualidades juntas que apuntan hacia un ajuste fino.

Si nos trasladamos al astro rey ocurre lo mismo. El Sol tiene exactamente la masa y el color adecuados para permitir la fotosíntesis en los vegetales verdes de la Tierra. Si su luz fuera algo más azul, o más roja de lo que es, no funcionaría esta reacción fotosintética y la vida sería imposible. De la misma manera, si la masa del Sol fuera menor, la Tierra debería estar más cerca para permitir la fotosíntesis. Pero entonces la Tierra no rotaría, debido a la atracción gravitatoria. Por un lado, sería siempre un desierto cálido y por el otro un mar de hielo.

Al alejarnos de nuestro mundo y tomar la perspectiva de las galaxias, seguimos detectando previsión y diseño. No todas las galaxias del universo son aptas para la vida. Solo el 20 % de las mismas lo son. Se trata de las galaxias en espiral como nuestra Vía Láctea. Sin embargo, el 60 % restante son galaxias elípticas y el 20 % poseen formas irregulares. En ninguna de ellas podríamos vivir debido a la explosión de supernovas y a posibles agujeros negros que lo harían imposible. Por tanto, existe también una zona habitable galáctica, que es precisamente donde se encuentra el sistema solar. La situación de nuestro Sol en la Vía Láctea es ideal para la vida y para que el ser humano pueda descubrir el universo y desarrollar la investigación científica. El sistema formado por Sol-Tierra-Luna es como un observatorio espacial, ya que se halla situado entre los brazos de Perseo y Sagitario, donde hay pocas estrellas, así como poco polvo o gas, lo cual le da una gran visibilidad que permite a los astrónomos estudiar bien el cosmos. La localización del sistema solar en el universo parece estar especialmente diseñada para permitir la vida inteligente en la Tierra y la investigación científica. Tal como han manifestado algunos científicos, «la correlación entre habitabilidad y mensurabilidad parece ser el resultado de algo más que simple azar. Por el contrario, es un patrón peculiar y elocuente».[123]

123 González, G. & Richards, J. W. (2006). *El planeta privilegiado*, Palabra, Madrid, p. 346.

5. El cuerpo humano

Cuando dejamos el macrocosmos y nos centramos en ese microcosmos que es el cuerpo del ser humano, descubrimos muchas más huellas de planificación misteriosa y coordinada que difícilmente podrían haberse originado mediante mutaciones aleatorias. Uno de los grandes interrogantes fisiológicos es cómo ha podido nuestro organismo solucionar al azar los miles de problemas en cascada que abundan en el mismo. Por ejemplo, el aporte de oxígeno a cada célula de nuestro cuerpo ilustra bien este tipo de problemas a resolver. Tal como señalamos en su momento, cada célula del cuerpo tiene que recibir necesariamente su porción de oxígeno para sobrevivir. Si no lo obtiene, envejecerá pronto y morirá. Si se incrementa el número de células muertas en cualquier tejido, los órganos correspondientes empezarán también a fallar. Por tanto, es muy importante que cada una de las aproximadamente 30 billones de células del cuerpo reciban este gas vital. Sin embargo, solo las células de los alveolos pulmonares están en contacto directo con el oxígeno del aire. ¿Cómo se soluciona esta dificultad? ¿Cómo llevarlo al resto?[124] Para resolver este problema fundamental se requieren estructuras, órganos y tejidos especializados que deberán enfrentarse a su vez a docenas de dificultades en cascada, cada una de las cuales requerirá otras tantas soluciones complejas y coordinadas.

Sin embargo, la respiración no es un caso aislado ya que el cuerpo humano está repleto de sistemas y aparatos que deben funcionar bien, resolviendo múltiples problemas bioquímicos y fisiológicos interdependientes para poder seguir vivo. Ningún sistema puede existir aislado de los demás, sino que unos dependen de otros para su buen funcionamiento. De manera que no resulta posible resolver ninguna dificultad concreta sin solucionar a la vez prácticamente todos los demás problemas en cascada que la generan o acompañan. Cuando el cuerpo de una persona empieza a dejar de funcionar bien es porque algo falla. Algún sistema, subsistema, subsubsistema o cualquier información necesaria ha dejado de interactuar correctamente. Decimos que sobreviene entonces la disfunción, la enfermedad o la muerte. Esto plantea una gran dificultad a la hipótesis transformista. Si el cuerpo es incapaz de funcionar bien cuando fallan los cientos y cientos de subsistemas y demás piezas importantes, ¿cómo podría haber llegado a existir gradualmente, careciendo de muchos de tales sistemas necesarios para el buen funcionamiento del conjunto? Se trata del viejo problema del huevo y la gallina. ¿Qué fue primero? Tanto la bioquímica como la biofísica plantean problemas difíciles de resolver, que el cuerpo tuvo que solucionar desde el primer momento.

124 Ver el capítulo 58.

Después de ver las constantes del universo, las características de la Tierra que hacen posible la vida y el estudio del cosmos, así como la elevada complejidad del cuerpo humano, estamos en condiciones de concluir que todos los descubrimientos científicos realizados hasta ahora muestran un propósito en el cosmos. Sin embargo, por experiencia sabemos que únicamente la inteligencia es capaz de actuar con propósito. Luego, todo lo que conocemos del universo nos muestra un origen inteligente del mismo. El mundo evidencia diseño y planificación. Por lo tanto, la realidad observable y los hechos científicos muestran que la creencia en un Dios Creador no es algo irracional, sino que está respaldada por los últimos descubrimientos. La ciencia apoya la fe.

Según el físico teórico Stephen Hawking, en el inicio del Big Bang el universo era una *singularidad*. Es decir, un momento en el que todas las leyes actuales de la física no se podían aplicar. Curiosamente, cuando se le pregunta a la teología acerca de qué entiende por milagro, esta responde que es un acontecimiento singular en el que las leyes físicas son alteradas o dejan de aplicarse. El origen del universo, la formación de nuestro mundo y el propio ser humano constituyen la frontera en la que la ciencia se encuentra con el milagro de la creación.

ANEXO I
Revolución en la evolución

Estamos asistiendo, desde hace poco más de una década, a una revolución solapada en el seno de la teoría de la evolución. Los planteamientos decimonónicos de Darwin ya no convencen a todos los investigadores evolucionistas porque cada uno de ellos ha descubierto, en su propio campo de estudio, detalles que no parecen encajar con lo que tradicionalmente ha venido defendiendo el neodarwinismo. De ahí que varios biólogos evolutivos propongan en sus trabajos y disertaciones la conveniencia de modificar las ideas o preconcepciones evolucionistas. No es que dejen de creer en el transformismo, sino que discrepan de los mecanismos que se han venido proponiendo, desde el pasado siglo, para explicar el cambio biológico y creen que el asunto requiere una revisión urgente en profundidad. Por su parte, quienes continúan asumiendo y enseñando en las universidades el modelo neodarwinista clásico tienden a descalificar a estos nuevos biólogos discrepantes, a decir que están equivocados o a manifestar que solo buscan un mayor protagonismo en el mundo académico. Sea como fuere, la confrontación está servida y su desenlace puede determinar el futuro de la biología.

Se desconocen todavía cuestiones fundamentales

Aunque parezca difícil de creer, los científicos desconocen todavía cuestiones tan fundamentales como el origen de la vida, el mecanismo de la evolución, la aparición de los grandes grupos de clasificación biológicos o de qué manera exacta surgieron órganos tan comunes como los ojos de los animales, los pulmones o las extremidades. Generalmente todo esto se ha venido atribuyendo al gran poder de las mutaciones aleatorias y la selección natural. Se dicen cosas como, por ejemplo, que los rudimentarios ojos de las estrellas de mar "pudieron" mejorar poco a poco como consecuencia de mutaciones seleccionadas por el ambiente, pasar dichas mejoras a la descendencia y transformarse en ojos más eficaces como los de las caracolas, los pulpos y así sucesivamente hasta llegar a los complejos ojos de peces, reptiles, aves y mamíferos.

Sin embargo, el problema principal de esta explicación darwinista lo definía ya en 1994 el biólogo canadiense, Brian Goodwin, quien fue catedrático de biología en la Milton Keynes Open University del Reino Unido:

> Queda claro que falta algo. La teoría de Darwin parece ser válida para la evolución a pequeña escala: puede explicar las variaciones y adaptaciones intraespecíficas responsables del ajuste fino de las variedades a los diferentes hábitats. Pero las diferencias morfológicas a gran escala entre los tipos orgánicos, que son el fundamento de los sistemas de clasificación biológicos, parecen requerir otro principio distinto de la selección natural que opera sobre pequeñas variaciones, algún proceso que haga surgir formas orgánicas claramente diferenciadas. El problema es cómo surgen las estructuras orgánicas innovadoras, el orden evolutivo emergente, que ha sido siempre un foco de atención primario en biología.[125]

Según estos nuevos biólogos, las explicaciones darwinistas serían engañosas porque no empiezan desde el principio, no explican cómo se formaron las primeras células sensibles a la luz, ni cómo tan delicadas estructuras se agruparon adecuadamente para formar el primer órgano visual. Lamentablemente esto no solo ocurre con los ojos, sino también con cada órgano fundamental de los seres vivos como el primer corazón, la primera placenta, la primera ala capaz de volar o la primera flor. Todo esto constituiría misterios que la biología evolutiva debería poder explicar convenientemente y, sin embargo, todavía no existe una buena respuesta. Tal como también reconoce el biólogo Armin Moczek de la Universidad de Indiana: «El origen de nuevos rasgos complejos constituye un desafío central, pero en gran parte sin resolver en biología evolutiva».[126]

Un artículo incendiario

En octubre del año 2014, un grupo formado por quince científicos publicó un artículo en la revista *Nature* que recogía estas inquietudes, cuyo título era: "¿La teoría de la evolución necesita un replanteamiento?".[127] Sus autores procedían de diferentes ámbitos de la ciencia tales como la biología evolutiva, comportamiento animal, zoología, ecología, microbiología, genética

---

125 Goodwin, B. (2008). *Las manchas del leopardo. La evolución de la complejidad*, Tusquets, Barcelona, p. 11.

126 Moczek, A. P. (2022). "When the End Modifies its Means: The Origins of Novelty and the Evolution of Innovation", Biological Journal of the Linnean Society, XX, pp. 1-8.

127 Laland, K. et al. (2014). "Does Evolutionary Theory Need a Rethink?", Nature, vol. 514, pp. 161-164.

molecular e historia y filosofía de la ciencia. Todos estaban de acuerdo en que la idea tradicional de evolución debía ampliarse para incluir los últimos descubrimientos de estas y otras disciplinas. El nombre que propusieron para esta nueva concepción de la evolución fue el de *Síntesis Evolutiva Extendida* (EES, en inglés) ya que, según ellos, tal concepto debía extenderse también a las implicaciones de la nueva disciplina de la epigenética y el comportamiento de las especies en la modificación del ambiente, entre otras cosas. Hoy se sabe, por ejemplo, que las modificaciones químicas que se añaden al ADN a lo largo de nuestra vida se pueden transmitir a la descendencia y que las distintas especies animales o vegetales pueden alterar su entorno reduciendo así la influencia de la selección natural, tal como hacen los castores cuando construyen una represa. No obstante, estas propuestas novedosas sentaron fatal a muchos colegas científicos que seguían defendiendo a capa y espada el modelo neodarwinista gradualista.

Un año después de la publicación de este provocativo artículo, en 2015, la *Royal Society* de Londres estuvo de acuerdo en organizar una conferencia de especialistas en biología evolutiva, bajo el lema "New Trends in Evolution" (Nuevas tendencias en evolución). El objetivo principal de la misma, como su título indica, era discutir nuevas interpretaciones o explicaciones del proceso evolutivo. Sin embargo, antes de la celebración de la conferencia, que se celebró en 2016, ya empezaron los problemas. Más de veinte miembros de la *Royal Society* escribieron una carta de protesta al entonces presidente de la misma, el premio Nobel Sir Paul Nurse, manifestando su desacuerdo con tal reunión porque transmitía a la sociedad la idea —según ellos, errónea— de que los mecanismos de la evolución estaban insuficientemente fundamentados.

Algunos teóricos famosos del neodarwinismo clásico fueron invitados a participar en la conferencia, tales como Nick Barton (ganador de la medalla Darwin-Wallace en el 2008, considerada como el mayor honor en biología evolutiva); el matrimonio de Brian y Deborah Charlesworth de la Universidad de Edimburgo, y Jerry Coyne, profesor estadounidense de biología, gran defensor del ateísmo, conocido por su feroz crítica del creacionismo, el diseño inteligente y el evolucionismo teísta. Sin embargo, todos declinaron la invitación alegando diversas razones por las que no estaban de acuerdo en la celebración de esta y descalificando a los científicos que la organizaron, por ser todos partidarios de la EES. Esta feroz reacción refleja bien la revolución ideológica que se está produciendo actualmente en el seno de la comunidad científica en torno al destino de una de las grandes teorías que ha contribuido a conformar el pensamiento de la modernidad. Por supuesto, también se trata de una batalla por el reconocimiento profesional de muchos biólogos y por determinar quiénes serán los futuros padres de la nueva evolución.

Problemas evolutivos sin explicación

Entre las diferentes ponencias presentadas en la conferencia "Nuevas tendencias en evolución", en la *Royal Society*, destacó la del biólogo austriaco Gerd B. Müller, que es profesor emérito en la Universidad de Viena. Según Müller, los problemas evolutivos que siguen sin explicación son: la *complejidad fenotípica*, es decir el origen de órganos complejos como los ojos, oídos, etc. y, en general, todas las características anatómicas y estructurales de los seres vivos; la *novedad fenotípica* o el origen de nuevas formas a lo largo de la historia de la vida, como la explosión del Cámbrico en la que aparecieron, sin antecesores previos, la mayor parte de los diseños corporales de los animales o la radiación de los mamíferos hace unos 66 millones de años, que dio lugar a cetáceos, murciélagos, carnívoros, etc.; las *lagunas del registro fósil* o discontinuidades abruptas entre los diferentes grupos de organismos; y por último el *mecanismo de mutación y selección natural* que es incapaz de explicar los nuevos rasgos anatómicos y la aparición de nuevas especies. Curiosamente, todos estos problemas son los mismos que vienen denunciando los partidarios del diseño inteligente desde hace años y que tantas críticas han recibido por ello.

En mi opinión, detrás de todo este debate se esconde una cuestión mucho más fundamental y profunda, que algunos no quieren reconocer. ¿Será quizás que la teoría más trascendental de la biología es, después de todo, una especie de cuento de hadas que finalmente se tendrá que abandonar? ¿Estarán en lo cierto los partidarios del diseño inteligente cuando afirman que la actual complejidad de todos los seres vivos no se ha podido producir por medio del azar, sino que procede de la inteligencia? Este es el gran fantasma que campea por las distintas facultades de biología evolutiva y que asusta a tantos científicos defensores del sueño roto del materialismo metafísico.

A principios del pasado siglo, los biólogos evolucionistas creían que finalmente se descubriría una teoría evolutiva unificadora que permitiría juntar la biología con la química y la física para reducir todo el universo a unas reglas elementales básicas, austeras y mecanicistas. Se temía que, si no se lograba definir dicha teoría, la biología podría convertirse en una colección de disciplinas en conflicto mutuo, desde la bioquímica hasta la ecología, pasando por la genética, la zoología o la botánica, y que cualquier pregunta podría requerir las explicaciones de docenas de especialistas enfrentados. Sin embargo, de la misma manera que los físicos siguen sin encontrar la teoría del todo, tan anhelada por el astrofísico Stephen Hawking y sus colegas, reconociendo que existe una física para las cosas grandes y otra distinta para el mundo cuántico, así también la biología parece abocada a la misma conclusión.

Científicos disidentes

Unos de los primeros científicos en atacar abiertamente el gradualismo darwinista fueron los paleontólogos estadounidenses Stephen Jay Gould y Niles Eldredge, a principios de los 70. Su *teoría del equilibrio puntuado* indicaba que en el registro fósil apenas se registraban cambios lentos y graduales, como los propuestos por Darwin, sino bruscos y concentrados. En su libro *Desde Darwin*, Gould escribe:

> No nos encontramos con una crónica de majestuosos progresos, sino con un mundo puntuado por períodos de extinciones masivas y rápidos orígenes entre largas etapas de relativa tranquilidad. Centro mi atención en las dos puntuaciones más grandes: la "explosión" del Cámbrico que puso en escena la mayor parte de la vida animal compleja hace alrededor de seiscientos millones de años, y la extinción del Pérmico que se llevó por delante a la mitad de las familias de invertebrados marinos hace doscientos veinticinco millones de años.[128]

Otros científicos, como los genetistas, trabajaban en sus respectivas áreas sin ver que la teoría evolutiva de la síntesis moderna tuviera alguna relevancia en ellas. Frente a las ideas neodarwinistas del *gen egoísta*, tan difundidas por Richard Dawkins desde mediados de los 70, que aseguraban la absoluta dependencia de los genes que tienen todos los organismos, otro biólogo ya mencionado, Brian Goodwin, dirá:

> A pesar del poder de la biología genocéntrica para explicar una impresionante cantidad de datos biológicos, hay áreas básicas en donde falla. La más importantes tiene que ver con la pretensión de que para explicar las propiedades de los organismos basta con comprender los genes y sus actividades. Yo afirmo que esto es simplemente falso. (…) Los organismos no pueden reducirse a las propiedades de sus genes, sino que deben entenderse como sistemas dinámicos con propiedades distintivas que caracterizan el estado vivo.[129]

El profesor de biología evolutiva y del comportamiento de la Universidad de St. Andrews en Escocia, Kevin Laland, que fue quien organizó la revolucionaria conferencia de la *Royal Society* del 2016, cree que ha llegado el momento de unir todas las tendencias para ver qué combinación de enfoques

---

128 Gould, S. J. (1983). *Desde Darwin. Reflexiones sobre historia natural*, Hermann Blume, Madrid, p. 13.

129 Goodwin, B. (2008). *Las manchas del leopardo. La evolución de la complejidad*, Tusquets, Barcelona, p. 19.

puede ofrecer la mejor explicación a los problemas que hoy se le plantean a la teoría de la evolución. Esto es lo que pretenden con la ya mencionada Síntesis Evolutiva Extendida: recoger los últimos descubrimientos polémicos, como la *plasticidad fenotípica*, la *construcción de nichos ecológicos*, la *epigenética* y el *sesgo de desarrollo*, entre otras cosas.[130] Veamos en qué consiste cada uno de tales conceptos biológicos.

¿Qué es la plasticidad fenotípica?

Se llama *plasticidad fenotípica* a la capacidad que tienen los organismos de cambiar su aspecto rápidamente como respuesta a la influencia del ambiente. Esto es algo que se ha observado en numerosas especies y que contradice el cambio aleatorio, lento y gradual propuesto por el darwinismo. Se ha comprobado que un mismo genotipo (o conjunto de genes de un individuo) puede producir distintos fenotipos (o aspectos físicos) cuando se encuentra en condiciones ambientales diferentes. Los ejemplos más simples son el bronceado de la piel humana al ser expuesta unos días al sol o también la capacidad de árboles y arbustos para crecer en la dirección contraria a la que sopla el viento, inclinándose definitivamente para evitar que este los desarraigue. Asimismo, los distintos colores de las conchas de los caracoles según sea la tonalidad del entorno; las diferentes castas de insectos sociales como las hormigas, termitas o abejas, que tienen obreros, soldados y reinas que no difieren por sus genes, sino por la alimentación y temperatura que se les proporciona a las larvas; en fin, hasta la capacidad del cerebro humano para crecer y adaptar su aspecto a las deformaciones del cráneo, así como alterar sus patrones de secreción de neurotransmisores, algo que se conoce como neuroplasticidad.

Estas observaciones desafían la comprensión tradicional de la evolución porque implican que los genes de las especies no se están perfeccionando lentamente, generación tras generación, sino que ya en su desarrollo temprano poseen el potencial de crecer en una variedad de formas que les permite vivir en ambientes diferentes. La plasticidad fenotípica supone un reto al darwinismo porque no puede explicarse mediante mutaciones aleatorias. La capacidad para adaptarse a estímulos medioambientales, en formas que pueden cambiar, no depende de mutaciones que aporten nueva información genética, sino que se trata de otra información que ya existía de antemano en el ADN de las especies. Nadie sabe por qué el estado

---

130 Buranyi, S. (28 de junio de 2022). "Do We Need a New Theory of Evolution?", The Guardian. https://www.theguardian.com/science/2022/jun/28/do-we-need-a-new-theory-of-evolution?fbclid=IwAR0axcWcKkWANtlbCHMw1EpQDKJGnAExKxZLc3A AogTpZELZLZ2nFZDVpFY

ancestral de los diversos organismos es fenotípicamente plástico. ¿Por qué iba la selección natural a crear semejante información genética plástica que solo se podría aprovechar en el futuro cuando fuera necesario?

La evolución por definición no tiene capacidad previsora, no anticipa el futuro, no es capaz de pensar. Sin embargo, dicha plasticidad fenotípica que observamos en las especies tiene mucho sentido desde un diseño intencionado. Es, por ejemplo, como si alguien hubiera condicionado desde el principio a árboles como los arces de azúcar (*Acer saccharum*) para poder modificar el aspecto de sus tallos en función de las características del lugar donde nacerían. Tallos cortos y gruesos en entornos despejados y soleados o tallos altos y estilizados en bosques densos donde la competencia por la luz es intensa. Y lo mismo puede decirse de la plasticidad que cambia la forma y el color de los peces cíclidos de los Grandes Lagos de África Oriental, el grosor del pico de los pinzones de las Galápagos o el olfato químico de los salmones del Pacífico. Todo parece apuntar a una inteligencia planificadora ancestral.

Construcción de nichos

Según el neodarwinismo, el motor de la evolución son las mutaciones accidentales originadas en los genomas de las especies, que son seleccionadas por el medioambiente y pasadas a la descendencia. Desde tal perspectiva, serían los distintos ambientes naturales quienes controlarían los genomas y determinarían el sentido de la evolución. Así funcionaría supuestamente la selección natural creadora de todo ser vivo. Sin embargo, desde hace casi 80 años, se sabe que la cosa puede también funcionar al revés. Los seres vivos son capaces de influir en el ambiente, modificándolo para beneficio propio y convirtiéndose ellos mismos en ingenieros de los ecosistemas, con lo cual las futuras transformaciones dependerían más de las propias especies que de sus entornos. Esto es lo que se denomina *construcción de nichos ecológicos*, es decir, la actividad que realizan muchas especies biológicas al alterar el medio local para beneficiarse de él, protegerse, criar a la prole, sobrevivir en ambientes hostiles, etc.

Ejemplos de ello son la elaboración por parte de algunas especies de termitas de enormes nidos que sobresalen del suelo y reducen la temperatura en su interior; las madrigueras de conejos y tejones con la misma finalidad; represas como las de los castores que modifican el curso de los ríos; la creación de regiones de sombra y confort; la capacidad que tienen las plantas de alternar sus nutrientes o el número de estomas de las hojas para transpirar más o menos; el cultivo de hongos por parte de ciertos insectos; la modificación química del suelo que realizan las lombrices de tierra; la eliminación de árboles y arbustos indeseables que hacen las hormigas limón (*Myrmelachista schumanni*) de la selva amazónica; etc. La cantidad de tales adecuaciones del medio es interminable. Pues bien, todo esto supone también la existencia de una predisposición genética previa en las distintas especies que les permite realizar una conveniente modificación de las condiciones ambientales, o de los nichos ecológicos, para sobrevivir mejor. Esto es algo que sugería, ya en los años 40 del pasado siglo, el físico austríaco Erwin Schrödinger, premio Nobel de física en 1933, al escribir:

> La asombrosa propiedad de un organismo de concentrar una "corriente de orden" sobre sí mismo, escapando de la descomposición en el caos atómico y "absorbiendo orden" de un ambiente apropiado parece estar conectada con la presencia de "sólidos aperiódicos", las moléculas cromosómicas, las cuales representan, sin ninguna duda, el grado más elevado de asociación atómica que conocemos.[131]

Es decir, en la misteriosa información del ADN parece residir el secreto de toda vida.

La revolución de la epigenética

Ahora bien, si el verdadero "sustrato" de la vida es la información, cabría esperar que los seres vivos dispusieran de mecanismos sofisticados para preservar y proteger dicha información biológica que les viene dada. Desde el darwinismo, se venía considerando que la información era solo el subproducto del azar y la selección natural. Sin embargo, ahora estamos asistiendo a la revolución de la *epigenética*, disciplina que estudia los mecanismos que regulan la expresión de los genes, pero sin modificar su información. Hoy se sabe que el medioambiente puede "encender o apagar" genes del ADN para que expresen o no su información y tal acción es capaz de influir en la descendencia. Esto pudo comprobarse, por ejemplo, en el poco peso que tenían los bebés que eran nietos de supervivientes de los campos nazis. Las situaciones traumáticas de estrés que padecieron sus abuelos seguían repercutiendo negativamente en tales neonatos. La epigenética es una especie de herencia extragenética que hace que ciertas influencias del ambiente, como puede ser una enfermedad vírica o una lesión psicológica experimentada por un individuo, etc., añada pequeñas moléculas químicas a su ADN y tal recuerdo pase a los hijos.

Pues bien, la epigenética ha revelado que en las células existen códigos sobre códigos, información sobre información, sistemas de flujos de datos, control de calidad, procesado de la información, máquinas que se dedican

---

131 Schrödinger, E. (1983). *¿Qué es la vida?* Tusquets Editores, Barcelona, p. 120.

a leer, escribir, borrar señales, regular los procesos de transcripción y traducción del ADN, comprobar y eliminar los errores de copia y lograr que la información cumpla su propósito final, es decir formar descendientes sanos. Existen distintos niveles de información y unos controlan o regulan a los otros. Aunque el evolucionismo sigue buscando explicaciones naturalistas a todo esto, lo cierto es que constituye un fuerte apoyo a la tesis del diseño inteligente.

Una de las proponentes de la Síntesis Evolutiva Extendida, que participó también en la conferencia de la *Royal Society* del 2016, fue la genetista israelí Eva Jablonka, quien se autoproclama neolamarckista, en honor al naturalista francés Jean-Baptiste Lamarck (1744–1829), quien formuló la primera teoría de la evolución biológica. Lamarck decía que la función crea el órgano, es decir, que el uso prolongado de cualquier estructura biológica, como puede ser el largo cuello de las jirafas estirado por el esfuerzo de alcanzar las hojas más tiernas, cambia en función de su uso y dicho cambio pasa a los hijos. Siempre se ha dicho que Lamarck estaba equivocado porque lo que se transmite a la descendencia son los genes y si un cambio morfológico no está inscrito en ellos, no puede heredarse. Así tradicionalmente se le ha dado la razón a Darwin y se le ha venido quitando a Lamarck. Sin embargo, según Jablonka y otros colegas, la epigenética viene a cambiar las cosas porque el ambiente puede influir también en la expresión génica. Por su parte, el fisiólogo británico Denis Noble pidió una "revolución" contra la teoría evolutiva tradicional. Sin embargo, Kevin Laland, autor principal de muchos de los artículos del movimiento, es más moderado y afirma que solo se trata de una reforma, no de una revolución.

Sesgo de desarrollo

Finalmente, el llamado *sesgo de desarrollo* es un concepto creado para intentar explicar dificultades del darwinismo, tales como la evolución paralela o la evolución convergente. La primera es cuando dos especies independientes desarrollan, a la vez y en un mismo ecosistema, características parecidas, como las ratas topo y los topos, ambas con garras excavadoras; mientras que en la convergente tales características morfológicas similares se darían entre especies de ecosistemas diferentes y alejadas en el tiempo, como la aparición de las alas en las aves y en los murciélagos. Pues bien, el sesgo de desarrollo afirma que en el genoma de las especies existiría como una jerarquía que priorizaría o facilitaría la aparición de determinados aspectos físicos (fenotipos) en detrimento o sesgo de otros. O sea, que no todos los fenotipos posibles tendrían las mismas oportunidades de aparecer por evolución. Por lo tanto, se vuelve a lo mismo de siempre: ¿Cómo surgió esa información jerarquizada en los genes? La biología está llena de teorías similares, por eso los proponentes de la EES buscan una teoría de la evolución que unifique y recoja todas las sensibilidades.

Sin embargo, otros biólogos influyentes, como Ford Doolittle, Arlin Stoltzfus, Michael Lynch o Eugene Koonin, creen que no se necesita ninguna nueva síntesis de la evolución, sino todo lo contrario: la muerte total de las grandes teorías de los siglos XIX y XX. Lo que, según su opinión, se requiere actualmente es explicar bien cómo las formas de vida actuales pudieron surgir de las antiguas y esto no puede hacerse por medio de una única teoría de la evolución. Es lo mismo que ocurre en física: la mecánica cuántica se aplica a las partículas muy pequeñas, mientras que la teoría de la relatividad general de Einstein se aplica a las grandes. Pero estas dos teorías se muestran incompatibles entre sí. Tal es el dilema que tiene planteado actualmente la teoría de la evolución. La vida es mucho más compleja de lo que jamás se había pensado y parece diseñada por una mente extraordinariamente más inteligente que la nuestra, pero no por un azar ciego como algunos creen. En mi opinión, esta es la causa principal que subyace bajo la actual revolución en la evolución.

ANEXO II
Francis Collins y el diseño inteligente

El famoso genetista cristiano Francis Collins, opina que los principales argumentos del movimiento del diseño inteligente (DI) serían los siguientes:

1. La evolución promueve una concepción atea del mundo y, por lo tanto, debe ser rechazada por los creyentes en Dios.

Es lógico que esta afirmación sorprenda a muchos cristianos europeos que, desde los días del paleoantropólogo católico Pierre Teilhard de Chardin, sabemos que el evolucionismo teísta es compatible con el darwinismo y que su famoso *punto omega* sería supuestamente el nivel más elevado de la evolución de la consciencia. Según el jesuita francés, dicho punto crítico de maduración humana, que daría lugar a una *noosfera* o esfera pensante, culminaría precisamente con la parusía o segunda venida triunfante de Cristo. Dios pudo crear mediante el lento y gradual proceso propuesto por Darwin y las especies biológicas irían así perfeccionándose poco a poco hasta la aparición de la humanidad y esta culminaría cuando el humano se pareciera o identificara plenamente con el Hijo de Dios. Por tanto, no es tan evidente que la evolución promueva necesariamente una visión atea del mundo. De hecho, esta postura del evolucionismo cristiano es precisamente la que sostiene Collins junto a otros científicos evangélicos y, por supuesto, la Iglesia católica.

Sin embargo, en el mundo protestante angloparlante de Norteamérica las ideas teilhardianas del evolucionismo teísta no calaron tanto como en Europa y esto contribuyó a que el darwinismo se considerara más próximo al materialismo ateo. Si la naturaleza ha evolucionado a partir de la materia inerte y se ha hecho a sí misma, ¿qué necesidad hay de un Creador? No obstante, el avance de la ciencia en casi todos los campos del saber apunta actualmente en la dirección de una elevada complejidad y sofisticada sabiduría detrás de todos los fenómenos naturales que difícilmente un proceso al azar como las mutaciones y la selección natural podría lograr. Esto es algo innegable que constituye una poderosa evidencia en favor de un diseño. De ahí que hoy buena parte del mundo evangélico americano (también el hispano) simpatice más con el DI que con el evolucionismo teísta.

Quizás Collins tenga razón al decir que, aunque el DI se presente como una teoría científica, no nació de la tradición científica. Pero, a la vez, es cierto que el evolucionismo teísta que él profesa tampoco nació de dicha tradición, sino de un pensamiento filosófico-teológico ecléctico que pretendía armonizar el darwinismo con la fe cristiana. Precisamente por eso, Teilhard fue tan criticado por sus propios colegas científicos, así como por algunos teólogos católicos.

2. La evolución es fundamentalmente fallida, ya que no puede explicar la intrincada complejidad de la naturaleza.

En este apartado del artículo, Collins se refiere a los argumentos del biólogo Michael J. Behe, que es uno de los proponentes del DI y afirma que las funciones u órganos biológicos "irreductiblemente complejos" son incompatibles con la evolución. Se trataría de estructuras complicadas —como el flagelo bacteriano, los cilios de algunas células, el ojo de los distintos animales y funciones tales como la coagulación de la sangre— que tuvieron que funcionar bien desde el principio y no pudieron formarse mediante un lento proceso evolutivo al azar. Si, como sabemos, al faltarles cualquier pieza o molécula dejan inmediatamente de funcionar bien, ¿cómo pudieron formarse por agregación gradual de tales piezas? Resulta difícil creer, por ejemplo, que los más de doscientos componentes proteicos del flagelo bacteriano hayan evolucionado independientemente (por coevolución) para ensamblarse accidentalmente en un momento determinado. Collins se refiere también a otro defensor del DI, el matemático William A. Dembski, para quien la probabilidad matemática de un suceso semejante sería infinitamente pequeña.

De todo esto, Collins concluye que el principal argumento del diseño inteligente es el de la *incredulidad*. Sus partidarios no pueden creer que las mutaciones al azar y la selección natural hayan dado lugar a la maravillosa diversidad de tantos órganos y estructuras complejas como evidencia la vida en la biosfera. En cambio, por lo que parece, él si se lo cree a pies juntillas. Su argumento evolucionista es entonces el de la *credulidad* en el misterioso poder de la selección natural. Por tanto, en el fondo se trataría de una confrontación entre creencia e increencia. Un asunto de fe, al fin y al cabo.

Por lo que respecta a la tercera y última propuesta del DI, Collins la enuncia así:

3. Si la evolución no puede explicar la complejidad irreductible, entonces debe de existir un diseñador inteligente involucrado de alguna manera, que entró para proporcionar los componentes necesarios durante el curso de la evolución.

Aquí Collins se limita a sugerir que, aunque la mayor parte de los partidarios del diseño creen que el diseñador fue Dios, son muy cuidadosos y no lo dicen. En mi opinión, no lo dicen porque en ese terreno la ciencia no tiene nada que decir. En todo caso, este sería el ámbito de la teología o de la filosofía, pero no el de la investigación científica. Y aquí es donde radica el problema de fondo. La fe ilimitada en la ciencia le lleva a pensar a algunos que esta logrará algún día explicar absolutamente todos los misterios del universo porque supuestamente todo tendría una explicación natural. Sin embargo, esta es una asunción indemostrable.

Si la naturaleza no se hubiera creado a sí misma por procesos materiales, sino que fuera el resultado de una o varias acciones milagrosas o sobrenaturales, entonces sería lógico que la ciencia se topara tarde o temprano con áreas incomprensibles que no se pudieran explicar mediante el método científico. El milagro sobrenatural carece por definición de explicación natural. ¿Cómo es posible que la nada absoluta e inmaterial dé lugar a todo el universo material? Se pueden proponer todas las hipótesis naturales que se quiera, pero en definitiva se trata de una dificultad ontológica insuperable. Pues bien, lo que afirma el DI es que la ciencia actual parece haber chocado ya con dichas áreas inexplicables, en lo que respecta a la creación del cosmos, el ajuste fino de las leyes naturales, la aparición de la vida en la Tierra, el origen de la información biológica, la existencia de las increíbles máquinas bioquímicas de las células, la epigenética, los sistemas cuánticos que permiten la orientación de los animales, el surgimiento de la conciencia humana, etc. Si esto fuera así, estaríamos ante lo que Collins llama un "callejón sin salida" para la ciencia. Por eso el DI no gusta a tantos científicos porque la intervención de fuerzas sobrenaturales para explicar la complejidad biológica supuestamente detendría la ciencia.

A mi modo de ver, tal es la principal confrontación entre el evolucionismo teísta y el movimiento del DI. Unos creen que Dios solo actuó milagrosamente al principio, en el Big Bang, y después lo dejó todo en manos de las leyes evolutivas de la naturaleza, mientras que los otros, ante las numerosas lagunas de la evolución, creen que el Creador tuvo que intervenir en varios momentos o etapas cruciales. Veamos cuáles son las principales objeciones de Collins al DI.

Objeciones científicas de Collins al diseño inteligente

1. El diseño inteligente es un callejón sin salida para la ciencia.

Como la ciencia está casada con el naturalismo metodológico, principio que la limita a explicaciones exclusivamente materiales, aunque algunos científicos crean en Dios, suponen en sus trabajos que la naturaleza material es lo único que existe y por tanto solo pueden apelar a causas no inteligentes como el viento, la erosión, el clima, las mutaciones, la depredación y demás fuerzas naturales. Sin embargo, ¿cómo podríamos saber que el mundo es exclusivamente el resultado de tales causas naturales?

El naturalismo metodológico es una asunción previa no demostrada. ¿No sería lógico sospechar, por ejemplo, de un forense que inicia su investigación acerca de un homicidio diciendo que solo tendrá en cuenta causas exclusivamente naturales? La ciencia debería estar dispuesta también a considerar tanto las causas naturales como las inteligentes, para poder así sacar sus conclusiones a partir de las pruebas.

A veces se dice que la ciencia solo puede trabajar con cosas materiales observables, pero Dios no se puede ver. Es verdad; sin embargo, los científicos proponen habitualmente planteamientos teóricos no observables con el fin de explicar los fenómenos observables. El Diseñador que propone el DI es una fuente de información cuya actividad puede ser objeto de predicciones y de modelos matemáticos, como cualquier teoría física que se refiera a entidades no observables, como las supercuerdas, la materia oscura, la energía oscura o los universos múltiples. Puede que, como dice Collins, el DI sea un callejón sin salida para el naturalismo metodológico, pero no para la ciencia que busca la verdad.

Otros dicen también que la ciencia no puede apelar a un Diseñador sin explicar el origen de este. Pero esto es falso. La ciencia de la arqueología, por ejemplo, suele concluir habitualmente que un determinado objeto fue diseñado, aun cuando se desconozca el origen del diseñador. Si todas las explicaciones científicas exigieran tal condición, no se podría explicar nada.

2. El DI no es una teoría científica porque no hace predicciones.

Esto tampoco es cierto. Si Dios hubiese creado el mundo con sabiduría, sería lógico esperar encontrar finalidad e inteligencia en los seres creados. Por ejemplo, cuando desde el evolucionismo se empezó a hablar del supuesto "ADN basura" para hacer referencia al material genético inservible, los partidarios del DI dijeron que no era lógico que Dios fabricaba basura genética inútil. Esto constituyó una predicción que posteriormente fue corroborada. Hoy se sabe que la mayor parte de tales genes tienen funciones importantes en la célula.

El darwinismo predecía que muchos trozos del ADN no servían para nada porque no cumplían ninguna función conocida. Sin embargo, el DI, por su parte, sugería más investigación para descubrir posibles funciones en dicho "ADN basura". En este sentido, el DI está más justificado que el darwinismo ya que garantiza la objetividad de la ciencia. No puede, por lo tanto, impedir el progreso de esta.

El diseño inteligente predice que debería haber estructuras en los seres vivos que no se pudieran explicar mediante los mecanismos fortuitos del darwinismo. Y, desde luego que las hay. Se trata precisamente de los órganos irreductiblemente complejos a los que nos hemos referido antes.

3. El DI no proporciona un mecanismo que explique cómo las intervenciones sobrenaturales dieron lugar a la complejidad.

¿Cómo podría hacerse esto? Lo que Collins pide aquí es que los científicos partidarios del DI aporten el método que empleó el Creador para hacer el mundo con todos sus componentes. ¿Quién está capacitado para explicar los milagros sobrenaturales, sino única y exclusivamente su propio autor?

4. Se ha visto que muchos ejemplos de complejidad irreductible se pudieron originar por evolución.

Collins cita en su artículo solo tres ejemplos de complejidad irreductible, de los señalados por Behe en su famoso libro *La caja negra de Darwin*, tales como la cascada de coagulación de la sangre humana, el ojo y el flagelo bacteriano. Del primero, afirma que pudo empezar como

> Un mecanismo muy sencillo que podría trabajar satisfactoriamente para un sistema hemodinámico de baja presión y bajo flujo, y que evolucionó durante un largo periodo de tiempo hasta convertirse en un complicado aparato, necesario para los humanos y otros mamíferos que tienen un sistema cardiovascular de alta presión, en el que las fugas se deben reparar rápidamente.

Sin embargo, no explica paso a paso cómo pudo ocurrir semejante transformación, ni si existe algún tipo de evidencia de esta. En realidad, lo que está diciendo es que la evolución "de alguna manera" hizo que un mecanismo muy sencillo de coagulación se convirtiera en otro mucho más complicado. No obstante, esto no constituye ninguna demostración científica porque, especulaciones aparte, como bien escribe Michael J. Behe a propósito de este asunto, «lo cierto es que nadie tiene la menor idea de cómo llegó a existir la cascada de coagulación».[132]

En cuanto al ojo de los animales, curiosamente Collins continúa apelando a la antigua opinión de Darwin quien, hace más de 160 años, sugirió que dicho órgano podía haber iniciado su evolución como un simple «nervio óptico, rodeado por células pigmentarias y cubierto por piel translúcida».[133] De ahí, gradualmente se habrían originado los ojos de las estrellas de mar, de artrópodos como los insectos, vertebrados como el anfioxo, peces, anfibios, reptiles, aves, mamíferos y el propio ojo humano. Darwin se basaba en el aspecto o la morfología de los distintos ojos de estos animales para construir su hipotética escala ascendente de complejidad. Sin embargo, imaginar historias evolutivas no es lo mismo que demostrarlas bioquímicamente.

En la actualidad, se sabe que la bioquímica de los diferentes ojos animales no va de la mano con su anatomía o aspecto físico. Es decir, cada paso o estructura anatómica que Darwin consideraba simple implica procesos bioquímicos increíblemente complejos que no se pueden evitar con retórica. Según la ciencia de la anatomía comparada, el desarrollo de la retina no es paralelo al supuesto desarrollo evolutivo de las distintas especies animales. Es más, hoy se sabe por ejemplo que la retina de los primates es más simple anatómica y funcionalmente que la retina de una rana o una paloma. Esto contradice por completo la hipótesis de Darwin. Por lo tanto, explicar el origen de fenómenos biológicos como la vista, la digestión o el sistema inmunitario, tiene necesariamente que incluir su explicación molecular o bioquímica. Y esta, generalmente, no respalda las historias evolutivas.

En este sentido, Behe escribe también:

Ahora que hemos abierto la caja negra de la visión, ya no basta con que una explicación evolucionista de esa facultad tenga en cuenta la estructura *anatómica* del ojo, como hizo Darwin en el siglo diecinueve (y como hacen hoy los divulgadores de la evolución). Cada uno de los pasos y estructuras anatómicos que Darwin consideraba tan simples implican procesos bioquímicos abrumadoramente complejos que no se pueden eludir con retórica. Los metafóricos saltos darwinianos de elevación en elevación ahora se revelan, en muchos casos, como saltos enormes entre máquinas cuidadosamente diseñadas, distancias que necesitarían un helicóptero para

---

132 Behe, M. J. (1999). *La caja negra de Darwin*, Andrés Bello, Barcelona, p. 127.
133 Darwin, C. (1980). *El origen de las especies*, Edaf, Madrid, p. 197.

recorrerlas en un viaje. La bioquímica presenta, pues, a Darwin un reto liliputiense.[134]

Ese es precisamente el reto que el DI sigue señalando al darwinismo y que este no ha logrado todavía explicar convenientemente.

En cuanto al ejemplo más famoso de órgano irreductiblemente complejo propuesto por Behe, el flagelo bacteriano, Collins dice que se ha demostrado que varias proteínas que lo conforman existen también en otras especies de bacterias, en aparatos diferentes y con funciones distintas, tales como inyectar toxinas a otras bacterias a las que se desea atacar. Si esto es así, entonces el flagelo bacteriano no sería un órgano irreductiblemente complejo —como asegura Behe—, ya que sus proteínas pudieron tener otras funciones diferentes en otras bacterias a lo largo de la evolución. ¿Es esto cierto? ¿Tiene razón Collins?

La complejidad irreductible es fácil de entender comparándola con una trampa para cazar ratones. Las trampas comunes están compuestas de varias piezas: una base de madera, un trozo de alambre donde se inserta el queso, un muelle, una traba y un cepo o martillo. Para que la trampa funcione, es necesario que todas estas piezas estén presentes. Además, para atrapar ratones, todas las piezas tienen que estar dispuestas de una determinada manera. Si falla una de ellas, la trampa pierde su utilidad. Pues bien, es improbable que un sistema irreductiblemente complejo surja instantáneamente porque, como dijo Darwin, la evolución es un proceso lento y gradual. Darwin afirmó que la selección natural nunca puede realizar un salto súbito y grande, sino que debe avanzar mediante pasos cortos y seguros, aunque lentos. Un sistema irreductiblemente complejo no puede empezar a existir de pronto porque eso implicaría que la selección natural no es suficiente. Pero tampoco dicho sistema podría haber evolucionado mediante numerosas y sucesivas modificaciones ligeras porque cualquier sistema más simple no tendría todas las partes requeridas para funcionar bien y, por tanto, no serviría para nada y no tendría razón de ser. La propia selección natural lo eliminaría.

El polémico planteamiento de Behe es que los sistemas biológicos irreductiblemente complejos existen en la naturaleza y refutan al darwinismo. Su ejemplo más famoso es el flagelo bacteriano, una cola muy alargada que permite a algunas bacterias desplazarse velozmente en el medio acuoso. Ha sido llamado el motor más eficiente del universo ya que es capaz de girar a 100 000 revoluciones por minuto y cambiar de dirección en cuartos de vuelta. Como la trampa para ratones, el flagelo tiene varias partes que necesariamente se complementan para funcionar de manera coordinada.

134 Behe, M. J. (1999). *La caja negra de Darwin*, Andrés Bello, Barcelona, p. 41.

No hay explicaciones darwinistas detalladas ni graduales que den cuenta del surgimiento del flagelo de las bacterias ni de otros sistemas biológicos irreductiblemente complejos que se encuentran en la naturaleza. Sin embargo, sabemos que los seres inteligentes pueden producir tales sistemas. Una explicación más coherente de los mecanismos moleculares, como el flagelo bacteriano, es entenderlos como productos del diseño inteligente.

Las nuevas investigaciones a que se refiere Collins, acerca del papel de las proteínas auxiliares, no pueden simplificar la realidad del flagelo bacteriano como sistema irreductiblemente complejo. Un flagelo contiene más de doscientas clases de proteínas constitutivas, más otras cuarenta que le permiten funcionar bien. El hecho de que se haya descubierto que unas pocas de estas proteínas están también presentes en otras bacterias con otras funciones no anula el poderoso argumento bioquímico planteado por Behe. Su conclusión sigue siendo la misma: la teoría darwiniana no ha dado ninguna explicación científica de la evolución del flagelo y probablemente nunca pueda darla. Decir que algunas proteínas del flagelo bacteriano existían ya en otras bacterias y que por tanto la evolución "de alguna manera" pudo agruparlas para originar este órgano, no es ni mucho menos una demostración concluyente de que esto realmente haya ocurrido. Este tipo de transformación sigue enfrentando obstáculos bioquímicos colosales.

Objeciones teológicas de Collins al diseño inteligente

Desde la perspectiva teológica, Francis Collins afirma en su artículo que el diseño inteligente es una teoría del "dios tapagujeros" ya que apela a una intervención sobrenatural para aquellos misterios que la ciencia no ha logrado todavía explicar racionalmente. Es decir, que sería el poco conocimiento que se tiene de ciertos fenómenos lo que motiva a los partidarios del DI a recurrir a la acción divina. Sin embargo, en su opinión, esto sería muy peligroso y contribuiría a desacreditar la propia fe, pues cuando la ciencia avanza y logra explicar tales fenómenos, resulta que Dios ya no es necesario y se le relega.

Fue el gran teólogo alemán, Dietrich Bonhoeffer, quien acuñó el concepto del "dios tapagujeros", expresando muy bien su idea con estas palabras:

> Veo de nuevo con toda claridad que no debemos utilizar a Dios como tapagujeros de nuestro conocimiento imperfecto. Porque entonces si los límites del conocimiento van retrocediendo cada vez más —lo cual objetivamente es inevitable—, Dios es desplazado continuamente junto con ellos y por consiguiente se halla en una constante retirada. Hemos de hallar a Dios en las cosas que conocemos y no en las que ignoramos. Dios quiere ser comprendido por nosotros en

las cuestiones resueltas, y no en las que aún están por resolver. Esto es válido para la relación entre Dios y el conocimiento científico.[135]

Ahora bien, según esta definición original del dios tapagujeros, cabe plantearse la siguiente cuestión: ¿Comete el diseño inteligente el error de apelar al dios tapagujeros con el fin de explicar las lagunas del conocimiento científico?

La respuesta a esta cuestión es negativa porque el diseño se deduce de aquello que se conoce muy bien y no de lo que aún se desconoce. En este sentido, sigue perfectamente el criterio de Bonhoeffer al detectar inteligencia en lo que conocemos y no en lo que ignoramos. No es que los investigadores vean diseño inteligente en ciertas estructuras naturales irreductiblemente complejas porque estas han sido poco estudiadas y sean prácticamente desconocidas por la ciencia. Es precisamente al revés. Aquello que motiva a muchos científicos a pensar en un diseño inteligente es el gran conocimiento que poseen de dichas estructuras o funciones. No es lo que no saben, sino lo que sí saben.

Darwin y sus coetáneos, al observar una célula bajo sus rudimentarios microscopios, no podían pensar en el diseño real de la misma porque solo veían simples esferas de gelatina que rodeaban a un pequeño núcleo oscuro. Nada más. Pero es precisamente el elevado grado de información y sofisticación bioquímica en las estructuras celulares, descubierto por los potentes microscopios electrónicos modernos, lo que ha hecho posible la teoría del diseño. No se está apelando a ningún dios de las brechas o tapagujeros. Lo que se propone es que la actividad inteligente puede ser detectada en la naturaleza, de la misma manera que lo es la de cualquier informático que diseña algún programa. Los sistemas biológicos manifiestan las huellas distintivas de los sistemas diseñados inteligentemente. Poseen características que, en cualquier otra área de la experiencia humana, activarían el reconocimiento de una causa inteligente.

Si el razonamiento que propone la teoría del diseño se fundamentara en el dios tapagujeros, como afirma Collins, diría cosas como las siguientes: puesto que la selección natural de las mutaciones al azar es incapaz de producir nueva información biológica en el mundo, entonces debemos suponer que el diseño inteligente es la causa de tal información. Sin embargo, no es esto lo que se afirma. Lo que se dice, más bien, es: como la selección natural y las mutaciones aleatorias no pueden producir nueva información, y nuestra experiencia es que solo los agentes inteligentes son capaces de hacerlo, debemos concluir que alguna inteligencia debe ser la

---

135 Bonhoeffer, D. (29 de mayo de 1944). "Dios no es un 'tapa-agujeros'", TINET. http://usuaris.tinet.cat/fqi/bonho_sp.htm.

causa de la sofisticada información que nos caracteriza a los seres vivos y al resto del universo. Por tanto, el diseño inteligente es la mejor explicación y tal argumento no se basa en el dios tapagujeros, sino en nuestra experiencia positiva de que la información siempre procede de la inteligencia. La deducción de diseño es una solución a la cuestión del origen de la información en el mundo.

Uno de los grandes problemas que tiene planteados actualmente el darwinismo es lo que los paleontólogos han llamado la explosión del Cámbrico. La aparición repentina, desde el punto de vista geológico, de los principales filos o tipos básicos de animales, ocurrida hace más de quinientos millones de años según la escala de tiempo evolucionista. Esto constituye una brusca discontinuidad en el registro fósil, que ya Darwin consideraba como una de las mayores objeciones contra su teoría de la selección natural gradualista. A pesar de que se han propuesto varias teorías alternativas para explicar semejante anomalía, en el sentido de intentar justificar una evolución mucho más rápida de lo que sería normal, lo cierto es que las hipótesis no convencen a todos y el enigma paleontológico perdura. ¿Cómo podría argumentarse la realidad de tal explosión cámbrica, desde el diseño inteligente?

Si realmente la inteligencia tuvo algo que ver en esta aparición repentina de nuevos organismos sobre la faz de la Tierra, estos deberían presentar características que serían exclusivas de una agencia inteligente. Detalles anatómicos, fisiológicos, bioquímicos y genéticos que únicamente hubieran podido originarse por medio de un plan de diseño previo y no como consecuencia de la casualidad natural. Propiedades propias de una actividad inteligente. ¿Se observan tales cualidades en los organismos cámbricos? Sí, por supuesto, hay numerosos órganos, estructuras y funciones que muestran información compleja y específica.

Lo que sea que haya dado lugar a los seres del Cámbrico tuvo que generar nuevas formas con rapidez, no siguiendo un lento proceso azaroso y gradualista desde lo simple a lo complejo. Hubo que construir complejas estructuras nuevas ya plenamente elaboradas y no solo modificar las preexistentes. Aparecieron repentinamente organismos que poseían complicados circuitos integrados equiparables a los de los actuales robots o computadoras electrónicas. Seres que disponían de una especie de información digital codificada en su ADN y, además, de otra información estructural complementaria que suele llamarse *epigenética*. Es decir, toda una serie de factores químicos no genéticos que intervienen en el desarrollo de los organismos, desde la aparición del óvulo fecundado hasta la misma muerte, capaces de modificar la actividad de los genes, pero que no afectan a su naturaleza ni alteran la secuencia del ADN. Todo esto supone que aquellos "primitivos" organismos presentaban diversos niveles de información que funcionaba de forma jerárquica, organizada e integrada. Si todo esto es así, resulta posible sospechar que detrás de tal explosión del Cámbrico hubo una causa inteligente. Como resulta evidente, entre este razonamiento y el argumento del dios tapagujeros existe una enorme diferencia.

Cualquier animal fósil del Cámbrico, por pequeño que sea, evidencia en sí mismo un proyecto previo. No es el resultado simplista de la suma de sus partes, sino todo lo contrario: un diseño global del todo que condiciona el montaje de los distintos componentes. Los proyectos se conciben generalmente antes de su materialización. Son ideas previas a los objetos materiales o a los seres vivos que determinan. Es posible que, al visitar, por ejemplo, la sección de componentes de una planta de vehículos, no veamos ninguna evidencia concreta del proyecto previo. Pero si observamos el producto final de la cadena de montaje, notaremos de inmediato que, en efecto, existe un plan básico de diseño que le da sentido a todo. De la misma manera, la considerable complejidad y especificidad de los organismos vivos, así como la conexión y coordinación entre los distintos niveles de información que poseen, demandan un diseño que solo puede hacerse a partir de la inteligencia.

Cuando no existe en la naturaleza ningún mecanismo o fuerza capaz de explicar el origen de la complejidad de un determinado ser, entonces no queda más remedio que inferir racionalmente y de forma justificada que la causa de su aparición debió ser la inteligencia. Decir, por ejemplo, que algún fenómeno está más allá de la investigación científica puede ser también una afirmación científica. Y esto, insisto, no convierte la tesis del diseño inteligente en un argumento del tipo del dios tapagujeros porque es la propia naturaleza quien nos ofrece múltiples evidencias que nos permiten deducir, en función de nuestra experiencia, que los organismos solo pueden proceder de una mente inteligente. Es lo que sabemos, y no aquello que desconocemos, lo que nos permite inferir diseño. De manera que la teoría del diseño no contradice en absoluto el razonamiento de Bonhoeffer ya que no utiliza a Dios como tapagujeros.

La tesis del diseño inteligente se muestra carente de prejuicios a la hora de buscar la mejor explicación científica. Si resulta que las causas naturales son la mejor explicación, entonces se apelará a ellas; pero si lo son las causas inteligentes, ningún principio filosófico debería prohibir su aceptación plena. Siempre habrá que buscar y respetar la mejor explicación posible. Nos parece que este es un método científicamente equilibrado.

Francis Collins concluye su artículo augurando la desaparición del movimiento del diseño inteligente porque cree que la ciencia acabará explicando todas las lagunas que presenta actualmente la teoría de la evolución.

Desde luego, es un acto de fe legítimo. Sin embargo, yo creo que esto no ocurrirá porque estamos asistiendo precisamente a todo lo contrario. Los problemas que plantean los últimos descubrimientos biológicos al evolucionismo son cada vez más numerosos y esto constituye un importante empuje para el DI.

Bibliografía

Alberdi, A. (2015). *Los agujeros negros*. Villatuerta, Navarra: RBA.

Aloy, J. (2013). *100 qüestions d'astronomia*. Valls: Cossetània.

Ansede, M. (8 de mayo 5 de 2024). "La fusión de dos hermanas en una única mujer sugiere que la identidad del ser humano no está en su ADN". *EL PAÍS*. Madrid.

Behe, M. J. (1999). *La caja negra de Darwin*. Barcelona: Andrés Bello.

Bueno, D. (2012). *100 controvèrsias de la biología*. Valls: Cossetània.

Carmena, E. (2006). *El creacionismo ¡vaya timo!* Pamplona: Laetoli.

Casas, A. (2015). *La materia oscura*. Villatuerta, Navarra: RBA.

Català, J. A. (2021). *100 qüestions sobre l'univers*. Valls: Cossetània.

Covone, G.; Ienco, R. M.; Cacciapuoti, L. & Inno, L. (2021). "Efficiency of the Oxygenic Photosynthesis on Earth-like Planets in the Habitable Zone". *Monthly Notices of the Royal Astronomical Society*. Vol. 505, Issue 3, August 2021, pp. 3329-3335, https://doi.org/10.1093/mnras/stab1357

Craig, W. L. (2021). *El Adán histórico*. Salem: Kerigma.

Cruz, A. (2004). *La ciencia, ¿encuentra a Dios?* Terrassa: CLIE.

Cruz, A. (2015). *Nuevo ateísmo*. Viladecavalls: CLIE.

Darwin, C. (1980). *El origen de las especies*. Madrid: EDAF.

Davies, P. (1989). *The Cosmic Blueprint: New Discoveries in Nature's Creative Ability to Order the Universe*. New York: Touchstone Books.

Dawkins, R. (1986). *The Blind Watchmaker*. New York: W.W. Norton.

Dawkins, R. (2015). *El espejismo de Dios*. Barcelona: Espasa.

Denton, M. J. (1998). *Nature Destiny*. New York: The Free Press.

Denton, M. (2022). *The Miracle of Man. The Fine Tuning of Nature for Human Existence*. Seattle: Discovery Institute Press.

Freeman, S. (2009). *Biología*. Madrid: Pearson Educación.

Gargano, A. et al. (2020). "The Cl isotope composition and halogen contents of Apollo-return samples". *PNAS*, 117 (38), pp. 23418-23425.

González, G. & Richards, J. W. (2006). *El planeta privilegiado*. Madrid: Palabra.

Gould, S. J. (1991). *La vida maravillosa*. Barcelona: Crítica.

Gribbin, J. (1986). *Génesis*. Barcelona: Salvat.

Hallast, P. et al. (2023). "Assembly of 43 human Y chromosomes reveals extensive complexity and variation". *Nature*, https://doi.org/10.1038/s41586-023-06425-6.

Ham, K. (2013). *El libro de las respuestas sobre la creación y la evolución (1)*. Miami: Patmos.

Hawking, S. W. (1988). *Historia del tiempo*. Barcelona: Crítica.

Hazen, R. et al. (2015). "Statistical analysis of mineral diversity and distribution: Earth's mineralogy is unique". *Earth and Planetary Sciences Letters*, 426. DOI:10.1016/j.epsl.2015.06.028

Horowitz, W. (1998). *Mesopotamian Cosmic Geography*. Winona Lake, IN: Eisenbrauns.

Jou, D. (2008). *Déu, Cosmos, Caos*. Barcelona: Viena Edicions.

Koestler, A. (1985). *Kepler*. Barcelona: Salvat.

Lamoureux, D. O. (2016). *Evolution: Scripture and Nature Say Yes!* Grand Rapids, Zondervan.

Lane, N. (2002). *Oxygen: The Molecule That Made the World*. Oxford, Reino Unido: Oxford University Press.

Lents, N. H. (2018). *Human Errors: A Panorama of Our Glitches, from Pointless Bones to Broken Genes*. Boston: HMH Books.

Laufmann, S. & Glicksman, H. (2022). *Your Designed Body*. Seattle: Discovery Institute Press.

Lockwood, G. W.; Skiff, B. A. & Radick, R. R. (1997). "The Photometric Variability of Sun-like Stars: Observations and Results, 1984-1995". *Astrophysical Journal*, 485, pp. 789-811.

López, C. (1999). *Universo sin fin*. Madrid: Taurus.

Maddox, J. (1999). *Lo que queda por descubrir*. Madrid: Debate.

Mann, W. J. et al. (2011). "The Drainage System of the Paranasal Sinuses: A Review with Possible Implications for Balloon Catheter Dilation". *American Journal of Rhinology and Allergy*, Volume 25, Issue 4.

Miller, R. & Hartmann, W. K. (1983). *Viaje extraordinario. Guía turística del sistema solar*. Barcelona: Planeta.

Monod, J. (1977). *El azar y la necesidad*. Barcelona: Barral.

Mosterín, J. (2001). *Ciencia Viva*. Madrid: Espasa Calpe.

Perrault, P. (2018). *De l'origine des fontaines*, Wentworth Press. Pub. orig.: 1674.

Polkinghorne, J. (2014). "Física y metafísica desde una perspectiva trinitaria". En Soler Gil, F. J. (Ed.). *Dios y las cosmologías modernas*. Madrid: BAC.

Powell, A. (2009). "Life in the universe? Almost certainly. Intelligence? Maybe not". *The Harvard Gazette*, Harvard University.

Prout, W. (1834). "Bridgewater Treatise n. 8". *Chemistry, Meteorology, and the Function of Digestion Considered with Reference to Natural Theology*, William Pickering, Londres, 440, https://archive.org/details/b21698648

Rhie, A. *et al.* (2023). "The Complete Sequence of a Human Y Chromosome". *Nature*, https://doi.org/10.1038/s41586-023-06457-y

Ropero, A. (Ed.). (2017). *Obras escogidas de Agustín de Hipona*. Viladecavalls, Barcelona: CLIE.

Rufu, R.; Aharonson, O. & Perets, H. B. (2017). "A Multiple-Impact Origin for the Moon". *Nature Geoscience*, Vol. 10, pp. 89-94.

Sanders, A. R. et al. (2014). "Genome-wide Scan Demonstrates Significant Linkage for Male Sexual Orientation". *Phychological Medicine*, Cambridge University Press, pp. 1-10.

Schenkel, P. (2006). "SETI Requires a Skeptical Reappraisal". *Skeptical Inquirer*, Volume 30, N° 3.

Schmidt-Nielsen, K. (1976). *Fisiología animal. Adaptación y medio ambiente*. Barcelona: Omega.

Schrödinger, E. (1983). *¿Qué es la vida?* Barcelona: Tusquets.

Taylor, S. R. (1992). *Solar System Evolution: A New Perspective*. New York: Cambridge University Press.

Wallace, A. R. (1911). *The World of Life: A Manifestation of Creative Power, Directive Mind and Ultimate Purpose*. Londres: Chapman and Hall.

Ward, P. & Brownlee, D. (2000). *Rare Earth: Why Complex Life Is Uncommon in the Universe*. Columbia: Copernicus.

Whewell, W. (1833). "Bridgewater Treatise n. 3". *Astronomy and General Physics Considered with Reference to Natural Theology*, William Pickering, Londres, https://archive.org/details/astronogenphysics00whewuoft.

Wirth, A.; Cavallacci, G. & Genovesi-Ebert, F. (1984). "The Advantages of an Inverted Retina". *Developments in Ophthalmology*, 9:20-28.